普通高等教育“十四五”规划教材

系统安全预测技术

胡南燕　吴孟龙　叶义成　编著

北　京
冶　金　工　业　出　版　社
2022

内容提要

本书是一部系统、全面介绍各种传统及现代系统安全预测理论和技术的教材。全书共分为10章，包括系统安全工程与系统安全预测概述、安全事故统计分析、定性预测方法、回归分析预测法、趋势曲线预测法、灰色预测法、马尔科夫预测法、时间序列预测法、贝叶斯网络预测法及组合预测法。

本书既可作为高等院校安全科学与工程、系统工程、矿业工程等专业的本科生或硕士研究生教材，也可作为企业应急、管理、矿山、安全等相关管理部门管理人员的参考书。

图书在版编目(CIP)数据

系统安全预测技术/胡南燕，吴孟龙，叶义成编著 .—北京：冶金工业出版社，2022.1

普通高等教育“十四五”规划教材

ISBN 978-7-5024-9037-9

Ⅰ.①系… Ⅱ.①胡… ②吴… ③叶… Ⅲ.①安全管理—高等学校—教材 Ⅳ.①X92

中国版本图书馆 CIP 数据核字(2022)第015824号

系统安全预测技术

出版发行 冶金工业出版社　**电　话** (010)64027926
地　址 北京市东城区嵩祝院北巷39号　**邮　编** 100009
网　址 www.mip1953.com　**电子信箱** service@mip1953.com

责任编辑 王 双　美术编辑 彭子赫　版式设计 郑小利
责任校对 李 娜　责任印制 李玉山
三河市双峰印刷装订有限公司印刷
2022年1月第1版，2022年1月第1次印刷
787mm×1092mm　1/16；12.25印张；301千字；186页
定价 38.00元

投稿电话 (010)64027932　投稿信箱 tougao@cnmip.com.cn
营销中心电话 (010)64044283
冶金工业出版社天猫旗舰店 yjgycbs.tmall.com
(本书如有印装质量问题，本社营销中心负责退换)

前　言

凡事预则立，不预则废。对每一个从事安全工作、商业、生产经营、金融等各类社会活动的个人或组织以及科研工作者来说，预测都是至关重要的。

千百年来，人类在与自然界的斗争中不断积累成功的经验，探索事物发展规律，有力地推动了社会的发展。

“安全第一，预防为主，综合治理”，系统安全预测不仅是事故预防的前提，还是管理决策的基础，系统安全预测及评价分析已经成为现代安全管理的核心内容之一。系统学习安全预测学的理论和方法无论对于各级安全管理人员或从事安全的科学研究人员都是十分必要的。为了有针对性、有目标性地开展安全管理工作，需要进一步探寻事故发生发展的相关因素和发生发展特性，挖掘系统安全特征，建立适合的系统预测模型进行预测，正确、准确地预测系统事故的发生、发展趋势，降低事故发生的概率，以保障系统安全，为宏观的安全管理决策提供依据。

从本质上来讲，所有的预测模型都是针对某一问题构建的，没有一种模型完全适用于任何情况，因此需要针对不同的对象不断地对模型做出调整。预测模型不是万能的，每一个预测都带有不确定性，建模者更重要的是尝试尽可能多的模型，经过严格的训练测试探究模型的不确定性，并选出最优模型。在实际应用中，对不确定性的理解越深，预测模型产生的实际效果就越好。

本书旨在为安全工程等相关专业的学生或从业人员提供预测建模过程的指导，本书介绍许多统计学和数学的相关理论技术，但在任何情况下描述技术细节都是为了帮助读者理解模型的优缺点，而非单纯的数理统计知识。因此，编写一部内容全面、科学，知识系统、新颖，思路清晰、严谨，应用方便、广泛的《系统安全预测技术》是非常必要的，本书正是基于这种需求编写的。

本书具有以下特点：

（1）现有国内外教材有的注重应用，而没有提供足够的理论说明；有的又过于偏重理论介绍，而让读者不知如何有效地应用。本书很好地平衡了理论与应用，极大地方便了读者对书中介绍模型的认识，并付诸实践应用，将书中的预测建模方法应用在自己的研究领域。

（2）与国内外现有教材相比，本书更适合作研究生教材。本书将近些年关于系统安全预测的科研成果融入知识点讲解与例题中，创新了预测方法，同时也为研究生的科研提供了创新引导。

（3）本书将同一组矿山事故数据应用于不同的预测方法，可以帮助读者更好地横向比较不同预测方法的特点；同时，本书强调系统特征，将系统作为一个整体来预测，能更好地认识系统，改善预测效果。本书预测方法更全，知识点介绍更详细，有利于读者的理解。

（4）本书注重实用性，结合例题阐述各种预测方法的模型和步骤，并对各种预测方法的特点和采用条件进行细致分析。本书还结合矿山安全系统案例讲解一些预测方法的实际应用，既有利于读者对各种预测方法的掌握，又有利于读者结合实际工作科学地选择预测方法。

本书的出版获得武汉科技大学研究生教材专项基金资助。本书在编写过程中也受到国内很多预测学文献的启示，谨在此对本书出版提供帮助的单位、个人及本书所引用参考文献的作者表示诚挚的感谢。

本书既可作为高等院校安全科学与工程、系统工程、矿业工程等专业的本科生或硕士研究生教材，也可作为相关管理部门管理人员的参考用书，相信本书能给安全科学与工程管理领域的相关研究人员提供参考和帮助。

本书为作者近年来在安全事故预测领域研究工作的成果和总结，由于作者水平所限，加之安全生产事故系统具有的复杂和动态特性，书中难免存在不足之处，诚请广大读者批评指正。

编 者
2021 年 8 月

目　录

1 系统安全工程与系统安全预测概述

1.1 系统安全与系统安全工程

1.1.1 系统

系统是指由互相作用、互相联系和互相影响的若干部分构成的，具有特定功能和明确目的的有机整体，这是国内外学术界普遍公认的科学概念。“系统”本身又是它所从属的一个更大系统的组成部分。系统在自然界、人类社会包括人自身是普遍存在的。

由系统的定义及构成关系可得知系统的一般特性：

（1）目的性。系统都具有既定的目的和一定的功能，这是区别这一系统与其他系统的标志。

（2）集合性。系统是由两个或两个以上的相互区别的要素组成的。

（3）相关性。组成系统的要素是相互联系、相互作用的，相关性说明这些联系之间的特定关系。

（4）阶层性。系统作为一个相互作用的诸多要素的总体，它可以分解成为一系列的子系统，并存在一定的结构。这是系统空间结构的特定形式。在系统层次结构中，不同层次子系统之间存在着从属关系或相互作用关系。在不同的层次结构中，存在着动态的信息流和物质流，构成了系统的运动特性，为深入研究系统层次之间的控制与调节功能提供了条件。

（5）整体性。系统在整体上具有其组成部分所没有的性质，这就是系统的整体性。具有独立功能的系统要素以及要素之间的相互关系，是根据逻辑统一性要求，协调地存在于系统之中。就是说，任何一个要素不能离开整体去研究，要素间的联系和作用也不能脱离整体的协调去考虑。系统整体性的外在表现就是系统功能，系统的这个性质意味着，对系统组成部分都认识了，并不等于认识了系统整体，系统整体性不是它组成部分性质的简单“拼盘”，否则，它就不会具有作为整体的特定功能。脱离了整体性，要素的技能和要素的作用便失去了原有的意义。研究任何事物的单独部分不能得出有关整体的结论，系统的构成要素、要素机能和要素的相互联系要服从系统整体的目的和功能，在整体功能的基础上，展开各要素及其相互之间的活动，这种活动的中和形成了系统整体的有机行为。在一个系统整体中，即使每个要素并不完善，但它们也可以协调、综合成为具有良好功能的系统；反之，即使每个要素都是良好的，但若作为整体却不具备某种良好的功能，就不能称为完善的系统。

（6）环境适应性。任何一个系统都存在于一定的物质环境之中。因此，它必然也要与外界环境产生物质的、能量的和信息的交换，外界环境的变化必然会引起系统内部各个要素之间的变化。系统必须适应外部环境的变化。不能适应外部环境变化的系统是没有生命力的，而能够经常与外部环境保持最优适应状态的系统，才是理想的系统。

系统按照组成关系及属性的不同可分为母系统与子系统，自然系统与人造系统，具体系统与概念系统，静态系统与动态系统，控制系统与子系统，白色系统、黑色系统与灰色系统，开环系统与闭环系统。根据结构的复杂性，系统可分为简单系统、简单巨系统、复杂巨系统、特殊复杂巨系统—社会系统。

系统科学研究表明，系统内部结构和系统外部环境以及它们之间的关联关系，决定了系统整体性和功能。从理论来看，研究系统结构与环境如何决定系统整体性和功能，揭示系统存在、演化、协同、控制与发展的一般规律，就成为系统学，特别是复杂巨系统学的基本任务。国内关于复杂性的研究，是开放复杂巨系统的动力学问题，实际上也是属于这方面的探索。

另外，从应用角度来看，根据上述性质，为了使系统具有我们期望的功能，可以通过改变和调整系统结构或系统环境以及它们之间关联关系来实现。但系统环境并不是我们想改变就能改变的，只能主动去适应；而系统结构却是我们能够改变、调整和设计的。这样，我们便可以通过改变、调整系统组成部分或组成部分之间、层次结构之间以及与系统环境之间的关联关系，使它们相互协调与协同，从而在整体上实现我们满意的功能，这就是系统控制、系统干预、系统组织管理的基本内涵，也是控制工程、系统工程等所要实现的主要目标。

对于系统科学来说，一个是要认识系统；另一个是在认识系统基础上，去改造、设计和运用系统，这就要有科学方法论的指导和科学方法的运用。

1.1.2　系统安全

系统安全是人们为解决复杂系统的安全性问题而开发、研究出来的安全理论和方法体系。所谓系统安全，是在系统寿命期间内应用系统安全工程和管理方法，辨识系统中的风险，并采取控制措施使危险性最小，从而使系统在规定的性能、时间和成本范围内达到最佳的安全程度。

系统安全主要考量的是危险的管理，即通过分析、设计和管理过程识别、评价、消除和控制危险。它是为预防和减少事故发生，通过识别、分析和控制系统生命周期内的危险来实现安全，是经过计划的系统方法。

系统安全行为开始于一个项目的最初期的概念发展阶段，承接于设计、生产、测试、操作运用和处理。系统安全的重点是在早期进行危险的识别和分类，以便在作出最终设计决策之前采取修正的行为消除或减少危险。

1.1.3　系统安全工程

系统安全工程（system safety engineering）的定义是：应用系统工程的原理与方法，识别、分析、评价、排除和控制系统中的各种危险，对工艺过程、设备、生产周期和资金等因素进行分析和综合处理，使系统可能发生的事故得到控制，并使系统安全性达到最佳状态。

系统安全工程是系统工程学科的一个分支，它的学科基础除系统论、控制论、信息论、运筹学、优化理论等外，还有其特有的学科基础，如预测技术、可靠性工程、人机工程、行为科学、工程心理学、职业安全卫生学、劳动保护法规、法律以及与其相关的各种工程学等多门学科和技术。

系统安全工程的主要内容包括以下几个方面：

（1）系统安全分析。系统安全分析在系统安全工程中占有十分重要的地位。为了充分认识系统的危险性，就要对系统进行细致的分析。可以根据需要将分析进行到不同程度，既可以是初步的或详细的，也可以是定性的或定量的。

（2）系统安全预测。在系统安全分析的基础上，运用有关理论和手段对安全生产的发展或者是事故发生等做出的一种预测。

（3）系统安全评价。系统安全分析的目的就是为了进行安全评价。通过评价了解到系统中的潜在危险和薄弱环节，并最终确定系统的安全状况。

（4）安全管理措施。系统安全工程内容的最后一项是采取安全措施。根据评价的结果，对照已经确定的安全目标，对系统进行调整，对薄弱环节增加有效的安全措施，最后使系统的安全性达到安全目标所要求的水平。

1.2 系统安全特征

安全系统工程是一门应用性很强的科学技术学科。尽管系统安全是一个相当新的学科且正处于变革之中，其还是具有区别于其他安全和风险管理方法的一些基本原理。

（1）系统安全强调建立在安全上，而不是将安全添加到已经完成的设计中。系统设计的初始阶段必须考量安全。70%~90%影响安全的设计决策必须在项目早期阶段完成，以消除危险，而不是控制危险。早期将安全纳入系统的发展过程，可实现最大安全的同时又能达到最小的消极影响。相比之下，在危险发生时添加保护性设备以控制危险的方法则更加昂贵、效果更差。

（2）系统安全将系统作为一个整体来处理，而不是处理某一个子系统或部件。安全是系统的一个突显的特性，而不是一个组成特性。系统安全原则之一就是评价系统组成部分之间的交界面并决定部件之间相互作用的影响，这一系列的组成部分包括人、机器和环境。

（3）系统安全更多地观察危险，而不仅仅是故障。危险常常并不是由故障引起的，所有的故障不一定引起危险。系统部件按照既定的要求准确工作时发生的严重事故并不是故障所引起的。如果安全分析中考量的仅仅是故障，许多潜在的事故将会被遗漏。另外，预防故障（增加可靠度）和预防危险（减少危险）的工程方法是不同的，有时甚至是相冲突的。

（4）系统安全强调的是分析，而不是过去的经验和标准。系统安全分析的目的是在事故和临近事故发生之前预见和预防事故的发生，而将经验及知识引入到标准和操作规则来减少危险的方法常常需要很长时间的积累。虽然这些标准和经验在包括安全在内的诸多工程上都是必需的，但是今天快速发展的步伐常常不允许这些经验的积累，尤其是将其用于设计证明中。

（5）系统安全要求定性方法和定量方法相结合。系统安全的主要重点是在设计阶段尽可能早地识别危险，接着利用设计消除或控制这些危险。随着人们认识的进一步深化，人们常常采用定性与定量相结合的方法进行系统安全分析。

（6）承认权衡和冲突。没有绝对安全的东西，安全也不是唯一的，在建立系统时安全很少是第一位，也很少是目标。大多数时间，安全是对可能的系统设计的一个约束，或许还会与其他设计目标如操作的有效性、性能、使用的难易程度、时间和成本等冲突。系统安全技术和方法主要是为有关风险管理、权衡决策制定提供信息。

（7）系统安全不仅仅是系统工程。系统安全工程是系统安全的重要部分，但是系统安全所关注问题的延伸范围超出了传统的工程边界。

运用这些基本原理，系统安全试图通过分析、设计和管理程序来管理危险。关键行为包括自上而下的系统危险分析（开始于早期的概念设计阶段，以消除和控制危险，并在系统的生命周期内继续评价系统或环境的改变）、记录并跟踪危险以及其解决方法、设计消除或控制危险和实现危险的最小化、维护安全信息系统和记录、建立报告和信息渠道。

1.3　系统安全预测

预测是指对研究对象的未来状态进行估计和推测，即由过去和现在推测未来，由已知推测未知。这包含两方面的含义：一是根据过去已有的相关历史资料和现在的实际情况，运用科学的理论和方法去分析、推测未来可能出现的情况；二是对已知事件的未来状态作出估计和推测。预测由四部分组成，即预测信息、预测分析、预测技术和预测结果。

系统安全预测就是根据系统发展变化的实际数据和历史资料，运用现代的科学理论和方法，以及各种经验、判断和知识，对系统的安全状况在未来一定时期内的可能变化情况，进行推测、估计和分析，减少我们对未来事物认识的不确定性，便于指导我们的决策行动。

1.3.1　系统安全预测的特点

事故发生一般具有因果性、偶然性、随机性、规律性、动态性和可预测性等特征，具体表现如下：

（1）因果性。事故的发生都是有因可循的，即具有潜在的危险因素，事故的发生可以理解为危险因素在一定的条件下相互作用，从而导致系统出现故障、偏差以致失效，进而导致事故的发生。

（2）偶然性。具有同样的危险因素不一定导致一样的事故，事故的发生是必然因素和偶然因素共同作用的结果。

（3）规律性。当统计量足够大时，事故的发生即呈现出一定的规律性，这种规律性为事故的预测和预防提供了科学依据。

（4）动态性。安全事故的发生不但受自身条件的影响，而且也会受到外界条件的影响，外界环境因素的改变，如受政策变化、人员素质变化、文化氛围等的影响而变化，这些条件的改变使得安全事故的发生会随着时间的推移表现出动态性。

（5）可预测性。事故是可预测的，且是可控的。可基于对过去发生的事故的经验和知识的积累，构思出预测模型，达到预测的目的。

1.3.2　系统安全预测的分类

到目前为止，对系统安全预测类型的划分还没有一个统一的标准。现实中可以根据系统安全预测的目的、任务、领域、范围和方法等，将系统安全预测划分成不同的类别。下面是几种常见的分类方法。

（1）按预测对象范围或层次的划分法。

1）宏观预测：是指对整个行业、一个省区、一个局（企业）的安全状况的预测。

2）微观预测：是指对一个厂（矿）的生产系统或对其子系统的安全状况的预测。

（2）按预测时间长短的划分法。

1）长（远）期预测：是指对5年以上的安全状况的预测。它为安全管理方面的重大决策提供科学依据。

2）中期预测：是指对1年以上5年以下的安全生产发展前景进行的预测。它是制定5年计划和任务的依据。

3）短期预测：是指对1年以内的安全状态的预测。它是年度计划、季度计划以及规定短期发展任务的依据。

（3）按预测方法的性质分类。根据预测方法的性质，可将预测分为定性预测和定量预测。前者只是根据预测者的经验、知识和掌握的实际情况，对事物发展趋势做出判断性的预测；后者是预测者根据历史统计数据，运用统计分析、数学模型等科学手段，对事物未来的发展趋势做出量的推断和判断。

（4）按预测是否考虑时间因素分类。根据预测是否考虑时间因素，可以将预测分为静态预测和动态预测。一般来说。绝大多数的预测都属于动态预测。

（5）按预测的前提条件分类。根据预测的前提条件，可将预测分为有条件预测和无条件预测。前者是指预测只有在某种条件下才可能实现。一般多数的预测都为有条件预测。

1.3.3　系统安全预测的基本原则和程序

系统安全事故的发生往往具有随机性，而且导致事故的原因往往潜伏着多种复杂因素，这就给预测带来了很大的难度，一般来说，系统安全预测应遵循以下基本原理。

（1）可知性原理。根据科学试验和事故经验，人们可以获得关于预测对象发展规律的感性和理性认识，从中发现导致事故的影响因素，通过总结它的过去和现在来推测未来的变化趋势和可能出现的危害，这是一切预测活动的基础。

（2）连续性原理。预测对象的发展是连续的过程，现在的安全状态是过去状态的演变结果，未来的安全状态是现在安全状态的演化。对于同一个事物，可以根据事物发展的惯性，来推断未来的发展趋势，这是预测中的时序关系预测法的理论基础。

（3）可类推原理。预测的事件必然是具有某种结构的，如果已经知道两个不同事件之间的相互制约关系有着共同的发展规律，则可利用一个事件的发展规律来类推另一个事件的发展趋势，这是预测中因果关系预测法的理论基础。

预测必须按一定的步骤或程序加强组织工作、协调各工作环节，才能取得应有的成效。预测由预测目标、预测信息、预测模型和预测结果4个部分组成。根据预测对象的不同，预测的目的和方法也有所差异，一般预测的过程如下。

1.3.3.1 明确任务、确定目标、制订计划

对于事故预测，预测的目标是为了探求事故发生的趋势和内在的规律，以便分析出未来事故发生的可能性，提前采取安全对策，做出预防工作，使事故的风险控制在可接受的水平。在明确事故预测的目标之后，就可以确定收集什么资料。除此之外还要根据预测对象、预测期限，明确预测的性质和内容，组织预测人员，做好搜集资料的工作。

1.3.3.2 收集、审核和整理资料，收集信息

预测不仅需要预测对象的现状信息，而且还要有大量的历史统计资料（数据和信息），因此预测人员要尽可能多地搜集与预测内容有关的各种历史资料和影响其未来发展的现实资料，并且搜集和拥有的数据资料应尽可能全面、系统和翔实。

资料按其来源可分为内部资料和外部资料。前者是指反映预测对象历年活动的统计资料、记录、凭证、编撰的工作情报、工作总结、市场调查资料和分析研究资料等；后者是指从预测对象外部搜集到的统计资料和信息，包括政府统计部门公开发表的统计资料，预测对象的竞争对手资料，同行业、同系统与预测对象之间定期交换的活动资料，报纸、杂志上发表的资料，科研人员的调查研究报告及国外有关的信息和资料等。预测时要根据直接的、可靠的、最新的三个标准对资料进行分析研究，判断是否系统、完整，必要时再搜集其他有关资料。

为保证所收集资料的准确性，需要对资料进行必要的审核、整理和筛选。审核主要是指审核资料来源是否可靠、准确，资料是否齐备；资料是否具有可比性，即资料在时间间隔、内容范围、计算方法、计量单位和计算价格上是否保持前后一致，如有不同，应进行调整。资料的整理和筛选主要是对不准确的资料进行查证核实或删除，对不可比的资料调整为可比，对短缺的资料进行估计，对整体的资料进行必要的分组分类。

对于重大的预测项目，应建立资料档案室和数据库，系统地积累资料，以便连续地研究事物的发展过程和发展动向。

只有根据预测的任务和要求，搜集多方面的资料，经过审核、整理和分析，了解和掌握事物发展的历史和现状变化的规律性，才能准确地进行预测，使预测结论可靠和可信。

1.3.3.3 选择预测方法和建立数学模型

预测目的、内容和期限不同，预测方法就不同，应根据预测对象的特点建立预测模型。建模首先要选择预测方法，然后再设计预测模型，进行预测。目前已有300多种预测方法，其中多数是一些基本预测方法的演变型和改进型，经常使用的基本预测方法有十几种，但目前还没有一种公认的通用的预测方法。实际预测中，应根据预测目的和要求选择恰当的预测方法。

选择恰当的预测方法，建立数学模型是决定预测结论准确与否的关键步骤。因此，预测方法的选择在整个预测中至关重要。要获得准确的预测结果，预测方法的选择应遵循一定的原则，应根据预测对象、信息资料、预测目标等来确定，主要是应符合统计资料的特征和变动规律。预测方法的确定是一个渐进的过程，当掌握的资料不够完备、准确程度较低时，可采用定性预测方法。例如对新的施工技术的发展进行预测时，由于缺乏历史统计资料和经济信息，一般就可以采用这种方法，即凭掌握的情况和预测者的经验进行判断预测。当掌握的资料比较齐全、准确程度较高时，可采用定量预测方法，即根据统计数

据（样本数据）的变动规律选取预测方法，运用一定的数学模型进行定量分析研究。

进行定量预测时选择时间序列预测法还是因果预测法，除根据掌握资料的情况而定外，还要根据分析要求而定。当只掌握与预测对象有关的某种经济统计指标的时间序列数据资料，并只要求进行简单的动态分析时，可采用时间序列预测法；当掌握了与预测对象有关的多种相互联系的经济统计指标数据资料，并要求进行较为复杂的依存关系分析时，可采用因果预测法。

1.3.3.4 检验模型，进行预测

基于确定的预测方法建立多参数的预测模型，通过对信息数据的处理来选取和识别模型参数，再通过推理判断揭示预测对象的内在规律性。但因每一种预测方法都是针对一定的预测对象、预测环境提出的，有一定的适用范围，实际预测中不可能有完全相同的预测问题，因此难免会有误差，必须进行预测检验，有时甚至还需要对预测模型进行修正和对误差原因进行分析。为避免预测出现较大误差，常常对同一预测问题选用不同的预测方法进行预测，得出预测结果，再进行比较，鉴别出较为精确的预测结果。

模型检验主要包括考察模型是否能很好地拟合实际，模型参数的估计在理论上是否有意义，统计显著性是否符合要求等。

一般来说，评价模型优劣的基本原则包括以下几条：

（1）理论上合理。模型参数估计值的符号、大小应与有关的理论相一致，所建立的模型应能很好地反映预测对象。

（2）统计可靠性高。模型及其参数估计值应通过必要的统计检验，以保证其有效性和可靠性。

（3）预测能力强。预测效果的好坏是鉴别模型优劣的根本标准。为保证模型的预测能力，一般要求参数估计值有较高的稳定性，模型外推检验精度较高。

（4）简单适用。一个模型只要能够正确地描述系统的变化规律，其数学形式越简单，计算过程越简便，模型就越好。

（5）模型自适应能力强。模型应能在预测要求和条件变化的情况下适时调整和修改，并能在不同情况下进行连续预测。

模型通过检验，就可以用于预测，按一定要求进行点估计预测和区间估计预测。

1.3.3.5 分析预测误差，评价预测结果

分析预测误差是指分析预测值偏离实际值的程度及其产生原因。如果预测误差未超出允许的范围，即认为预测模型符合要求，能用于预测；否则，就需要查找原因，对预测模型进行修正和调整。分析预测误差只能以样本数据的历史模拟误差或已知数据的事后预测误差进行分析。另外，由于预测对象的未来实际值并不知道，预测误差也不知道，所以对预测结果进行评价还需要由相关领域的专家结合预测过程的科学性进行综合考察。

1.3.4 系统安全预测精度

系统安全预测精度是指预测结果与实际情况的符合程度，它是由多方面因素决定的，概括起来，影响预测精度高低的主要因素有以下四个方面。

1.3.4.1 资料的准确性与完备性

系统安全预测是根据所掌握的资料推断未来，预测者所掌握资料的准确程度、全面程

度和及时与否，是影响预测结果精度的重要条件之一。如果掌握的资料不完整、不准确、不及时，预测结果就会与客观实际有很大的误差。因此，在进行预测之前，要根据预测目的和要求，利用各种方法、各种途径取得全面可靠的资料数据。

1.3.4.2 系统安全预测方法的适用性

系统安全预测方法有很多，实际应用时应根据情况选择合适的预测方法。这是提高预测精度的重要条件之一。

1.3.4.3 系统安全预测模型的正确性

系统安全预测模型是对预测对象的简化描述，它忽略了某些影响因素，因此在一般情况下都存在一定的误差；但如果所建模型是符合预测要求的，则以此预测可以取得较高的预测精度。

1.3.4.4 预测者的素质

系统安全预测的准确性在很大程度上取决于预测者对预测理论、方法掌握的程度，对统计资料统计处理的能力，对计算机应用的能力，分析判断能力以及逻辑推理能力等方面。

系统安全预测精度可以用预测误差来表示。预测误差常用的指标有以下几个。

（1）预测误差 e。

$$e = x - \hat{x} \tag{1-1}$$

式中，x 为预测指标的实际值；$\hat{x}$ 为预测指标的预测值。

（2）相对误差 ε。

$$\varepsilon = \frac{e}{x} = \frac{x - \hat{x}}{x} \times 100\% \tag{1-2}$$

（3）平均误差 $\bar{e}$。n 个预测点的预测误差的平均值，称为平均误差，即

$$\bar{e} = \frac{1}{n}\sum_{i=1}^{n} |e_i| = \frac{1}{n}\sum_{i=1}^{n} (x_i - \hat{x}_i) \tag{1-3}$$

因为每个预测点的预测误差可正可负，因此在求它们的代数和时会有一部分相互抵消。也就是说 $\bar{e}$ 无法真正反映预测误差的大小，但能反映预测值的总体偏差情况，可作为预测值修正的依据，即

$$\hat{x}_{n+1.\,\mathrm{new}} = \hat{x}_{n+1} + \bar{e} \tag{1-4}$$

（4）平均绝对误差 $|\bar{e}|$。n 个预测点的预测绝对误差值的平均值，称为平均绝对误差，即

$$|\bar{e}| = \frac{1}{n}\sum_{i=1}^{n} |e_i| = \frac{1}{n}\sum_{i=1}^{n} |(x_i - \hat{x}_i)| \tag{1-5}$$

（5）平均相对误差 $|\bar{\varepsilon}|$。n 个预测点的预测相对误差值的平均值，称为平均绝对误差，即

$$|\bar{\varepsilon}| = \frac{1}{n}\sum_{i=1}^{n} \left|\frac{e_i}{x_i}\right| \times 100\% = \frac{1}{n}\sum_{i=1}^{n} \left|\frac{x_i - \hat{x}_i}{x_i}\right| \times 100\% \tag{1-6}$$

（6）方差 s^2。n 个预测点的预测误差平方和的平均值，称为方差，即

$$s^2 = \frac{1}{n}\sum_{i=1}^{n} e_i^2 = \frac{1}{n}\sum_{i=1}^{n} (x_i - \hat{x}_i)^2 \tag{1-7}$$

（7）标准离差 s。

$$s=\sqrt{\frac{1}{n}\sum_{i=1}^{n}e_i^2}=\sqrt{\frac{1}{n}\sum_{i=1}^{n}(x_i-\hat{x}_i)^2} \tag{1-8}$$

方差和标准离差越大，预测精度就越低。

思考与练习

1-1　什么是系统？

1-2　什么是系统安全？

1-3　系统安全具有什么特征？

1-4　预测的步骤是什么？

1-5　预测的精度可以通过什么体现？

2 安全事故统计分析

2.1 事故基本概念

人类自有了生产，事故就如影随形。随着科学技术和社会化大生产的发展，一些事故也发展为人类的灾难。人类通过发展生产和技术进步获得巨大的生产价值和利润，同时也为新的生产技术和社会化大生产赋予的成果付出一定的代价。生产过程中运用的锅炉、压力容器、易燃易爆品、化学品、高能高热物体等，如果发生故障和使用失控，都可能释放能量，产生危害，从而导致重大事故发生。

事故一词极为通俗，事故现象也屡见不鲜，但对于事故的确切内涵却很难有一致的认识。由于人们所关注的重点不同，给出的事故概念也不一样。在事故的种种定义中，伯克霍夫（Berckhoff）的定义较为著名。Berckhoff 在《生产和防止事故》一书中定义事故为：人（个人或集体）在为实现某种意图而进行的活动过程中，突然发生的、违反人的意志的、迫使活动暂时或永久停止的事件。

事故是一种动态事件，它开始于危险的激化，并以一系列原因事件按一定的逻辑顺序流经系统而造成损失，即事故是指造成人员伤亡、死亡、职业病或设备设施等财产损失和其他损失的意外事件。

事故具有因果性，即事故的发生是一些基本原因相互作用的结果。导致事故发生的原因非常复杂，往往是由许多偶然因素引起的，因而事故具有随机性，或称偶然性，即事故发生的时间和程度在发生前都是不确定的。在一起事故发生之前，人们不能预测什么时间、什么地点将会发生什么样的事故。尽管如此，我们仍然可以应用各种理论与方法来认识事故、探索事故的发生发展规律，从而为事故的预防和控制提供有效的措施和建议。

2.2 事故的特性

事故一般发生在人们所从事的各种生产活动的过程当中，事故具有其自己的特征属性，主要表现在以下几个方面：

（1）因果性。一切生产事故的发生都是有其原因的，即潜在的危险因素。当这些危险因素在一定的时间和空间内相互作用，就会导致系统的隐患、偏差、故障、失效，以致发生事故。因果性是系统各个阶段相关性的表现，著名的事故致因理论，海因里希在多米诺骨牌效应中提到，事故连锁过程影响因素主要有遗传及社会环境、人的缺点、人的不安全行为或物的不安全状态。事故发生的因果关系还表现为继承性，即前一阶段的结果可能是后一阶段的原因，第二阶段的原因可能引起第二阶段的结果；以及表现为发生事故的原因的多层次性。其中有的原因可能与事故的发生有直接的联系，而有的原因可能与事故的发生有间接联系，仅一个原因不可能造成事故，而是很多因素相互作用造成事故。由于事故的这一特性，人们很难找到事故发生的具体原因，但是在大量统计资料的基础上，同一类事故或者同一行业的事故具有共性。

（2）偶然性、随机性和规律性。事故的发生具有随机性，即偶然性，同样的事故原因随着时间的推移可能导致不一样的事故后果。系统安全事故的触发都是偶然因素导致的，但是，在大量事故统计资料的基础上，当时间周期达到一定长度、事故统计样本足够多的时候，事故的发生服从统计学规律，即事故的发生具有规律性。因此，在统计学基础上，事故的发生是有迹可循的，在偶然事故中发现其发生、发展的规律，识别和认识事故，可为预防事故提供依据。

（3）突发性。在生产活动过程中，一般事故发生的过程会经历潜伏期、爆发期、衰败期三个阶段，而对于整个过程来说事故的发生呈现一种连续性。在潜伏期，各种事故征兆及隐患是不容易被发现的，系统似乎处于一种“正常”和“平静”状态。当这些征兆累积到一定量时，事故就会爆发，这也是系统突发事故的原因。当系统中某一不安全因素被激发，就会从潜伏期突变到爆发期，导致事故发生。事故的突发性增大了人们认识事故和预防事故的难度。这就要求我们不断探索和总结已发生事故中的经验教训，消除盲目性和麻痹思想，常备不懈，居安思危，明察秋毫，在任何情况下都把安全放在第一位。

（4）动态性。系统安全随着时间的发展推移，呈现一种动态变化的过程，因而安全事故的发生也呈现动态变化的趋势和规律。任何事物都在发展变化之中，安全系统也不例外，静止是相对的，运动是绝对的。安全生产事故的发生，不但受自身条件和环境因素的影响，而且随着时间、地点的不同而出现不同的情况。随着时间的发展，安全系统的影响因素也随着发展、变化，我们不能一成不变地看待它们，在进行系统安全事故预测的时候要考虑各个因素的发展变化，进而找到事故发展变化的规律，为事故预防控制提供依据。

（5）可预测性。事故是可预测的，可基于对过去发生事故的经验和知识的累积，研究构思出一种预测模型，对各种条件下可能出现的危险进行预测，并据此提出预防措施。安全工作要以预防为主，及时发现事故的潜在性，根除其隐患，提高预测的可靠性。因此，为提高预测的可靠性必须发展和开拓更准确、更简便的预测方法。

（6）时效性。系统安全事故统计数据的有效性会随着时间的推移而改变，每一期的统计数据所包含的信息不完全相同。无论是安全管理与事故发生的相关性、工艺设备的可靠性、系统环境的变换以及整改和对策措施的提出都具有时效性。例如在安全事故发生较多的时候，一定会引起上级领导和作业人员的重视，进而加强安全管理力度和教育培训工作，使事故的发生得到基本控制。但随着安全事故的逐步减少，安全管理水平和关注不免会有所下降，安全教育的作用和影响也会随时间逐渐减弱，事故又会呈现出上升趋势，从而形成一定的周期波动性。

2.3 事故统计指标

事故指标是反映事故发生和伤害情况的一系列特征量，对于不同事故的统计有不同的事故指标。最常见的是绝对指标和相对指标。绝对指标是描绘事故发展的规模、水平的统计指标，包括事故发生次数、死亡人数、受伤人数、损失的工时数和经济损失。相对指标是反映事故的发展程度或比例关系的指标，是相对某一模式的事故发生的比率。例如相对人员模式的相对指标有10万人死亡率，相对生产产量模式的指标有百万吨事故率等。本书主要讨论基于事故指标的预测，如某行业事故的发生次数、伤亡率、事故经济损失等。根据我国国家安全生产监督管理局的资料，安全生产领域的事故指标体系包括五大绝对指标和四大相对指标，如图2-1所示。

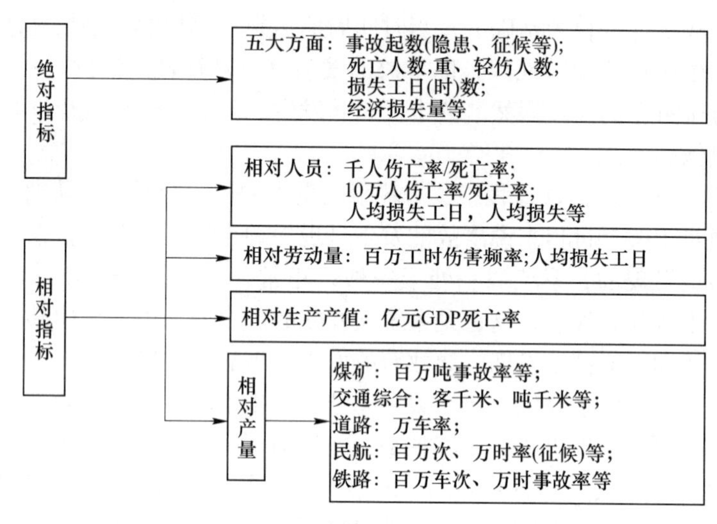

图2-1 事故指标体系

2.4 事故统计分析中的预测方法

事故预测，是基于可知的信息和情报，应用一定的预测技术和手段，对预测对象的安全状况和趋势进行预报和预测，从而达到事故预防的目的。

预测可分为定性预测法和定量预测法，其中定量预测法可分为时序关系预测法和因果关系预测法两类。时序关系预测法，是把客观事物发展的惯性趋势在时间轴上用变量随时间的变化规律表现出来，用变量把以往的纵向统计资料进行外推的预测方法。这种预测方法主要用于预测对象的内在发展趋势明确的情况，而且需要收集纵向统计资料。因果关系预测法，则是根据观测对象的依存关系，找出预测所需要的因果关系，以事物变化的因果关系为基础，用一种近似的函数关系表示出来，并依靠历史数据，构建相应的因果模型。这种预测方法比较适用于事物之间因果关系清晰且具备比较全面的横向统计资料的情况。

本书以系统安全生产事故为预测对象，重点介绍事故预测的方法，它们分别是专家预测法、情景预测法、类推预测法、扩散指数法、回归分析预测法、趋势曲线预测法、灰色预测法、马尔科夫预测法、时间序列预测法、贝叶斯网络预测法和组合预测法。其中，专家预测法、情景预测法、类推预测法和扩散指数法属于定性预测法，趋势曲线预测法、灰色预测法、马尔科夫预测法和时间序列预测法都属于时序关系预测法，回归分析预测法和贝叶斯网络预测法属于因果关系预测法。一般而言，时间序列的纵向统计资料比较容易收集，所以会发现时序预测法的应用较多。但是也有些情形，往往需要对事故发生的因素及其相互间的关系作更深入的分析，这就需要用到因果关系预测法。

实际上，各种预测方法都有其自身的优势和缺陷，往往需要针对不同事故的模式和特征选择适合的预测方法。由于建模者对变量的选择和数学模型的选择往往有一定程度上的主观性和经验性，故要保证事故预测的有效性，目前比较好的方法是利用不同方法的组合预测，因为集成分散的单个预测方法的优势，可以减少总体的不确定性，有效提高预测的精度。组合预测方法将在后续章节介绍。

2.5 事故预测精度检验方法

预测精度检验方法是指预测模型拟合的好坏程度，即预测模型所产生的预测值与历史统计值拟合程度的优劣。如何提高预测精度是预测研究的一项重要任务。就预测工作的目的而言，过去的预测精度毫无价值，只有预测未来的精确度才是最重要的。以下是目前主要的预测精度检验方法。

2.5.1 残差检验

评价精度高低最简单的方法是看预测值和原始数据之间的百分比。

比较原始数据 y_i和预测数据 $\hat{y}_i$，求出残差值 $e(i)$和残差百分比 $\delta(i)$。

$$e(i)=y_i-\hat{y}_i,\qquad \delta(i)=\left|\frac{e(i)}{y_i}\right|\times 100\% \tag{2-1}$$

不同系统对预测精度的要求不一样，如果误差百分比过大，则不能使用，必须提高模型精度。

2.5.2 拟合优度检验——R^2检验

拟合优度检验——R^2检验主要是测度回归方程对数据的拟合程度。一般，对 y_i的说明由系统部分和随机干扰两部分构成：$y_i=\hat{y}_i+e_i\ (i=1,\ 2,\ \cdots,\ n)$，其中 $\hat{y}_i$ 是系统部分的解释，残差 $e(i)$是随机干扰项的解释，前一部分占的越大，就说明模型拟合得越好。如果 $y_i=\hat{y}_i$，即实际观测值落在样本回归“线”上，则拟合最好。可认为“离差”全部来自回归线，而与“残差”无关。

$$R^2\ \frac{\mathrm{ESS}}{\mathrm{TSS}}=1-\frac{\mathrm{RSS}}{\mathrm{TSS}} \tag{2-2}$$

$$\mathrm{TSS}=\mathrm{RSS}+\mathrm{ESS} \tag{2-3}$$

式中，TSS 为总离差平方和；ESS 为回归平方和；RSS 为残差平方和。

R^2越接近 1，说明实际观测点离样本线越近，拟合优度越高。

2.5.3 方程的显著性检验——F 检验

方程的显著性检验，旨在对模型中被解释变量与解释变量之间的线性关系在总体上是否显著成立做出推断。

检验模型

$$y_i=\beta_0+\beta_1 t_{1i}+\cdots+\beta_k t_{ki}+e_i\quad (i=1,2,\cdots,n) \tag{2-4}$$

在总体上是否显著成立。

可提出如下原假设与备择假设：

$$H_0 = \beta_1 = \beta_2 = \cdots = \beta_k = 0 \tag{2-5}$$

检验统计量

$$F = \frac{\mathrm{ESS}/K}{\mathrm{RSS}/(n-k+1)}$$

式中，ESS 为回归平方和；RSS 为残差平方和。

根据数理统计学中的知识，在原假设 H_0成立的条件下，判断统计量

$$F = \frac{\mathrm{ESS}/K}{\mathrm{RSS}/(n-k+1)} > F(n, n-k+1) \tag{2-6}$$

其意义是与残差平方和相比，回归平方和越大，方程越显著。给定显著水平 α，可得到临界值 $F_\alpha(n,\ n-k+1)$。由样本求出统计量 F 的值。通过

$$F > F_\alpha(n-k+1) \tag{2-7}$$

$$F \leqslant F_\alpha(n-k+1) \tag{2-8}$$

来拒绝或不能拒绝原假设 H_0，以判定原方程总体上的线性关系是否显著成立。

若 $F > F_\alpha$，则认为两变量之间线性相关显著；若 $F \leqslant F_\alpha$，则认为两变量之间线性相关关系不显著。

2.5.4　变量的显著性检验——t 检验

方程的总体线性关系显著不代表每个解释变量对被解释变量的影响都是显著的。因此，必须对每个解释变量进行显著性检验，以决定是否作为解释变量被保留在模型中，这一检验是由对变量的 t 检验完成的。变量的显著性检验，旨在对检验解释变量对被解释变量的影响是否显著做出推断。

检验步骤：

（1）计算检验统计量 $|t|$；

（2）查表求临界值 $t_{\frac{\alpha}{2}}(n-k-1)$；

（3）比较，下结论。如果 $|t| > t_{\frac{\alpha}{2}}$，则拒绝 H_0，研究的解释变量对被解释变量有显著的影响；如果 $|t| \leqslant t_{\frac{\alpha}{2}}$，则不能拒绝 H_0，研究的解释变量对被解释变量没有显著的影响。

2.5.5　后验差检验

后验差检验一般应用于灰色预测模型的精度检验，一般要求：（1）后验差值较小，即是相对于实际数据的波动，残差波动的幅度不大；（2）小误差出现的概率高，表明模型预测的误差小，精度高。其检验步骤如下：

（1）计算预测序列的标准差：

$$S_1 = \sqrt{\frac{1}{n-1}\sum_{k=1}^{n}\left[x^{(0)}(k) - \bar{x}\right]^2} \tag{2-9}$$

式中，$\bar{x} = \frac{1}{n}\sum_{k=1}^{n} x^{(0)}(k)$。

（2）计算残差的标准差：

$$S_2 = \sqrt{\frac{1}{n-1}\sum_{k=1}^{n}\left[e^{(0)}(k) - \bar{x}\right]^2} \tag{2-10}$$

式中，$e^{(0)}(k) = x^{(0)}(k) - \hat{x}^{(0)}(k)$，$\bar{e} = \frac{1}{n}\sum_{k=1}^{n} e^{(0)}(k)$。

（3）计算后验差比值：

$$c = \frac{s_2}{s_1} \tag{2-11}$$

（4）计算小误差概率：

$$P = P\{\left|e^{(0)}(k) - \bar{e}\right| < 0.6745\, s_1\} \tag{2-12}$$

计算的后验差比值越小，小误差概率越大，则说明模型与原统计数据拟合得越好，预测精度越高。

2.6 事故预测模型的选择

安全系统是一个复杂的综合系统，安全系统的属性及事故发生的影响因素决定了系统的演变多为非线性函数，如 Carnero 按照严重程度不同，采用多元回归预测对西班牙职业伤害事故进行了有效的预测，为政府相关部门或企业预防职业伤害的发生提供了依据。前人研究成果及大量统计资料表明，安全系统时间序列多为指数曲线模型。在进行模型选择时，可利用图形识别法绘制预测系统时间序列的散点图来观察其基本趋势，从而确定与时间序列较为符合的模型。将时间序列绘制成以时间为自变量、统计数据为因变量的图形，观察并将其变化曲线与各类曲线模型的图形进行比较，选择较为适宜的模型。

对现有预测方法模型进行分析，其适用情况及预测范围见表 2-1。

表 2-1 各种预测方法模型的对比

序号	方法	时间范围	适用情况	预测准备
1	一元线性回归预测法	短、中期	自变量与因变量之间存在线性关系	收集两个变量的历史数据
2	非线性回归预测法	短、中期	自变量与因变量之间存在非线性关系	收集所有变量的、历史数据，并用几个非线性模型试算
3	时间序列分解法	短期	一次性的短期预测或在使用其他方法前消除季节变动因素	需要序列的历史数据
4	趋势外推法	中期到长期	因变量用时间表示时	只需要因变量的历史资料，要对各种可能趋势曲线进行试算
5	移动平均法	短期	不带季节变动的反复预测	只需要因变量的历史资料，但要确定最佳的权系数
6	指数平滑法	短期	具有或不具有季节变动的反复预测	需要因变量的历史资料，是一些反复预测中最简易的方法
7	灰色预测法	短、中期	时序的发展呈指数型趋势	收集现象的历史数据

续表 2-1

序号	方法	时间范围	适用情况	预测准备
8	马尔科夫预测法	短、中期	预测对象没有明显的趋势变化	首先要对事故指标进行划分
9	神经网络预测法	短期	对非线性关系具有良好的逼近效果以及对外部环境有较好的适应能力	收集序列的历史数据

思考与练习

2-1 什么是事故?

2-2 事故具有什么特点?

2-3 常用的事故统计指标是如何分类的?

2-4 常用的事故预测方法有哪些?

2-5 事故预测的方法选择依据是什么?

3 定性预测方法

3.1 概　　述

如果统计资料数据不完善、不准确，加之预测环境发生变化，完全依赖于观察值或历史统计资料数据去推测事物未来发展变化规律的定量预测方法就不现实，此时就需要定性预测。定性预测是指凭借掌握的实际情况、专业知识和实践经验，对事物发展的未来状况做出判断的方法，也称判断预测。其特点是简单易行，所需数据少，能考虑无法定量的因素，适用于掌握的数据不多、不够准确或因影响因素无法用定量方法分析的情形。常用的定性预测方法主要有专家预测法、情景预测法和类推预测法等。

由于定性预测主要靠预测者的经验和判断能力，易受主观因素的影响，因此主要目的不在数量估计。为了提高定性预测的准确程度，应注意以下几个问题：

第一，应加强调查研究，努力掌握影响事物发展的有利条件、不利因素和各种活动情况，从而使对事故演化的分析判断更加接近实际。

第二，在进行调查研究、收集资料时，应做到数据和情况并重，使定性分析定量化。也就是说，通过质的分析进行量的估计，进行有数据有情况的分析判断，提高定性预测的说服力。

第三，应将定性预测和定量预测相结合，提高预测质量。在预测过程中，应先进行定性分析，然后进行定量预测，最后再进行定性分析，对预测结果进行调整定案。这样才能深入地判断事物发展过程的阶段性和重大转折点，提高预测的质量，为管理、决策提供依据。

3.2 专家预测法

组织专家预测属于直观预测范畴，直观预测法简单易行，是应用历史比较悠久的一种方法，至今为止在各类预测方法中仍占有重要地位。直观预测法以专家为索取信息的对象，组织各种领域专家运用专业方面的经验和知识，通过对过去和现在发生的问题进行直观综合分析，从中找出规律，对发展远景做出判断。

直观预测法的最大优点是，在缺乏足够统计数据和原始资料的情况下，可以做出定性分析，得到资料上还未反映的信息。特别是对技术发展的预测，在很大程度上取决于政策和专家的努力，而不完全取决于现实技术基础。这时，采用直观预测法能得到更为准确的结果。

3.2.1 头脑风暴法

头脑风暴法（brain storming method）又称专家会议法或智暴法，其程序如下：邀请有关方面的专家，由训练有素的主持人组织召开专家座谈会，就有关预测问题共同讨论，即兴发言，进行信息交流和互相启发，从而诱导专家们发挥其创造性思维，促进他们产生“思维共鸣”，以达到相互补充的目的，并形成对预测问题的结论性意见。使用这种预测方法，既可以获取要预测事件的未来信息，也可以弄清楚问题，理清影响，特别是一些交叉事件的相互影响，形成方案。

采用头脑风暴法组织专家会议时，应遵循如下原则：

（1）就所论问题提出一些具体要求，并严格规定提出设想时所用术语，以便限制所讨论问题的范围，使参加者把注意力集中于所讨论的问题。

（2）不能对别人的意见提出怀疑，不能放弃和终止讨论任何一个设想，不管这种设想是否适当和可行。

（3）鼓励参加者对已经提出的设想进行改进和综合，为准备修改自己设想的人提供优先发言权。

（4）支持和鼓励参加者解除思想顾虑，创造一种自由的气氛，激发参加者的积极性。

（5）发言要精练，不需要详细论述，因为展开发言将拉长时间，并有碍于一种富有成效的创造性气氛的产生。

（6）不允许参加者宣读事先准备的建议一览表，否则将失去头脑风暴法本身的意义。

头脑风暴法预测的步骤如下。

（1）开会前的准备。

1）确定会议主题，设计详细的讨论提纲。主题应简明、集中。提纲要注意话题次序，一般简单问题在前，复杂问题在后；一般问题在前，特定问题在后。

2）确定会议主持人。主持人应有较强的组织能力和应变能力，丰富的调查经验，以及与讨论问题相关的知识。主持人不应发表可能影响会议倾向性的观点，只是广泛听取意见。合格的主持人应具有和蔼、宽容、灵活和鼓励他人参与的素质。

3）选择与会专家。专家应是在预测问题所涉及专业中有较高理论水平或有丰富实践经验的人。专家的人数视问题的复杂程度、规模的大小而定。一般而言，人数太少，会降低预测结论的代表性；人数太多，预测工作难以组织，对预测结果的处理也比较复杂。经验表明，预测结论的有效性往往会随着人数的增加而提高，但当人数达到某一数量时，如再增加专家人数，对预测有效性的提高就不明显了。一般而言，专家人数以 10~50 人为宜。但对一些重大问题的预测，专家人数也可扩大到 100 人以上。如果要选择相互认识的专家，则从同一职位中的人员中选取，领导不宜参加；如果要选择互不认识的专家，应从不同职位的人员中选取。另外，会议持续时间不宜过长，否则专家难以坚持，以 20~60min 为宜。

4）准备好会议所需的演示和记录工具，如录音、录像设备。

（2）组织和控制会议。

1）组织和控制会议，把握会议主题。为避免会议的讨论离题太远，主持人应善于把与会者的注意力引向会议主题，或围绕主题提出新的问题，使会议始终围绕主题进行。主持人提出题目，要求大家充分发表意见，提出各种各样的看法。主持人不谈自己的设想看法或方案，以免影响与会专家的思维。主持人对专家提出的意见，应表示欢迎。主持人要强调每个人不批评别人的意见，大家畅所欲言，敞开思路，各抒己见，方案多多益善。

2）做好会议记录。如实记录专家意见，可通过录音、录像等方式进行记录。

3）做好会议后的工作。及时整理、分析会议记录，检查记录的正确性、完整性以及是否有遗漏，分析专家所发表的意见、观点是否具有代表性，对预测结果进行评价，及时发现疑问和问题，对会上反映的一些重要数据和关键事实作进一步的查证核实，对没有出席会议的专家或在会上没有发言的专家，应进行补充记录。

头脑风暴法的优点是有助于集思广益，相互启发，能在短期内形成有创造性的建议和想法；信息量大，考虑的预测因素多，提供的预测意见比较全面和广泛。但此方法也易受权威的影响，专家易随大流，不利于充分发表意见；预测结果易受专家表达能力的影响。有些专家的意见和建议虽然很高明且有创造性，但表达能力欠佳，从而影响预测效果，同时预测效果容易受专家心理因素的影响，有的专家爱垄断会议或听不进不同意见；有的甚至明知自己有错，也不公开修改自己的意见；有的专家容易随大流不能坚持自己的意见。

实践经验证明，利用头脑风暴法从事预测，通过专家之间直接交换信息，充分发挥创造性思维，有可能在比较短的时间内得到富有成效的创造性成果。头脑风暴法还可以细分成如下方法：

（1）直接头脑风暴法。即根据一定的规则，通过共同讨论某一具体问题，鼓励创造性活动的一种专家集体预测方法。这些规则包括禁止评估已提出的设想；限制每一个人的发言时间，允许一个人多次发言；将所有设想集中起来；在后续阶段对提出的所有设想进行评价。

（2）质疑头脑风暴法。即一种同时召开两个会议的集体产生设想的方法。第一个会议完全遵从直接头脑风暴法原则，第二个会议对第一个会议提出的设想进行质疑。

（3）有控制地产生设想的方法。也是集体产生设想的一种方法。运用这种方法，主要是通过定向智力活动激发产生新的设想，通常用于开拓远景设想和独到的设想。

（4）鼓励观察的方法。在一定限制条件下，鼓励发散思维，就所讨论的问题提出尽可能多的合理方案。

（5）对策观察的方法。就所讨论的问题寻找一个统一的方案。为了提供一个创造性思维环境，必须决定小组的最佳人数和会议的进行时间。小组规模以10~15人为宜，会议时间一般为20~60min。参加的成员按如下原则选取：

第一，如果参加者相互认识，要从同一职位（职称和级别）的人员中选取，领导人员不应参加，否则对下属人员将产生一定压力。

第二，如果参加者互不认识，可从不同职位（职称和级别）的人员中选取；并注意在会前和会议进行过程中不介绍参会人员的职业、职位背景或头衔等。这时不论成员是领导，还是普通员工，都应同等对待，赋予每个成员一个编号，以便以后按编号与参加者联系。

参加者的专业是否与所论问题一致，不是专家组成员的必要条件；并且专家组中应该包括一些学识渊博、对所讨论的问题有所了解的其他领域的专家。

预测的组织者要对预测的问题作如下说明：问题产生的原因、原因的分析和可能的结果（最好把结果进行夸张描述，以便使参加者感到矛盾必须解决）；分析解决这类问题的国内外成功经验；也可以指出解决这一问题的若干种可能途径；以中心问题及其子问题，形成需要解决的问题（问题的内部结构应当简单，问题的面比较窄将有助于发挥头脑风暴的效果）。

头脑风暴的组织工作最好委托给预测学家负责。因为预测学家对所提的问题和从事科学辩论有充分的经验，同时他们熟悉运用头脑风暴法进行预测的程序和方法。如果所讨论的问题专业面很窄，则应邀请所论问题的专家和预测专家共同负责预测组织工作。头脑风暴小组通常由以下人员组成：方法学者——预测学领域的专家；设想产生者——所讨论问题领域专家；分析者——所讨论问题领域的高级专家，他们应当追溯过去，并及时估价对象的现状和发展趋势；演绎者——对所讨论问题具有发达的推断思维能力的专家。

所有头脑风暴参加者都应具有发达的联想思维能力。在进行头脑风暴时，应尽可能提供一个有助于把注意力高度集中于所讨论问题的创造性环境。有时某个人提出的设想，可能是其他准备发言的人已经思考过的设想。所有头脑风暴法产生的结果，应当认为是全组集体创造的成果。

有时参加者希望以书信方式事先告诉所讨论的问题。这时信中要作如下具体说明：头脑风暴的目标，解决问题的有益设想，解决所讨论问题的可能途径一览表，应答问题一览表，以及解决所讨论问题的计划。

头脑风暴组织者的发言应能激起参加者的心理灵感，促使参加者感到急需回答会议提出的问题。通常在头脑风暴开始时，组织者必须强制询问，因为组织者很少有可能在5~10min内创造一个自由交换意见的气氛，并激起参加者发言。组织者的主动活动也只限制于会议开始时。一旦参加者被鼓动起来以后，新的设想不断涌现，这时组织者只需根据头脑风暴规则适当引导。应当指出，发言量越大，意见越多种多样，所讨论的问题越广越深，出现有价值的设想的概率越大。

会议提出的设想应记录下来，以便不放过任何一个设想，并使其系统化，以备下一阶段使用。

由分析小组对会议产生的设想按如下程序系统化：（1）就所有提出的设想编制名称一览表；（2）用通用术语说明每一设想；（3）明确重复的和互为补充的设想，并在此基础上形成综合设想；（4）提出对设想进行综合的准则；（5）分组编制设想一览表。

在预测过程中，还经常采用质疑头脑风暴法。这种方法是对直接头脑风暴法提出的已系统化的设想进行质疑。对设想进行质疑，这是头脑风暴法中对设想的现实可行性进行评价的一个专门程序。在这一过程中，参加者对每一个提出的设想都要提出质疑，进行全面评论。评论的重点是研究有碍设想实现的问题。在质疑过程中，可能产生一些可行的设想，这些可行的设想包括对已提出的设想无法实现的论证；存在的限制因素分析，以及排除限制因素的建议。可行设想的结构通常是："这样是不可能的，因为如果使其可行必须利用质疑头脑风暴法第二个阶段的结果，就每一组或其中每一个设想，编制一个评论意见一览表，以及可行设想一览表。"

质疑头脑风暴法应遵守的原则与直接头脑风暴法一样，禁止对已提出的设想进行确认论证，而鼓励提出可行设想。

在进行质疑头脑风暴时，组织者应首先阐明所讨论问题的内容，扼要地介绍各组系统化的设想和第一组的共同设想，以及吸引参加者把注意力集中于对所讨论问题进行全面评价。质疑过程一直进行到没有问题可以质疑为止。质疑中的所有评论意见和可行设想，也应记录下来。

最后，是对质疑过程中提出的评价意见进行估价，以便形成一个对解决所讨论问题实际可行的最终设想一览表。对于评价意见的估价，与对所讨论设想质疑一样重要。因为在质疑阶段，重点是研究有碍设想实际实施的所有限制因素，而这些限制因素即使在设想产生阶段，也是放在重要地位予以考虑的。

由分析小组负责处理和分析质疑结果。分析小组要吸收一些有权对设想实施做出决定的专家，如果要在很短时间内就重大问题做出决策，吸收这些专家参加尤为重要。

实践经验表明，头脑风暴法可以排除折中方案，对所讨论的问题通过公正的连续的分析，找到一组切实可行的方案。通过头脑风暴法提出的一组可行性方案，还不能按重要性进行排队和寻找达到目标的最佳途径，还应辅以专家集体评价，并对评价结果进行统计处理，获得专家组的综合协调意见作为评价结果。当然，头脑风暴法实施的成本（实践、费用等）是很高的，另外，头脑风暴法要求参与者有较好的素质。这些因素是否满足会影响头脑风暴法的实施效果。

3.2.2 德尔菲法

德尔菲（Delphi）法是美国兰德公司20世纪40年代首先用于技术预测的一种方法。德尔菲法是专家会议预测法的一种发展。它以匿名方式通过几轮函询征求专家们的意见。预测领导小组对每一轮的意见都进行汇总整理，作为参考资料再发给每个专家，供他们分析判断，提出新的论证。如此多次反复，专家的意见渐趋一致，结论的可靠性越来越大。下面从传统的德尔菲法、派生德尔菲法、专家的选择、预测过程、组织预测应遵守的原则这5个方面展开论述。

3.2.2.1 传统的德尔菲法

德尔菲法在一定程度上克服了头脑风暴法的缺点，它是将所要预测的问题以信件的方式寄给专家，专家们互不见面，将回函的意见综合、整理，又匿名反馈给专家征求意见，如此反复多次，最后得出预测结果。其实质是以匿名方式通过几轮咨询征集专家们的意见而得出预测结果。目前，德尔菲法是一种广为适用的直观判断分析预测方法。它既可用于市场预测，也可用于科技社会以及其他预测；既可用于中期预测，也可用于长期预测，特别是当有关预测对象的历史统计资料不够全面时，其优点更为突出，可以认为是此种情况最可靠的预测方法。德尔菲法的中心内容是将预测的问题和背景材料编制成一种调查表，用信函的方式寄给专家，利用专家的经验和知识做出判断、预测，经过多次综合、归纳和反馈，逐步形成一致意见，从而预测事物未来的发展变化。它具有以下特点：

（1）匿名性。为克服专家会议易受心理因素影响的缺点，德尔菲法采用匿名方式。应邀参加预测的专家互不了解，完全消除了心理因素的影响。专家可以参考前一轮的预测结果，修改自己的意见而无需做出公开说明，无损自己的威望。

（2）轮间反馈沟通情况。德尔菲法不同于民意测验，一般要经过4轮。在匿名情况下，为了使参加预测的专家掌握每一轮预测的汇总结果和其他专家提出意见的论证，预测领导小组对每一轮的预测结果做出统计，并作为反馈材料发给每个专家，供下一轮预测时参考。

（3）预测结果的统计特性。对各轮反馈意见进行定量处理是德尔菲法的一个重要特点。为了定量评价预测结果，德尔菲法采用统计方法对结果进行处理。

德尔菲法是传统定性预测分析的一个飞跃，它突破了单纯的定性或定量分析的界限，为科学、合理的决策开辟了思路。由于它能对事物未来发展可能的前景做出概率描述，因而为决策者提供了多方案选择的可能性。

德尔菲法一般有 4 个步骤：建立预测领导小组，编制预测计划；选择专家；轮间反馈；编写预测报告等。由于该方法预测结果的准确性在很大程度上依赖于专家的知识广度、深度和经验以及咨询调查表的设计，因此如何选择专家、如何设计咨询调查表是非常重要的。

在使用德尔菲法时应注意以下几个方面的问题：

（1）设置预测机构。它的基本任务是对预测工作进行组织和领导，控制预测进程，拟定咨询调查表，汇总各轮专家意见，统计处理预测结果和编写预测报告。

（2）选择专家。该方法中的专家与通常意义的专家有明显的区别，它特指与预测问题有密切关系的人员。具体包括对预测问题有丰富实践经验、专门知识和特长的人员，也包括与预测问题有直接关系的人员。如安全决策人员、安全从业者或设备设施的相关操作人员也是专家。因此，在选择专家时，不仅要注意选择所预测专业领域的理论知识型专家和实践型经验专家，同时还应注意选择与之密切相关的人员以及相关领域和边缘学科方面的专家；另外，所选择的专家要能乐于承担任务，坚持始终。在组织专家集体进行预测时，专家人数应视实际需要而定，其原则与头脑风暴法的原则相似。

（3）充分调动专家的积极性。专家参与轮间咨询的积极性，在很大程度上决定了预测的质量。因此，必须充分调动专家的积极性，让他们乐意为咨询工作服务。一般来讲，应注意给予应邀专家适当的物质或者荣誉作为报酬。

（4）对德尔菲法作必要的说明。由于该法并非所有人都知道，因此，领导小组应就德尔菲法的实质、特点以及轮间反馈作扼要说明。另外。为使专家能全面了解情况，函询调查表应有前言，用以说明预测的目的和任务，并示范说明如何回答表中的项目。

（5）精心设计函询调查表。咨询要服从预测目的和任务的需要，使各个咨询项目构成一个有机的整体。咨询项目应按等级排列，在同类项目中，按先简后繁，由浅入深进行排列，以引起专家的兴趣，便于思考和分析。调查表应简练、明确、清晰，提出的问题不要太多，一般认为问题在 25 个以内为宜；用词要确切，避免使用“普及”“普通”“广泛”和“正常”之类的词。调查者的回答应采用简练的方式，如填写数字、日期、同意、不同意等。调查表上可适当留空，以便专家阐明有关看法和意见。根据预测内容的不同，调查表一般有三种询问方式：要求对问题的发展做出定量估计和描述，要求对几个时间或指标做出选择和说明，要求进行论述、分析和说明。另外，调查的问题或咨询项目应接近专家熟悉的领域，设计函询调查表时应提供较为详细的背景资料。

（6）专家意见的统计处理。专家意见服从或接近正态分布，因此，对专家意见的统计处理方法和表达形式，视答案的类型和预测的要求不同而不同。

1）数量预测答案的处理。当预测结果需要用数或时间表示时，专家们的回答将是一系列可比较大小的数据或有前后排列顺序的时间。这时，可采用四分点法处理，即用数据的中位数和上下四分位数的方法处理专家们的意见，求出预测点期望值和区间。

2）定性预测结果的统计处理。德尔菲法预测中，一般依据某预测项目可能出现的事件的多少（n 个），要求对多评定的第一名给 n 分，第二名给 $n-1$ 分，依次递减，最后一名得 1 分；再根据 m 个专家的评分，确认预测项目各可能事件的等级次序。具体步骤如下：

第一步：计算预测项目各可能事件得分总值：

$$S_j = \sum_{i=1}^{m} C_{ij} \quad (j = 1,2,\cdots,n) \tag{3-1}$$

式中，S_j 为第 j 个事件的得分总值；C_{ij} 为第 i 个专家对第 j 个事件的等级评分值。

第二步：计算所有事件评估部分：

$$S = \sum_{i=1}^{m} S_j = \sum_{j=1}^{n} \sum_{i=1}^{m} C_{ij} \tag{3-2}$$

第三步：计算各事件的重要程度权系数：

$$k_j = \frac{S_j}{S} \quad (j = 1,2,\cdots,n) \tag{3-3}$$

此值越大，说明某预测项目在预测其出现第 j 事件的可能性越大。

3.2.2.2 派生德尔菲法

自从兰德公司首次用德尔菲法进行预测之后，很多预测学家（其中包括兰德公司的专家）对德尔菲法进行了深入研究，对初始的经典德尔菲法进行了某些修正，并开发了一些派生方法。派生方法分为两大类：（1）保持经典德尔菲法基本特点；（2）改变其中一个或几个特点。下面介绍两类派生方法。

（1）保持经典德尔菲法基本特点的派生方法。这类方法主要是对经典方法中的某些部分予以修正，克服德尔菲法的某些不足之处。

1）事件一览表。经典的德尔菲法第一轮只提供给专家一张预测主题表，由专家填写预测事件。这样，领导小组固然可以排除先入为主的观点，有益于充分发挥专家的个人才智和作用；但是某些专家由于对德尔菲法不甚了解或其他原因，不知从何下手，有时提供的预测事件也杂乱无章，无法归纳；同时也难以保证在第一轮中专家提出的预测事件符合领导小组的要求。为了克服这些缺点，领导小组可以根据已掌握的资料或征求有关专家意见，预先拟订一个预测事件一览表，在进行第一轮函询时提供给专家，使他们从对事件一览表作出评价开始工作。当然在第一轮，专家们也可对事件一览表进行补充和提出修改意见。

2）向专家提供背景资料。在很多情况下，科学和技术发展的方向在很大程度上取决于技术政策和经济条件。参加预测的成员一般是某一领域的专家，不可能期望他们非常了解整个系统的安全情况。因而有必要把系统安全的发展趋势预测，作为第一轮的信息提供给专家，使专家们有一个共同的起点。

3）减少应答轮数。经典德尔菲法一般经过 4 轮，有时甚至 5 轮。但是一系列短期实验表明，通过 2 轮意见已相当协调。因而就现有经验来看，一般采用 3 轮较为适宜。如果要在短期内做出预测，或者第一轮提出预测事件一览表，采用 2 轮也可得到正确的预测结果。

4）对预测事件给出多重数据。经典的德尔菲法经常要求专家对每个事件实现的日期做出评价。专家提供的日期一般是与事件实现可能性相当的日期，即事件在这个日期之前或之后实现的可能性相等。在某些情况下，要求专家提供 3 个概率不同的日期，即未必有可能实现，成功概率相当于10%；实现与否可能性相等，成功概率为50%；基本上可以实现，成功概率为90%。当然也可选择其他的类似概率。计算这3类日期的中位数，得出专家应答的统计特性，即预测结果。专家意见的离散程度用10%和90%概率日期的时间间距表示。

5）自我评价。德尔菲法通常不考虑专家对预测事件的熟悉程度，但有时也要求考虑专家在相关领域中的权威性。当要求考虑专家权威性时，就要求对专家的权威程度取权数，对评价结果进行加权平均计算。这有利于提高德尔菲法的预测精度。

6）置信概率指标。在某些德尔菲法中对每个预测事件引入了“置信因数”。

“置信因数”是针对小组应答的一种统计指标。这种统计指标只是根据作出肯定的回答计算的，即从100%中减去提出“从不”（从来不会发生）应答的比重，便得置信概率指标。例如，对某预测事件作出肯定回答的中位数是1985年，而30%专家认为该事件“从不”，则这一事件的置信概率为70%。引入置信概率是对“从不”回答的一种有益的统计方法，因为任何其他方法都不能把“从不”回答从肯定回答中分离出来。

（2）改变德尔菲法基本特点的派生方法。这类方法是改变匿名性和反馈特性。

1）部分取消匿名性。匿名性有助于发挥个人长处，不受外界的支持和反对意见的影响。但是在某些情况下，全部或部分取消匿名性也能保持德尔菲法的优点，而有助于加快预测过程。其具体做法，有的先采取匿名询问；有的是专家们各自阐明自己的论据，然后通过灯光显示装置匿名表达各自的意见，最后再进行口头辩论，亦可伴随询问，由此得出的结论作为最后评价。

2）部分取消反馈。如果完全取消反馈，则第二轮以后专家将仅限于对自己提出的评价进行重新认识。实验研究表明，对自己的判断简单地重新认识只能使回答结果变坏，而不会改善。因而全部取消反馈将丧失德尔菲法的特点。部分取消反馈，一种是只向专家反馈四分点和十分点，而不提供中位数，这样有助于避免某些专家只是简单地向中位数靠拢，借以回避提出新的评价和论据的倾向；另一种是要求专家对事件给出3个概率日期，并分别计算其中位数。如专家的评价日期（50%）处在小组的10%和90%概率日期的中位数之间，则第三轮不再对其反馈。第三轮仅向两种人提出反馈：一是其评价未进入十分点之间；二是该领域的权威专家。如果领导小组认为权威专家的意见得到证实，则可用权威专家的评价作为预测结果。否则则以小组应答中位数作为预测结果。

3.2.2.3 专家的选择

进行德尔菲法预测需要成立预测领导小组。领导小组不仅负责拟订预测主题，编制预测事件一览表，以及对结果进行分析和处理，更重要的是负责专家的选择。

德尔菲法是一种对于意见和价值进行判断的方法。如果应邀专家对预测主题不具有广泛的知识，则很难提出正确的意见和有价值的判断。即使预测主题比较窄和针对性很强，要物色很多对这一专题涉及的各个领域都有很深造诣的专家也很困难，因而物色专家是德尔菲法成败的关键，是预测领导小组的一项主要工作。

选择专家决不能简单从事，更不能事先不经征得同意就将调查表发给拟邀请的专家。因为有的专家可能不同意参加这项预测。据统计，有些预测第一轮分发了200~300张调查表，结果给予应答的只有50%，有的还不到50%。因而事先不经征得同意就盲目分发调查表，难以征得足够数量的专家参加预测。

那么选择专家的工作应如何进行呢？这里有三个问题：什么叫专家，怎样选择专家，选择什么样的专家。组织某一项预测时，拟选的专家是指在该领域从事 10 年以上技术工作的专业人员。

怎样选择专家是由预测任务决定的。如果要求比较深入地了解本部门的历史情况和技术政策，或牵涉到本部门的机密问题，最好从本部门中选择专家。从本部门选取专家比较简单，既有档可查，又熟悉人员的现实情况。

如果预测任务仅仅关系到具体技术发展，最好同时从部门内外挑选。从外部选择专家，大体按如下程序进行：

（1）编制征求专家应答问题一览表。

（2）根据预测问题，编制所需专家类型一览表。

（3）将问题一览表发给每个专家，询问他们能否坚持参加规定问题的预测。

（4）确定每个专家从事预测所消耗的时间和经费。

从外部选择专家比较困难，一般要经过几轮。首先要收集本部门职工比较熟悉的专家名单，而后在有关期刊和出版物中物色一批知名专家。以这两部分专家为基础，将调查表发给他们，征求意见，同时要求他们再推荐 1～2 名有关专家。预测领导小组从推荐名单中再选择一批由两人以上同时推荐的专家。

在选择专家过程中不仅要注意选择精通技术、有一定名望、有学派代表性的专家，同时还需要选择边缘学科、社会学和经济学等方面的专家。选择担负技术领导职务的专家固然重要，但要考虑他们是否有足够的时间认真填写调查表。

经验表明，一个身居要职的专家匆忙填写的调查表，其参考价值还不如一个专事某项技术工作的一般专家认真填写的调查表。再有，乐于承担任务，并坚持始终，也是选择专家要注意的一个问题。

预测小组人数视预测问题规模而定，一般以 10～50 人为宜，人数太少，限制学科代表性，并缺乏权威，同时影响预测精度；人数太多，难以组织，使结果处理比较复杂。然而对于一些重大问题，专家人数也可扩大到 100 人以上。在确定专家人数时，值得注意的是即使专家同意参加预测，因种种原因也不见得专家每轮必答，有时甚至专家中途退出，因而预选人数要多于规定人数。专家选定后还可根据具体预测问题，划分从事基础研究预测和应用研究预测的小组，亦可按其他形式分组。

3.2.2.4　预测过程

调查表制定后就可以开始预测，预测过程中要创造条件使专家能够自由、独立地进行判断。经典德尔菲法一般分四轮进行：

第一轮，发给专家的第一轮调查表不带任何框框，只提出预测主题。预测领导小组对专家填写后寄回的调查表进行汇总整理，归并同类事件，排除次要事件，用准确术语提出一个事件一览表，并作为第二轮调查表发给每个专家。

第二轮，专家对第二轮调查表所列的每个事件作出评价，并阐明理由。领导小组对专家意见进行统计处理。

第三轮，根据第二轮统计材料，专家再一次进行判断和预测，并充分陈述理由。有些预测在第三轮时仅要求持不同意见的专家充分陈述理由，因为他们的依据经常是其他专家忽略的一些外部因素或未曾研究过的一些问题。这些依据往往对其他成员重新作出判断产生影响。

第四轮，在第三轮统计结果基础上，专家再次进行预测。根据领导小组要求，有的成员要重新做出论证。

通过四轮，专家的意见一般可以相当协调。

3.2.2.5 组织预测应遵守的原则

采用德尔菲预测时，不会有适用于所有情况的准则。然而通过对大量德尔菲预测的分析和研究，可以从中找出一些应共同遵守的原则。

（1）对德尔菲法做出充分说明。为了使专家全面了解情况，一般调查表都应有前言，用以说明预测的目的和任务，以及专家的回答在预测中的作用；同时还要对德尔菲法做出充分说明。因为德尔菲法并不是为众人所周知。即使有些专家接触过德尔菲法，他们也难免有些曲解。因而领导小组应阐明德尔菲法的实质、特点，以及轮间反馈对评价的作用。

（2）问题要集中。问题要集中并有针对性，不要过于分散，以便使各个事件构成一个有机整体。问题要按等级排队，先综合，后局部；同类问题中，先简单，后复杂。这样由浅入深的排列，易于引起专家回答问题的兴趣。

（3）避免组合事件。如果一个事件包括两个方面，一方面是专家同意的，而另一方面则是其不同意的，则这时专家难以做出回答。例如对于题为“以海水中提炼的氘（重氢）为原料的核电站到哪一年可以建成”的预测事件，有的专家就难以做出回答。因为某位专家虽然可以对核电站建成日期做出评价，然而他认为原料应是氚（超重氢）而不是氘。这时，这位专家如果提出预测，似乎他同意采用氘作原料，如果他拒绝回答，似乎他对能否建成核电站持怀疑态度。因而应避免提出“一种技术的实现是建立在某种方法基础上”这类组合事件。

（4）语义要清晰、明确。在制定预测事件时常常出现一些含糊不清的用语，这是因为不注意使用大家熟知的技术术语和“行话”引起的。例如，有一个预测事件题目为“私人家庭到哪一年将普遍拥有遥控通道的终端设备”。这里普遍二字比较含糊，缺乏定量概念。如果一位专家认为50%属于普遍，并提出一个评价日期，而另一位专家认为80%属于普遍，也提出一个评价日期，由于评价起点不同，两个评价结果可能相差很大。然而实际上，如果以私人家庭安装终端设备的年平均增长率为题进行预测，这两个专家意见可能完全一致。因而，像“普遍”“广泛”“正常”等缺乏定量概念的用语应避免使用。

（5）领导小组的意见不应强加于调查表中。在对某事件的预测过程中，当意见对立的双方对对方的意见都没有给予足够考虑，或者领导小组认为已经存在着明显的判断和事实，而双方都没有注意时，领导小组可能试图把自己的观点加在调查表中，作为反馈材料供下一轮预测时参考。这样处理势必出现诱导现象，使专家的评价向领导小组意图靠拢，而由此得到的预测结果的可靠性是值得怀疑的。

（6）调查表要尽可能简化。调查表应有助于而不是妨碍专家做出评价，应使专家把主要精力用于思考问题，而不是理解复杂混乱的调查表。调查表的应答要求最好是选择一个日期或填空；调查表还应留有足够的地方以便专家阐明意见。总之调查表设计应尽可能方便专家回答问题，而不能从方便领导小组处理专家意见出发进行设计。

（7）问题的数量要限制。问题的数量不仅取决于应答要求的类型，同时还取决于专家可能作出应答的上限。如果问题只要求作出简单的回答，数量可多些；如果问题比较复杂，并有一些对立的观点和看法需要斟酌，则数量要少些。严格的界限是没有的，一般可以认为问题数量的上限以25个为宜。如果问题过多，超过50个，则领导小组就要认真研究，问题是否过于分散，而未切中要害。

（8）支付适当报酬。20世纪70年代之前开展的德尔菲法预测，绝大部分没有给予专家以应有的报酬，这必然会在一定程度上影响应邀专家的积极性。因而在组织德尔菲法预测时，应酌付适当报酬，以鼓励专家积极参与。

（9）考虑对结果处理的工作量。如果专家组成员比较少，对结果处理的工作量不大；反之，如果专家组成员比较多，则对结果处理的工作量较大。如果参加预测的人员过多，超过100人，则必须利用计算机进行处理。因为领导小组中的有限成员无力承担如此繁重的处理任务。

（10）轮间时间间隔。从经验来看，不同的预测轮间时间间隔差别较大。多数预测完成一轮需要4周或6周。而有的预测2轮一共只需26天。这除了与问题的繁简、难易有关外，还与专家对预测问题的兴趣有关。

上述原则来自大量的德尔菲法的实验总结和领导小组的经验。当然不是什么时候都必须遵守这些原则，有时即使遵循这些原则也不见得得到成功的预测。但是，研究和遵守这些原则，可以使领导小组少犯错误，并有助于得到有益的预测。

德尔菲法作为一种预测工具，其价值在于它的预测结论的有效性。就其预测的准确性来讲，虽然它多用于长期预测，一般难以对它进行全面的统计和检验，但此方法给出的许多预测信息是受到重视的，有大量的事例证实了其预测结论的准确性。德尔菲法不受地区和人员的限制，用途广泛，费用一般较低，而且能引导思维，是一种系统的预测方法。在缺乏足够资料的预测中，有时只能使用该方法。当然，德尔菲法也存在一些不足，主要表现在以下几个方面：

（1）预测结果受主观认识的制约。德尔菲法的实质就是广泛利用专家的主观判断，将专家意见进行统计处理，产生有用的预测结果。因此，运用德尔菲法所得到的预测结果受主观认识的制约，预测的准确度主要取决于专家的知识、经验、心理状态和对预测对象的感兴趣程度。

（2）专家思维的局限性会影响预测的效果。现代科学技术分门别类，知识量十分庞大而复杂，任何专家都不可能对所有问题深入研究。事实上，专家只是从事某个专门领域的工作，对其他领域的成就与进展往往了解较少，可能仅在有限的框框内思维。

（3）德尔菲法在技术上还有待改进。德尔菲法本身也还存在许多有待于进一步完善的地方。例如，专家的概念没有完善的客观的衡量标准，因而在选择专家时容易出现偏差；咨询调查表的设计原则难以掌握，有时比较粗糙。

3.3 情景预测法

单凭定量分析是难以反映错综复杂的关系的。然而，只凭定性预测又没有一定的数据根据，不利于决策者进行分析，所以客观上需要寻找一种定性和定量相结合的分析方法，情景预测法正是解决这一问题的有效方法。

3.3.1 情景预测法的概念和特点

情景预测法是20世纪70年代兴起的一种预测技术，又称为剧本描述法。“情景”最早出现在20世纪60年代末凯恩和维拉的《2000年》一书中。该书将情景分析定义为：用以着重研究偶发事件及决策要点的一系列假设事件。情景预测法是对将来的情景做出预测的一种方法。

它把研究对象分为主题和环境，通过对环境的研究，识别影响主题发展的外部因素，模拟外部因素可能发生的多种交叉情景以预测主题发展的各种可能前景。

情景预测法首先是构造一个“无突变”情景，即在假定当前的环境不发生重大变化的条件下研究对象的未来情景；然后分析“无突变”情景的环境因素，各因素的不同取值对情景造成不同的影响。由此产生新的组合背景，再假设新的突变事件的发生，产生出更多的情景。

情景预测法在分析过程中根据不同情景可采用不同的预测方法，使定量、定性分析相结合，这样就弥补了定性预测和定量预测各自的缺陷。

情景预测法不同于一般方法，其特点主要表现在如下4个方面。

（1）适用范围很广，不受任何假设条件的限制，只要是对未来的分析，均可使用。

（2）考虑问题周全，又具有灵活性。它尽可能考虑将来会出现的各种状况和各种不同的环境因素，并引入各种突发因素，将所有的可能尽可能地展示出来，有利于决策者进行分析。

（3）通过定性分析与定量分析相结合，为决策者提供主、客观相结合的未来情景。它通过定性分析寻找出各种因素和各种可能，并通过定量分析提供一种尺度，使决策者能够更好地进行决策。

（4）能及时发现未来可能出现的难题，以便采取行动消除或减轻它们的影响。

3.3.2 情景预测的一般方法

常见的情景预测法有未来分析法、目标展开法、间隙分析法三种。

（1）未来分析法。未来分析法立足于现在，着眼于未来，是最常用的一种方法。未来分析法通常将未来分为三种情景：无突变情景、悲观情景、乐观情景。一般而言，未来分析法先假设目前的状况会持续发展，预测以这样的发展状况未来会出现什么样的情景，即得到无突变情景；再找出对未来情景有影响的各种环境因素，让他们进行不同程度的变化，从而得到有利的环境和不利的环境；最终分析在有利环境和不利环境下分别得到什么样的乐观情景和悲观情景。还可有其他关于未来的预测，不同的环境与主题相互作用，得到不同的未来预测。

（2）目标展开法。目标展开法与未来分析法不同，它立足于未来，分析现在，即已确定好目标，去分析如何达成这一目标。在分析过程中，可根据总目标设计出各子目标，再分析实现这些目标需要满足的环境、条件，并从中寻找一条最佳路径。

（3）间隙分析法。间隙分析法立足于现在和未来，寻找中间途径。它主要是先根据目前状况，预测如此发展的话，将来会怎样，再根据两者的状况，决定中间的路该怎么走，这与目标展开法有类似之处，但间隙分析法更强调阶段性，如分别考虑5年、7年、10年这些不同阶段下应怎么做。

3.3.3　情景预测法的一般步骤

情景预测法的一般步骤为：

（1）确定预测主题。

（2）根据预测主题，寻找资料，充分考虑主题将来会出现的状况。

（3）寻找影响主题的环境因素，要尽可能周全地分析不同因素的影响程度。

（4）将上述影响因素归纳为几个影响领域，分析在不同影响领域下主题实现的可能性，同时分析是否有突发事件的影响；若有，影响如何。

（5）对各种可能出现的主题状态进行预测。在这一步骤中可采用不同的方法，对有数据的主题可用定量分析方法，否则进行定性分析；也可定量与定性相结合进行预测。

3.4　类推预测法

3.4.1　类推预测法的基本原理

类推预测法就是利用某一先导事件的发展演变规律，来预测与其有关联的、相似的、迟发事件的发展演变趋势。先导事件就是发生在前或已发生过的事件，迟发事件就是发生在后或正在发生的事件。

类推预测实际上就是寻找两个相距一定历史时期的相似时间序列，然后通过先导事件的时间序列推测迟发时间的时间序列。根据特征参数随时间变化的图形（先导事件的时间序列曲线）或变化规律，并将其与迟发事件的时间序列曲线变化进行比较，观察这两个事件的时间序列变化规律是否有相类似的趋势，是否有一个固定的时间迟后量。如果这些条件得以满足，便可使用所选的先导事件进行类推预测，因此，类推预测法的具体步骤如下：

类推预测法最关键的一步就是确定与预测对象有关的先导事件。先导事件的选定又依赖于迟发事件的深入分析，抓住迟发事件的本质特征，要善于从大量的历史事件中找到与迟发事件相类似且有某种特殊关系的先导事件。一旦先导事件被确定，就可以描述出先导事件的特征参数随时间变化的图形（先导事件的时间序列曲线）或变化规律，并将其与迟发事件的时间序列曲线变化进行比较，以观察这两个时间段时间序列变化规律是否有相类似的趋势，是否有一个固定的时间迟后量。如果这些条件得以满足，便可使用所选定的先导事件进行类推预测，因此，类推预测法的具体步骤如下：

（1）选择先导事件。要求先导事件与迟发事件具有相同或近似的发展变化规律，发展规律已知并领先于迟发事件。

（2）找出先导事件的发展规律、特征参数，并依据时间序列统计数据绘制其演变趋势曲线图。

（3）根据先导事件的发展规律，类推迟发事件的未来情形，从而进行预测。

采用类推预测，要特别注意以下几个方面的问题：

（1）区分两个事件是本质上的相似，还是偶然相似，全面地比较两个事件的重要特性，正确判断它们之间的相似和差别。任何两个事件总是有差别的，如果存在明显的本质差别，就不要勉强将其选作先导事件；在存在差别的情况下，应当特别注意其预测的范围和时间；只有各主要特征上充分相似的两个事件，其类推预测的结论才有一定的可靠性。

（2）即使是可以进行类推的两个事件，甚至在一段时期内其预测结论也被证明是正确的，但也不能保证其预测结论仍然对未来完全适用。因为随着时间的推移，预测环境甚至预测对象本身可能发生质的变化，两个相似事件的迟后事件可能会改变（缩短或延长），因此，若仍使用原先的类推模型，就可能得出有较大偏差的预测结果。

（3）由于类推预测较多地涉及人的主观判断，因此当他们意识到某一类推结果时，可能会变更初衷，故意采取别的行动而企图类推出主观所希望的结论，这有可能严重干扰预测的客观性，致使类推预测失效。

（4）要依靠专家的咨询和指导。类推预测并不像一些定量预测方法一样有固定的模式、现成的数学公式，它在很大程度上要依靠人的实际知识和实践经验，要依靠人的聪明才智去观察和分析事件的本质属性以及相互间的类似。一般的预测工作者很可能不具备关于预测对象的专业知识，对有些相关学科领域可能也不甚了解，这就更有必要聘请专家、学者，向他们说明预测的目的和任务以及类推预测的要领，合作完成预测任务。

3.4.2 类推预测法的种类及应用

类比推理常常被人们用来类比同类装置或类似装置的安全情况，然后采取相应的对策防患于未然，实现安全生产。类比推理不仅可以由一种现象推算出另一种现象，还可以依据已掌握的实际统计资料，采用科学的统计推算方法来推算，得到基本符合实际需要的资料，以弥补调查统计资料的不足，供分析研究使用。

类推预测法的种类及其应用领域取决于被预测对象或事件与先导对象或事件之间联系的性质。常用的类推方法有以下几种：

（1）平衡推算法。平衡推算法是指根据相互依存的平衡关系来推算所缺的有关指标的方法。例如利用海因里希关于重伤死亡、轻伤和无伤害事故的比例为 1：29：300 的规律，在已知重伤死亡数据的情况下，可推算出轻伤和无伤害数据；利用事故的直接经济损失与间接经济损失的比例为 1：4 的关系，可从直接损失推算出间接损失和事故总经济损失；利用爆炸破坏情况推算离爆炸中心一定距离处的冲击波超压（Δp，MPa）或爆炸坑（漏斗）的大小，进而推算爆炸物的 TNT 当量。

（2）代替推算法。代替推算法是指利用具有密切联系（或相似）的有关资料和数据来推算所需的资料和数据的方法。例如，对新建装置的安全预测，可使用与其类似的已有装置的资料和数据对其进行预测。在安全预测中，人们常常通过类比同类或类似装置的检测数据进行预测。

（3）因素推算法。因素推算法是指根据指标之间的联系，从已知因素的数据推算有关未知指标数据的方法。例如，已知系统事故发生概率 P 和事故损失严重度 S，就可利用风险率 R 与 P、S 的关系来求得风险率 R。

（4）抽样推算法。抽样推算法是指根据抽样或典型调查资料推算系统总体特征的方法。这种方法是数理统计分析中常用的方法，是以部分样本代表整个样本空间来对总体进行统计分析的一种方法。

（5）比例推算法。比例推算法是指根据社会经济现象的内在联系，用某一时期、某一地区、某一部门或某一单位的实际比例，推算另一类似时期、类似地区、类似部门或类似单位有关指标的方法。例如，控制图法的控制中心线是根据上一个统计期间的平均事故率来确定的。国外行业安全指标通常也都是根据前几年的年度事故平均数值来确定的。

（6）概率推算法。概率是指某一事件发生的可能性大小。事故的发生是一种随机事件。任何随机事件，在一定条件下是否发生是没有规律的，但其发生概率是一客观存在的定值。因此，根据有限的实际统计资料，采用概率论和数理统计方法可求出随机事件出现各种状态的概率。用概率值来预测系统未来发生事故的可能性大小，以此来衡量系统危险性的大小和安全程度的高低。

应用定性预测时，应强调努力掌握影响事物发展的有利条件、不利因素和各种活动的情况，使分析判断更接近于实际；收集资料时应注意数据和情况并重，使定性分析数量化，定性预测与定量预测相结合，进一步提高预测质量。

思考与练习

3-1　什么是定性预测方法？

3-2　定性预测方法具有什么特点？

3-3　专家预测法存在哪些优缺点？

3-4　情景预测法的步骤是什么？

3-5　试分析定性预测和定量预测的优缺点。

4 回归分析预测法

4.1 回归分析概述

回归分析是19世纪末期由英国生物统计学家高尔顿（F. Galton）提出的。当时为了研究子女身高与父母身高的关系，Galton收集了1078对夫妇及其成年子女的身高信息，结果发现了如下关系：高个子父母的子女的身高有低于其父母身高的趋势，而矮个子父母的子女的身高有高于其父母的趋势，即有“回归”到平均值的趋势，这就是统计学上最初出现“回归”时的含义。随后高尔顿发表了一些著作，结合了统计方法在生物学研究中的作用，引进了回归直线、相关系数等概念，创始了回归分析。后来很多学者把回归分析应用到不同领域的研究当中，尤其是应用到了经济学中，形成了计量经济学，使回归分析得到了更为深入的发展。

社会现象是相互依存、相互联系的，其中的关系往往无法用精确的数学表达式来描述，只有通过对大量的观察数据进行统计上的处理，才能找到其中的规律性。回归分析是对具有相互联系的现象，根据其关系的形态，选择一个合适的数学模型，近似表达变量间的平均变化关系，再根据这些关系通过各影响因素来估计预测对象。

虽然回归分析法技术上比较成熟，但是由于所预测的过程过于简单，并且要求大样本容量以及较好的分布规律，因而使得其应用受到一定的限制。由于回归分析是将预测对象的影响因素加以分解，考察各因素的影响情况，从而估计预测对象未来的数量状态，因此可能出现量化结果与定性分析结果不符的现象，有时难以找到合适的回归方程类型；而且回归模型误差较大，当影响因素错综复杂或相关因素数据资料无法得到时，即使增加计算量和复杂程度，也无法修正回归模型的误差；由于回归分析的外推性差，因而在理论上不能保证预测结果的精确性。

回归分析经过多年的发展，已经广泛应用于各个领域。新的研究方法的不断涌现，对回归分析起到了渗透和促进作用。

4.2 回归分析预测法概述

在社会活动中，任何现象都有其产生的原因，任何原因都会引起一定的结果，这是一般事物运动的规律。这种规律为我们研究现象之间的数量关系提供了依据。

预测对象除了随时间自变量变化外，还受到各种因素的影响，而且这些因素往往是相互关联的，因此在进行预测时，可以将相关因素联系起来，进行因果关系分析。回归预测方法就是因果法中常用的一种分析方法，它以历史数据的变化规律为依据，抓住事物发展的主要矛盾因素和因果关系，建立数学模型进行预测。根据回归模型自变量的个数可将回归问题分为一元回归和多元回归，按照回归模型自变量是否线性可分为线性和非线性回归。回归分析法一般适用于中期预测。

回归分析预测法就是从各种现象之间的相互关系出发，通过对与预测对象有关系的变动趋势的分析，推算预测对象未来状态数量表现的一种预测方法。简单地说，就是在“平均”的意义下，定量地描述各变量之间的数量关系：依据这些数量关系进行预测，就称为“回归分析预测法”。回归分析预测根据某一（或某些）因素的变动来预测某一事物的变动方向和程度，属于因果预测，因而回归分析预测又称为因果关系预测。

需要注意的是，回归预测中的因变量和自变量在时间上是并进关系，即因变量的预测值要由并进的自变量的值来旁推。但是，对于一元回归模型，如果自变量为时间，且因变量随时间的变化呈现出明显的变化规律，即预测值是关于时间的近似函数，此时事故发生状况及其影响因素可被视为是一个密切联系的整体，并且这个整体具有相对的稳定性和持续性，可以略去对各种影响因素的详细分析，在统计资料的基础上从整体上进行时间序列的趋势预测。

利用回归分析预测法进行预测时的大致步骤如下：

（1）通过对历史数据资料和现实调查资料的分析，找出变量之间的因果关系，确定预测目标及因变量和自变量。因变量与自变量之间的因果关系一般需要依据历史数据和现实调查资料散点图的变化规律以及经验确定。历史数据和现实调查资料的类目不能太少，否则没有代表性，一般不得少于 20 个；而且数据的规律性能够适用于未来。

在选择自变量时，必须根据自变量与因变量之间的相关程度，选择与因变量关系最为密切或比较密切的影响因素作为自变量；在具体实践中，可以采用诸如逐步回归、遗传算法等数学方法。例如影响人口增长的因素有人口基数、出生率、死亡率、人口男女比例、人口年龄组成、人口迁移、政治策略、医疗水平、经济水平等众多因素，如果把这些因素都考虑进来，则预测就没有办法进行或者预测精度很差，因此需要对这些自变量进行选择，从中挑选一些与因变量关系密切的自变量进行预测。另外，还应注意选择那些非数量化的与因变量关系密切的影响因素（虚拟变量）作为自变量。例如企业安全标准化水平、安全管理水平、事故应急能力等，都是影响企业安全水平的重要因素，它们的变化会直接影响因变量的变化。但要注意，在选择非数量化的影响因素作为自变量时，必须把它们数量化。例如对于服务质量，就可以根据服务质量的标准，按服务质量达到的不同水平划分为若干等级，以它们的等级作为数量化的自变量，这样就将服务质量数量化为服务质量等级，以服务等级的变化来预测销售量的变化。

（2）根据变量间的因果关系类型，选择适当的数学模型，并经过数学运算，求得模型中的有关参数，建立预测模型。在选择数学模型时，应根据数据的分布规律结合定性分析进行，而不能因为线性模型简单不顾问题的本质特征，生硬地套用线性回归模型。

（3）对预测模型进行检验，计算误差，确定预测值。在现实中，很难找到因变量与自变量的关系严格遵循某种数学模型的情况，而只能近似地用某一数学方程去描述某些变量之间的因果关系。也就是说，预测模型与实际情况总存在误差，甚至所选用的模型种类本身就有问题，不能正确反映所讨论的因果关系。因此想要利用预测模型预测未来，必须首先对模型进行检验，计算误差。

4.2.1 回归分析预测模型的基本假定

对于回归模型：

$$y_i = \beta_0 + \beta_1 x_i + \mu_i \quad (i = 1,2,3,\cdots,n) \tag{4-1}$$

式中，x_i，y_i 分别代表自变量和因变量；μ_i 为随机变量，也为误差项；β_0、β_1 为回归模型参数；n 为样本数。

要估计出回归模型（见式（4-1））中的参数项，取决于回归模型中的随机项和自变量的性质，这两者应满足以下统计假定：

（1）每个随机变量 $\mu_i(i = 1, 2, 3, \cdots, n)$ 均为服从正态分布的实随机变量。

（2）每个随机变量 $\mu_i(i = 1, 2, 3, \cdots, n)$ 的期望值均为 0，即

$$E(\varepsilon_i) = 0 \qquad (i = 1,2,3,\cdots,n) \tag{4-2}$$

式中，E 表示期望。

（3）每个随机变量 $\varepsilon_i(i = 1, 2, 3, \cdots, n)$ 的方差均为同一常数，即

$$V(\mu_i) = E(\mu_i^2) = \sigma_\mu^2 = \text{常数} \tag{4-3}$$

该式称为同方差假定或等方差性，式中 V 为方差。

（4）与自变量不同观察值 x_i 相对应的随机项 μ_i 彼此不相关，即

$$\mathrm{cov}(\mu_i, \mu_j) = 0(i \neq j) \tag{4-4}$$

该式称为非自相关假定，其中 cov 为协方差。

（5）随机项 μ_i 与自变量的任一观察值 x_j 不相关，即

$$\mathrm{cov}(\mu_i, x_j) = 0(i \neq j) \tag{4-5}$$

（6）如果为多元线性回归（MLR）模型，则假定所有自变量彼此线性无关，即

$$r_k(X) = k + 1 \text{ 且 } k + 1 < n \tag{4-6}$$

式中，k 为自变量的数目。

之所以提出这些假设，是因为随机项 μ 综合了未包含在回归模型中的那些自变量以及其他因素对自变量的影响，因此应该把自变量对因变量的影响与随机项对因变量的影响区分开来。

假定（1）~（3）决定了随机项的分布：

$$\mu_i \sim N(0, \sigma_\mu^2) \tag{4-7}$$

同时也决定了回归模型中因变量的分布，即 y_i 也服从正态分布

$$y_i \sim N(\beta_0 + \beta_1 x_i, \sigma_\mu^2) \tag{4-8}$$

4.2.2 相关关系与因果关系

在进行回归分析时，首先要确定变量间存在因果关系以及哪个是因变量，哪个是自变量。这个过程可以采用变量相关分析完成，通过相关系数来说明变量间的关联程度。但要注意变量之间存在相关关系并不表示一定存在因果关系。相关分析提出的问题是：一个变量和另一个变量的相互影响程度有多大，两个变量之间是否存在关联以及在多大程度上存在关联。相关分析并不能说明其关联的类型，即无法说明这两个变量（如果有的话）中哪一个是原因，哪一个是结果，如果变量间不存在相关，则就不存在因果关系。如果观察到两个变量 A 与 B 具有统计学上的重大关联，则原则上可能有 4 种因果解释，即 A 影响 B 构

成因果关系；B 影响 A 构成因果关系；A 和 B 受第三者或多个变量的影响构成因果关系；A 和 B 相互影响（构成因果关系）。相关系数无法阐明哪个因果解释是正确的，两个变量间的相关是因果关系的必要条件，但不是充分条件。因果模型中的哪一个是最可信的（原则上可以设想很多因果模型），不是由 A 和 B 之间的相关程度决定，而只能用一种恰当的理论来解释，只有逻辑和可靠的结论才是解释相关的坚实基础。例如在市场营销研究中，人们发现"有顾客在购买婴儿用品时，也同时会购买啤酒"。这个发现只能说明在某些顾客群体中这两个行为存在某种关联关系，但并不能推断出所有顾客的这两个行为必定存在因果关系。不是所有的顾客购买婴儿用品时一定会购买啤酒，而购买啤酒的顾客也不一定会购买婴儿用品。所以一个关联仅仅能够将两个变量代入一个模型，但并不说明这个模型是否正当地反映了（实证）现实的复杂性。

变量间的因果关系可以用 Granger 检验法确定，具体步骤如下：

（1）利用最小二乘（OLS）法估计两个回归模型。

模型 1

$$y_t = \sum_{i=1}^{s} \alpha_i y_{t-i} + \mu_{1t} \tag{4-9}$$

模型 2

$$y_t = \sum_{i=1}^{s} \alpha_i y_{t-i} + \sum_{j=1}^{k} \beta_i y_{t-j} + \mu_{1t} \tag{4-10}$$

并计算各自的残差平方和（ESS_1 和 ESS_2）。

（2）假设 H_0：$\beta_1=\beta_2=\cdots=\beta_k=0$，即假设在模型 1 中添加了 x 的滞后项并不能显著地增加模型的解释能力，构造统计量：

$$F_1 = \frac{ESS_1 - ESS_2}{ESS_2/(n-k-s)} \tag{4-11}$$

式中，k 为 x 的滞后项的个数；s 为 y 的滞后项的个数；n 为样本数。

（3）利用 F 检验对原假设进行检验。对于给定的显著水平 α，若 $F_1>F_\alpha$ 则拒绝原假设，即认为 β_j 中至少有一个显著不为 0，说明 x 是引起 y 变化的原因；反之，则认为 x 不是引起 y 变化的原因。

（4）同理，若检验 y 是引起 x 变化的原因，只需在上述两个模型中将 x 与 y 互换即可。

4.2.3　相关系数

相关系数（又称 Pearson 相关系数）r 是衡量两个连续变量之间的线性关联的量度，其计算公式如下：

$$r = \frac{\sum_{i=1}^{n}[(x_i-\bar{x})(y_i-\bar{y})]}{n\, s_x\, s_y} = \frac{n\sum x_i y_i - (\sum x_i)(\sum y_i)}{\sqrt{[n\sum x_i^2 - (\sum x_i)^2][n\sum y_i^2 - (\sum y_i)^2]}} \tag{4-12}$$

式中，n 为变量的数目；$\bar{x}$、$\bar{y}$为变量的平均值；s_x、s_y是变量的方差。

相关系数表示数据点在直线（假想）周围的发散程度，发散程度越大，误差的方差就越大，相关系数的绝对值就越小。如果双变量间为线性关系，则 $|r|$ 达到最大值 1；如果双

变量间没有线性关系，则$|r|$接近于0（但应注意相关系数为0时并不能说明变量间不相关）。当相关系数为其他时，表示的意义见表4-1。

表4-1　相关系数 *r* 的解释说明

r	<0.2	<0.5	<0.7	<0.9	>0.9
解释	相关很小	相关小	相关中等	相关大	相关很大

相关系数的平方（r^2）表示x和y共性方差的分量，或者两个变量之间线性关联的方差分量（“重叠”），也称为决定系数或拟合优度。$1-r^2$表示非共性方差或者两个变量间非线性关联的分量（“不重叠”），也可以解释为一个变量对另一个变量的预测误差。

相关系数的大小不仅仅受调查条件（测量精度）的影响，而且还受样本特征（随机特性、特征易变性/代表性和大小）的影响。只有利用足够大的样本才能准确地估计一个总体的相关系数。一般来说，随着样本量的增大，相关系数的变异逐渐减少。例如，当样本数$n=10$时，90%的相关系数变化在±0.55之间；当$n=100$时，90%的相关系数变化在±0.17之间；当$n=1000$时，90%的相关系数变化在±0.05之间。所以实际中一般简易样本数最少为50或30，而且计算时应删除离群值并通过继续取样来填补缺失的数据。

在关联计算中，只有通过统计检验才能根据得出的相关系数推断出具有什么程度的相关性。

在多元线性回归（MLR）分析中，如果要研究因变量与某个自变量之间的纯相关性或真实相关性，就必须消除其他变量对它们的影响，这种相关称为偏相关。由此计算的决定系数称为偏决定系数。

偏相关系数是在对其他变量的影响进行控制的条件下，衡量多个变量中某两个变量之间的线性相关程度的指标。所以，用偏相关系数来描述两个经济变量之间的内在线性联系会更合理、更可靠。

偏相关系数不同于简单相关系数。在计算偏相关系数时，需要掌握多个变量的数据，一方面考虑多个变量之间可能产生的影响，另一方面又采用一定的方法控制其他变量，专门考察两个特定变量的净相关关系。在多变量相关的场合，由于变量之间存在错综复杂的关系，因此偏相关系数与简单相关系数在数值上可能相差很大，有时甚至符号都可能相反。

偏相关系数的取值与简单相关系数一样，相关系数绝对值越大（越接近1），表明变量之间的线性相关程度越高；相关系数绝对值越小，表明变量之间的线性相关程度越低。

例如有3个变量y、x_1、x_2，求y与x_1的偏相关系数的过程如下：

（1）分别做y、x_1对x_2的回归，得到以下回归方程式：

$$y = \hat{\alpha} + \hat{\beta}x_2 + \varepsilon_1 \tag{4-13}$$

$$x_1 = \hat{\alpha}_1 + \hat{\beta}_1 x_2 + \varepsilon_2 \tag{4-14}$$

其中

$$\hat{\beta} = \frac{\sum \dot{x}_2 \dot{y}}{\sum \dot{x}_2^2} = \frac{\sum \dot{x}_2 \dot{y}}{\sqrt{\sum \dot{x}_2^2 \sum \dot{y}^2}} \times \frac{\sqrt{\sum \dot{y}^2}}{\sqrt{\sum \dot{x}_2^2}} = r_{y2} \frac{\sqrt{\sum \dot{y}^2}}{\sum \dot{x}_2^2} \tag{4-15}$$

$$\hat{\beta}=\frac{\sum\dot{x}_2\dot{x}_1}{\sum\dot{x}_2^2}=\frac{\sum\dot{x}_2\dot{x}_1}{\sqrt{\sum\dot{x}_2^2\sum\dot{x}_1^2}}\times\frac{\sqrt{\sum\dot{x}_1^2}}{\sqrt{\sum\dot{x}_2^2}}=r_{12}\frac{\sqrt{\sum\dot{x}_1^2}}{\sum\dot{x}_2^2} \tag{4-16}$$

式中，r_{12}表示变量 x_1、x_2间的相关系数；r_{y2}表示变量 y 与 x_2间的相关系数；$\dot{x}_i=x_i-\bar{x}$，$\dot{y}_i=y_i-\bar{y}$；ε_1和 ε_2分别为变量 y 和 x_1中未被解释的那部分残差，即消除了 x_2对 y 和 x_1影响后的 y 和 x_1值，这两个残差之间的相关关系代表 y 和 x_1之间的纯相关关系。

（2）求 y 与 x_1 的偏相关系数 $r_{y1,2}$。根据偏相关系数的定义，可得

$$r_{y1,2}=\frac{\sum\dot{\varepsilon}_1\dot{\varepsilon}_2}{\sqrt{\sum\dot{\varepsilon}_1^2\sum\dot{\varepsilon}_2^2}}=\frac{\sum\varepsilon_1\varepsilon_2}{\sqrt{\sum\varepsilon_1^2\sum\varepsilon_2^2}} \tag{4-17}$$

因为

$$\sum\varepsilon_1^2=\sum\dot{y}^2(1-r_{y2}^2) \tag{4-18}$$

$$\sum\varepsilon_2^2=\sum\dot{y}^2(1-r_{12}^2) \tag{4-19}$$

$$\sum\varepsilon_1\varepsilon_2=\sqrt{\sum\dot{x}_1^2\sum\dot{y}_1^2}\,(r_{y1}-r_{y2}r_{12}) \tag{4-20}$$

所以可得

$$r_{y_{1,2}}=\frac{r_{y1}-r_{y2}r_{12}}{(1-r_{y2}^2)(1-r_{12}^2)} \tag{4-21}$$

类似地，可得到 y 与 x_2的偏相关系数 $r_{y_{1,2}}$，即

$$r_{y_{2,1}}=\frac{r_{y2}-r_{y1}r_{21}}{\sqrt{(1-r_{y1}^2)(1-r_{21}^2)}} \tag{4-22}$$

一般地，有如下形式的递推公式：

$$r_{yj.12\cdots(j-1)(j+1)\cdots k}=\frac{r_{yj.12\cdots(j-1)(j+1)\cdots(k-1)}-r_{yk.12\cdots(j-1)(j+1)\cdots k}\,r_{jk.12\cdots(j-1)(j+1)\cdots(k-1)}}{\sqrt{(1-r_{yk.12\cdots(j-1)(j+1)\cdots(k-1)}^2)(1-r_{jk.12\cdots(j-1)(j+1)\cdots(k-1)}^2)}} \tag{4-23}$$

在相关分析中，切不可只根据相关系数很大，就认为两个变量之间有内在的线性联系或因果关系。因为相关系数只表明两个变量的共变联系，尽管这种共变联系有时也体现了两个变量的内在联系（如事故起数与安全管理水平），但在很多情况下，这种共变联系是由某个或某些变量的变化引起的。所以，在研究变量之间的相关关系时，如果由样本计算的两个变量的相关系数很大，那么还需要检查一下这种相关是否与实际相符合。如果不符，那么一定是由于其他变量的变化所引起的。这时，就要研究和探索引起这两个变量高度相关的其他变量；去掉这些变量变化的影响因素，计算偏相关系数，最后确定这两个变量之间的内在线性联系。当研究多个变量时，有时计算其中两个变量的相关系数与实际相符，但由于其他变量的影响，这个相关系数可能扩大或缩小了这两个变量之间的真实联系，这时，通过偏相关系数与相关系数的比较，来确定这两个变量之间的内在线性联系会更真实、更可靠。所以，在相关分析中，除了使用相关系数以外，还应该使用偏相关系数，这是非常重要，也是十分必要的。

4.2.4　异常点、高杠杆点、强影响观测值和缺失值

由于各种原因的影响，回归分析建模所用数据集中各数据的性质并不一样。异常

点（离群点）、高杠杆点、强影响观测值和缺失值便是其中 4 种不同性质的数值点。

异常点是指观测到的偏离正常值区域很远的一个点，它可以粗略地用标准残留值来评估。如果一个观测点对应的标准残留值的绝对值大于 2 或距离平均值超过 4.5 个标准差的数值，那么就可以认为它是一个异常点。标准残留值的定义如下：

$$residual_{i,\text{standardized}} = \frac{y_i - \hat{y}_i}{S_{i,\text{resid}}} \tag{4-24}$$

式中，$S_{i,\text{resid}} = s\sqrt{1-h_i}$，$h_i = \frac{1}{n} + \frac{(x_i-\bar{x})^2}{\sum_i (x_i-\bar{x})^2}$；$s$ 为标准差；n 为观测值数量。

回归分析对异常点非常敏感，即使很少的异常点也足以对回归分析结果产生深远的影响。所以回归分析前要采用一定的方法检验数据是否存在异常点。

高杠杆点可以认为是一个观测值在预测空间中的极限，也就是不考虑 y 值的 x 变量的极限，其值可以用杠杆值 h_i 来表示。杠杆值最小可以为 $1/n$，最大为 1。一个拥有大于 $2(m+1)/n$ 和 $3(m+1)/n$（m 为预测变量的个数）的观测点，可以认为是高杠杆点。

强影响观测值是指它的存在将很大程度上影响整个预测模型曲线的走向，通常强影响观测值既有大的残留值又有较高的杠杆。可以通过计算 Cook 距离是否大于 1 确定该点是否具有强影响力。Cook 距离反映了单个样本对整个回归模型的影响程度，Cook 距离的定义如下：

$$D_i = \frac{(y_i - \hat{y}_i)^2}{(m+1)s^2} \times \frac{h_i}{(1-h_i)^2} \tag{4-25}$$

式中，y_i 为实际值；$\hat{y}_i$ 为预测值；m 为自变量的个数；h_i 为线性回归的投影矩阵对角线的元素；s^2 为模型的均方误差 MSE。

如果一个观测值落在分布的第一部分（低于 25%），那么它对整个整体分布只有一点点影响；如果一个观测值落在分布的中点之后，那么就说该点是具有影响力的。

回归预测分析模型的理想条件是不缺失任何数据。但在实际工作中，由于各种原因会造成某些数据的缺失。如果数据是完全随机缺失的，则具体的缺失程度决定了分析时还留有多少百分比的数据，而且可能还会导致出现问题。如果通过合理的考虑，发现缺失值以某种方式与因变量相关，那么如果不考虑这些缺失值，模型的解释和建模就会产生问题。如果缺失值集中在一个变量上，那么或许也可以从分析中剔除这些缺失值。

4.3 回归分析的系统安全预测概述

回归分析在系统安全预测中需要解决以下问题：

（1）定性地分析具体问题，通过分析获得的统计数据观察变量之间的联系，并确定几个变量之间的数学关系式，建立合适的回归模型；

（2）对所建立的模型进行参数估计以及统计检验，利用相关的指标来分析各影响因素对预测对象的影响密切程度，并确定预测模型；

（3）根据确定的回归模型，以及自变量在未来的可能取值，估计预测对象的未来可能值，并应用统计推断的方法估计预测结果的可靠程度。

事故的发生和危害受自然条件、技术水平、人员素质及安全管理水平等许多方面因素的影响，考虑到在一些案例中，事故的发生主要取决于一个或多个关键因素的影响，就可以通过回归分析，选取相应的数学模型进行预测。

总结相关的文献资料发现，回归方法作为一种传统的分析和预测方法，广泛应用于各类事故中，涉及自然灾害、生产事故和公共安全，回归模型注重历史数据的拟合，要求比较完备和容易获取的事故资料和数据，因此常被应用于生产事故和交通事故预测；回归模型的种类多，通过比较和检验找出最能反映事故规律的模型种类，这也是回归模型应用广泛的一个原因，目前在事故预测的文献中，运用较多的有一元非线性回归模型、多元线性回归模型等。

一元非线性回归模型是较为常用的一种预测方法，这是因为系统安全事故的次数、频率等数据的离散性较大，线性回归的拟合度是比较差的，因此对于单个影响变量，应选取相应的数学模型如指数函数、对数函数、幂函数等进行回归预测。这种预测方法主要适用于系统状态安全信息随机变化小，能较好地符合某类非线性函数的场合，但对大多数系统状态安全预测缺乏精准性。当存在几个影响因素主次难以区分的情况，或者有的因素虽然属于次要，但也不能略去其作用时，采用一元回归分析预测法进行预测是难以奏效的，需要采用多元回归分析预测法。

4.4　一元线性回归预测

变量之间的相关关系从某种意义上来说，可分为线性关系和非线性关系。在线性关系中，最简单的是一元线性相关关系。研究回归分析预测方法一般从一元线性回归预测入手。一元线性回归预测法，是指两个具有线性关系的变量，结合线性回归模型，根据自变量的变动来预测因变量平均发展趋势的方法。

4.4.1　一元线性回归模型

进行回归分析时，首先需要确定哪个是因变量，哪个是自变量。在回归分析中，被预测或被解释的变量称为因变量（dependent variable），用 y 表示；用来预测或用来解释因变量的一个或多个变量称为自变量（independent variable），用 x 表示。例如，分析隔水层厚度对底板突水影响的目的是要预测一定隔水层厚度下底板突水的风险，因此，底板突水风险是被预测的变量，称为因变量，而用来预测底板突水风险的隔水层厚度就是自变量。

一元线性相关关系具体表述为：设有两个变量 x 和 y，其中 x 是一个可精确测量或可控制的（非随机的）通常变量，而 y 是一个（可观测的）随机变量，每当变量 x 取一定值时，变量 y 就有相应确定的概率分布与之对应，则称随机变量 y 与变量 x 之间有相关关系，也称 x 为自变量，y 为因变量。若 y 与 x 存在线性相关关系，则当 x 取固定值 x_1，x_2，…，x_n 时，y 有确定分布 $f_1(x_1)$，$f_2(x_2)$，…，$f_n(x_n)$ 与之对应，并且随机变量 y 的均值 $E(y)$ 可以看成是由两部分叠加而成，一部分是 x 的线性函数：

$$E(y) = y(x) = a + bx \tag{4-26}$$

式（4-26）为 y 对 x 的理论回归直线方程。

另一部分是随机因素引起的误差 ε，即：

$$y = a + bx + \varepsilon \tag{4-27}$$

其中，ε 为随即干扰项（随机误差），且 $\varepsilon \sim N(0, \delta^2)$；$a$，$b$，$\delta^2$ 都是未知参数。

为了确定回归方程的类型，对给定的观测值（x_1，y_1），（x_2，y_2），…，（x_n，y_n），将其描述在直角坐标系中，观察其散点图的形状，如果散点图呈直线形状，这时 $\mu(x)$ 为线性函数：

$$\mu(x) = a + bx \tag{4-28}$$

则对给定的观测值（x_1，y_1），（x_2，y_2），…，（x_n，y_n），可以得出一元回归模型：

$$y_i = a + bx_i + \varepsilon_i \tag{4-29}$$

式中，ε 为非主要因素的影响，随即扰动项，具有不可观测性。

因此，对 ε 有以下假设：

（1）$E(\varepsilon_i) = 0$；

（2）$D(\varepsilon_i) = \sigma_\varepsilon^2, \mathrm{cov}(\varepsilon_i, \varepsilon_j) = 0$；

（3）$\mathrm{cov}(\varepsilon_i, x_i) = 0$。

剔除随机扰动项对 y 的影响的总和，可以得出一元回归预测点估计值：

$$\hat{y}_0 = \hat{a} + \hat{b}x_0 \tag{4-30}$$

即其预测误差为：

$$\varepsilon_0 = y_0 - \hat{y}_0 \tag{4-31}$$

4.4.2 参数的最小二乘估计

对（x，y）进行 n 次独立观测，得到 n 个观测如下：（x_1，y_1），（x_2，y_2），…，（x_n，y_n），其中，x_i 表示 x 的第 i 次观测值；y_i 表示 y 的第 i 次观测值。在坐标系中描述出其散点图，对于 x、y 的 n 对观察值，用于描述其关系的直线有很多条，究竟用哪条直线来代表两个变量之间的关系，需要有一个明确的准则。我们自然会想到距离各观测点最近的一条直线，用它来代表 x 和 y 之间的关系与实际数据的误差比其他任何直线都小。德国科学家卡尔·高斯（Karl Gauss）提出用最小化图中的垂直方向的离差平方和来估计参数 a 和 b，根据这一方法确定模型参数 a 和 b 的方法称为最小二乘法，也称最小平方法（method of least squares），它是通过使因变量的观测值 y_i 与估计值 $\hat{y}_i$ 之间的离差平方和达到最小来估计 a 和 b 的方法。

根据最小二乘法使

$$\sum (y_i - \hat{y}_i)^2 = \sum (y_i - \hat{a} - \hat{b}x_i)^2 \tag{4-32}$$

最小。令 $Q = \sum (y_i - \hat{y}_i)^2$，在给定了样本数据后，$Q$ 是 $\hat{a}$ 和 $\hat{b}$ 的函数，且最小值总是存在。根据微积分的极值定理，对 Q 求相应于 $\hat{a}$ 和 $\hat{b}$ 的偏导数，并令其为 0，便可求出 $\hat{a}$ 和 $\hat{b}$，即

$$\frac{\partial Q}{\partial a} = \frac{\partial Q}{\partial b} = 0 \tag{4-33}$$

$$\begin{cases} \dfrac{\partial Q}{\partial a} = -2\sum_{i=1}^{n}(y_i - a - bx_i) = 0 \\ \dfrac{\partial Q}{\partial b} = -2\sum_{i=1}^{n}(y_i - a - bx_i)x_i = 0 \end{cases} \tag{4-34}$$

即

$$\begin{cases} na + n\bar{x}b = n\bar{y} \\ n\bar{x}a + \sum_{i=1}^{n}x_i^2 b = \sum_{i=1}^{n}x_i y_i \end{cases} \tag{4-35}$$

其中

$$\bar{x} = \frac{1}{n}\sum_{i=1}^{n}x_i, \qquad \bar{y} = \frac{1}{n}\sum_{i=1}^{n}y_i \tag{4-36}$$

此方程组为正规方程组，其系数行列数为

$$\Delta = \begin{vmatrix} n & n\bar{x} \\ n\bar{x} & \sum_{i=1}^{n}x_i^2 \end{vmatrix} = n\sum_{i=1}^{n}(x_i - \bar{x})^2 \tag{4-37}$$

解此方程组可得 a、b 的估计量 $\hat{a}$、$\hat{b}$ 为

$$\begin{cases} \hat{a} = \bar{y} - \hat{b}x \\ \hat{b} = \dfrac{\begin{vmatrix} n & n\bar{y} \\ n\bar{x} & \sum_{i=1}^{n}x_i y_i \end{vmatrix}}{n\sum_{i=1}^{n}(x_i - \bar{x})^2} = \dfrac{n\left(\sum_{i=1}^{n}x_i y_i - n\overline{xy}\right)}{n\sum_{i=1}^{n}(x_i - \bar{x})^2} = \dfrac{\sum_{i=1}^{n}(x_i - \bar{x})(y_i - \bar{y})}{\sum_{i=1}^{n}(x_i - \bar{x})} \end{cases} \tag{4-38}$$

其中

$$\begin{aligned} L_{xx} &= \sum_{i=1}^{n}(x_i - \bar{x})^2 = \sum_{i=1}^{n}x_i^2 - n\bar{x}^2 \\ L_{xy} &= \sum_{i=1}^{n}(x_i - \bar{x})(y_i - \bar{y}) = \sum_{i=1}^{n}x_i y_i - n\bar{x}\,\bar{y} \\ L_{yy} &= \sum_{i=1}^{n}(y_i - \bar{y})^2 = \sum_{i=1}^{n}y_i^2 - n\,\bar{y}^2 \end{aligned} \tag{4-39}$$

于是式（4-38）可写成

$$\begin{cases} \hat{a} = \bar{y} - \hat{b}\bar{x} \\ \hat{b} = L_{xy}/L_{xx} \end{cases} \tag{4-40}$$

式（4-40）中的 $\hat{a}$、$\hat{b}$ 分别是 a、b 的最小二乘估计量，故

$$\hat{y} = E(y) = \hat{\mu}(x) = \hat{a} + \hat{b}x \tag{4-41}$$

式（4-41）称为 y 关于 x 的经验线性回归方程，简称为线性回归方程；$\hat{a}$、$\hat{b}$ 称为回归系数，直线 $\hat{y}=\hat{a}+\hat{b}x$ 称为回归直线。

由式（4-38）可知，当 $x=\bar{x}$ 时，$y=\bar{y}$，即回归直线 $\hat{y}=\hat{a}+\hat{b}x$ 通过点（$\bar{x}$，$\bar{y}$），这是回归直线的重要特征之一。

4.4.3 分解公式及 δ^2 的估计

下面来讨论回归分析中具有重要意义的分解公式，进而给出 δ^2 的估计值。对于任意 n 组数据（x_1，y_1），（x_2，y_2），…，（x_n，y_n），恒有

$$\sum_{i=1}^{n}(y_i-\bar{y})^2=\sum_{i=1}^{n}(y_i-\hat{y}_i)^2+\sum_{i=1}^{n}(\hat{y}_i-\bar{y})^2 \tag{4-42}$$

式中，$\hat{y}_i=\hat{a}+\hat{b}x_i$（$i=1, 2, 3, \cdots, n$）。

我们将 y_i 与其均值 $\bar{y}$ 之间的差称为离差，将离差分解为

$$y_i-\bar{y}=(y_i-\hat{y}_i)+(\hat{y}_i-\bar{y}) \tag{4-43}$$

故有

$$\sum_{i=1}^{n}(y_i-\bar{y})^2=\sum_{i=1}^{n}[(y_i-\hat{y}_i)+(\hat{y}-\bar{y})]^2=\sum_{i=1}^{n}(y_i-\hat{y}_i)^2+\sum_{i=1}^{n}(\hat{y}_i-\bar{y}_i)^2+2\sum_{i=1}^{n}(y_i-\hat{y})(\hat{y}_i-\bar{y})$$

$$\begin{aligned}\sum(y_i-\hat{y}_i)(\hat{y}_i-\bar{y})&=\sum_{i=1}^{n}(y_i-\hat{a}-\hat{b}x_i)(\hat{a}+\hat{b}x_i-\bar{y})\\&=\sum_{i=1}^{n}\hat{b}(y_i-\bar{y})(x_i-\bar{x})-\sum_{i=1}^{n}\hat{b}^2(x_i-\bar{x})^2\\&=\hat{b}(L_{xy}-\hat{b}L_{xx})=0\end{aligned}$$

故

$$\sum_{i=1}^{n}(y_i-\overline{y_i})^2=\sum_{i=1}^{n}(y_i-\hat{y}_i)+\sum_{i=1}^{n}(\hat{y}_i-\bar{y})^2 \tag{4-44}$$

式（4-42）称为平方和分解式，该式中 3 个平方和的意义如下：$L_{yy}=\sum_{i=1}^{n}(y_i-\bar{y}_i)^2$ 是 y_1，y_2，…，y_n 这 n 个数据的离差平方和，它的大小描述了这 n 个数据的分散程度，称总离差平方和，记为 $Q_{总}$，注意到

$$\bar{\hat{y}}=\frac{1}{n}\sum_{i=1}^{n}\hat{y}_i=\frac{1}{n}\sum_{i=1}^{n}(\hat{a}+\hat{b}x_i)=\hat{a}+\hat{b}\bar{x}=\bar{y} \tag{4-45}$$

即$\hat{y}_1$，$\hat{y}_2$，…，$\hat{y}_n$这 n 个数的平均值也是 $\bar{y}$，所以 $\sum_{i=1}^{n}(\hat{y}_i-\bar{y})^2$ 就是$\hat{y}_1$，$\hat{y}_2$，…，$\hat{y}_n$ 这 n 个数的离差平方和，它反映了$\hat{y}_1$，$\hat{y}_2$，…，$\hat{y}_n$的分散程度。又由于

$$\sum_{i=1}^{n}(\hat{y}-\bar{y})^2=\sum[(\hat{a}+\hat{b}x_i)-(\hat{a}+\hat{b}\bar{x})]^2=\hat{b}^2\sum_{i=1}^{n}(x_i-\bar{x})^2=\hat{b}^2L_{xx} \tag{4-46}$$

所以说$\hat{y}_1$，$\hat{y}_2$，…，$\hat{y}_n$的分散性来源于 x_1，x_2，…，x_n 的分散性，通过 x 对 y 的线性相关性反映出来，为此称 $\sum_{i=1}^{n}(\hat{y}_i-\bar{y})^2$ 为回归平方和，记为 $Q_{回}\times\sum(y_i-\hat{y}_i)^2$，就是 $Q(a,b)$，它反映了观测值 y_i 偏离回归直线的程度，称剩余平方和或残差平方和，记为 $Q_{残}\times Q_{残}$ 是除

了 x 对 y 的线性影响之外的其他因素如实验误差、观测误差等随机因素所造成的离差平方和，这样式（4-42）可以写成

$$Q_{总} = Q_{残} + Q_{回} \tag{4-47}$$

显然 $Q_{回}/Q_{残}$ 较大，表明 x 对 y 的线性影响也较大，故可以认为 x 与 y 之间有线性相关性；反之，没有理由认为 x 与 y 之间有线性相关关系。

在分解公式的基础上可以证明 $\hat{\sigma}^2$ 的估计值为

$$\hat{\sigma}^2 = Q_{残}/(n-2) \tag{4-48}$$

4.4.4 一元回归点预测和区间预测步骤

（1）绘制散点图，确定 x、y 之间存在线性关系。

（2）设一元线性回归方程为：$y=a+bx$。

（3）根据观测值，由最小二乘法估计求出 a、b 的最小二乘估计量 $\hat{a}$、$\hat{b}$，即回归系数。

$$\hat{a} = \bar{y} - \hat{b}x, \qquad \hat{b} = \frac{\sum_{i=1}^{n}(x_i - \bar{x})(y_i - \bar{y})}{\sum_{i-1}^{n}(x_i - \bar{x})^2} \tag{4-49}$$

（4）根据所求回归系数，写出线形回归预测方程为：$\hat{y}=\hat{a}+\hat{b}x$。

（5）回归预测方程的检验，即线性关系显著性检验。三种检验方法：F 检验、t 检验、判定系数法检验。

（6）第（5）步检验线性关系显著后，即可使用回归预测方程预测 x_0 所对应的 $\hat{y}_0$ 值。

（7）点预测不能给出预测的精度，点预测值与实际值之间是有误差的，因此需要进行区间预测。$\hat{y}_0$ 预测值的置信度为 $1-\alpha$ 的预测区间为：

$$\left[\hat{y}_0 - t_{\alpha/2}(n-2)\hat{\sigma}\sqrt{1+\frac{1}{n}+\frac{(x_0-\bar{x})^2}{L_{xx}}},\quad \hat{y}_0 + t_{\alpha/2}(n-2)\hat{\sigma}\sqrt{1+\frac{1}{n}+\frac{(x_0-\bar{x})^2}{L_{xx}}}\right] \tag{4-50}$$

其中，由于总体方差 σ^2 往往是未知的，所以用总体方差 σ^2 的无偏估计量 S_y^2 来代替 σ^2：

$$S_y = \sqrt{\frac{\sum y_i^2 + \hat{a}\sum y_i + \hat{b}\sum x_i y_i}{n-2}} \tag{4-51}$$

即预测区间为：

$$\left[\hat{y}_0 - t_{\alpha/2}(n-2)S_y\sqrt{1+\frac{1}{n}+\frac{(x_0-\bar{x})^2}{L_{xx}}},\quad \hat{y}_0 + t_{\alpha/2}(n-2)S_y\sqrt{1+\frac{1}{n}+\frac{(x_0-\bar{x})^2}{L_{xx}}}\right] \tag{4-52}$$

$$L_{xx} = \sum x_i^2 - n\bar{x}^2 \tag{4-53}$$

例 4-1 某地区第一年到第六年之间矿产量 y 与年次 x 的统计数据见表 4-2。求 y 对 x

的回归方程，并在 $\alpha=0.01$ 下做显著性检验。若该地区第七年到第八年采矿业发展速度不变，试对第八年的矿产量进行预测。($\alpha=0.05$)

表 4-2 统计数据

年次 x_i	1	2	3	4	5	6
矿产量 y_i/万吨	10.4	11.4	13.1	14.2	14.8	15.7

解：

(1) 绘制散点图（见图 4-1），确定 x、y 之间存在线性关系。

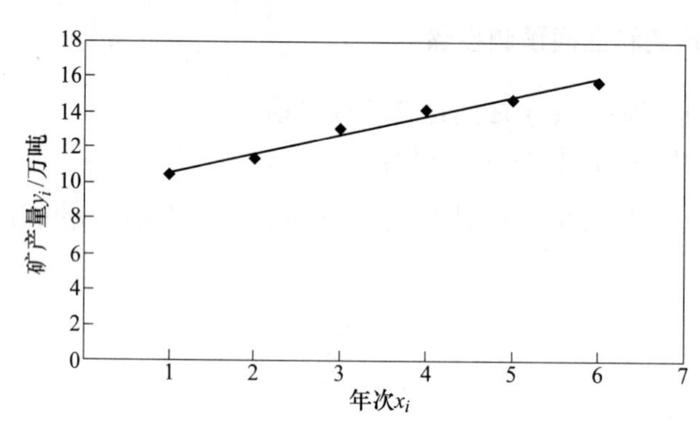

图 4-1 矿产量散点图

(2) 设一元线性回归方程为：

$$y=a+bx$$

(3) 求得回归系数 $\hat{a}$、$\hat{b}$ 为：

$$\hat{a}=9.49, \quad \hat{b}=1.08$$

(4) 写出线性回归方程为：

$$\hat{y}=9.49+1.08x$$

(5) 线性关系显著性检验。

$$\hat{\sigma}^2=0.1145$$

$$|t|=13.351>4.6041=t_{0.005}(4)$$

回归效果显著。

(6) 将 $x_0=8$ 代入回归直线方程 $\hat{y}=9.49+1.08x$，得 $\hat{y}_0=9.49+1.08\times8=18.13$ 万吨。

(7) $n=6$，因此第 8 年矿产量 y_0的置信度为 0.95 的置信区间为：(16.75，19.56)。

4.5 一元线性回归预测模型检验过程及预测精度

一元线性回归模型在某种程度上揭示了两个变量之间的线性相关关系。但在应用线性回归的计算公式时，并不需要预先假设两个变量之间一定具有线性相关关系。也就是说，对任意给定的 N 组数据都可根据公式确定一条直线而得出预测方程。因此需要解决这条直线能否反映出所研究系统的变化规律的问题，即所得的预测模型是否有实际使用价值。

前面曾指出，只有当两个变量之间有大致的线性相关关系时，用该方法所得到的预测模型才是适用的。如何检验两变量之间线性相关的程度，以决定是否用回归分析的数学模型来研究系统的规律呢？这就是线性回归的检验问题。

4.5.1 相关系数的检验

评价 x、y 两个变量之间线性关系密切程度的数量指标叫相关系数，并以 r 表示，其计算公式为：

$$r=\frac{L_{xy}}{\sqrt{L_{xx}L_{yy}}} \tag{4-54}$$

式中

$$\begin{aligned} L_{xx}&=\sum_{i=1}^{n}(x_i-\bar{x})^2=\sum_{i=1}^{n}x_i^2-n\bar{x}^2\\ L_{xy}&=\sum_{i=1}^{n}(x_i-\bar{x})(y_i-\bar{y})=\sum_{i=1}^{n}x_iy_i-n\bar{x}\bar{y}\\ L_{yy}&=\sum_{i=1}^{n}(y_i-\bar{y})^2=\sum_{i=1}^{n}y_i^2-n\bar{y}^2 \end{aligned} \tag{4-55}$$

式中，L_{xx}称为 x 的离差平方和，它反映自变量 x 波动的程度。L_{xx}越大，说明 x 的波动越大，反之越小。L_{yy}称为 y 的离差平方和，它反映变量 y 波动的程度。L_{yy}越大，说明 y 的波动就越大，反之越小。L_{xy}叫做 x，y 的离差乘积和。

r 的取值范围为$-1\leqslant r\leqslant l$，r 值为负时，称为负相关，即 y 随 x 的增加而减少；r 值为正时，称为正相关，即 y 随 x 的增加而增加。r 的绝对值越接近 1，表示相关关系越强；越接近 0，表示相关性越弱。

为了说明 r 如何反映两个变量之间线性关系的密切程度，先研究 $\hat{b}$ 与 r 的关系。由式（4-38）可知：

$$\hat{b}=\frac{n\sum x_iy_i-\sum x_iy_i}{n\sum x_i^2-\left(\sum x_i\right)^2}=\frac{\sum x_iy_i-n\bar{x}\bar{y}}{\sum x_i^2-n\bar{x}^2}=\frac{L_{xy}}{L_{xx}} \tag{4-56}$$

将式（4-56）的分子分母同乘以$\sqrt{L_{yy}}$，可得：

$$\hat{b}=\frac{\sqrt{L_{yy}}L_{xy}}{\sqrt{L_{xx}L_{yy}}\sqrt{L_{xx}}}=r\frac{\sqrt{L_{yy}}}{\sqrt{L_{xx}}} \tag{4-57}$$

或

$$\hat{b}^2=r^2\frac{L_{yy}}{L_{xx}} \tag{4-58}$$

相关系数 r 虽然反映了两变量 x 与 y 的线性相关程度，但只是反映了相对程度，若要进行绝对评价，还必须对其进行显著性检验。

4.5.2 显著性检验

进行显著性检验，实际上相当于规定一个合理的、认为能满足使用要求的指标界限，并用该指标界限对系统预测模型的适用性进行绝对评价。

显著性检验就是依据所占有的数据量及其分布情况、变量个数等条件，确定一个合理的标准作为评价指标。常用的显著性检验有三种：t 检验、F 检验，r 检验。

4.5.2.1 t 检验

t 检验的意义是检验回归方程中参数 b 的估计值 $\hat{b}$ 在某一显著性水平 α 下（通常选为 0.05）是否为零。该检验是在假设 $\hat{b}=0$ 的情况下进行的。如果 $\hat{b}$ 为零，说明 y 与 x 的变化无关。因此该方法根据占有数据的多少（样本数 n）查 $t_{1-\alpha/2}$（$n-2$）的分布表，确定 t 的临界值 t_α，与根据实际问题计算的 t 分布值 t 进行比较，如果 $t>t_\alpha$，则说明原假设不成立相关显著，回归方程有实用价值；否则，原假设成立，可认为 $\hat{b}$ 在所确定的显著性水平下为零，即 $b=0$，这时，回归方程无实用价值。

t 的计算式为：

$$t = \frac{\hat{b}}{s}\sqrt{L_{xx}} \tag{4-59}$$

式中，S 为 y 的均方差：

$$S = \sqrt{\frac{\sum (y_i - \bar{y})^2}{n-2}} = \sqrt{\frac{L_{xx}L_{yy} - L_{xy}^2}{(n-2)L_{xx}}} \tag{4-60}$$

4.5.2.2 F 检验

F 检验的意义与 t 检验相同，只不过是查 $F_{1-\alpha}$（1，$n-2$）表确定 F 的临界值 F_α。

F 的计算公式为

$$F = (n-2)\frac{r^2}{1-r^2} \tag{4-61}$$

当 $F>F_\alpha$ 时，否定原假设，变量显著相关。

4.5.2.3 r 检验

为了使用方便，由公式 $(n-2)\dfrac{r^2}{1-r^2}>F_{1-\alpha}(1,\ n-2)$ 反求出 r 的临界值 r_α，即可通过 r 的大小直接判断显著性。

当 $|r| \geqslant \sqrt{\dfrac{1}{\dfrac{n-2}{F_{1-\alpha}(1,\ n-2)}+1}} = r_\alpha$ 时，两变量相关显著。

4.5.3 方差分析

为了估计预测精度，需对预测模型做方差分析。

应用预测模型 $\hat{y}=\hat{a}+\hat{b}x$，当 $x=x_0$ 时，求出的预测值 $\hat{y}_0$ 只是实际 y_0 的期望值，且该估计是无偏估计。由数理统计知其方差为

$$D(\hat{y} - y) = \sigma^2\left[1 + \frac{1}{n} + \frac{x - \bar{x}}{\sum_{i=1}^{n}(x_i - \bar{x})^2}\right] \tag{4-62}$$

因为 $\hat{\sigma}$ 是 σ 的无偏估计，所以可以用 $\hat{\sigma}^2 = \frac{1}{n-2}\sum_{i=1}^{n}(\hat{y}_i - \hat{a} - \hat{b}x_i)^2$，且 y 落在区间 $((\hat{y}-\delta, \hat{y}+\delta) = 1-\alpha)$ 内的概率为 $1-\alpha$，即

$$P(\hat{y} - \delta, \hat{y} + \delta) = 1 - \alpha \tag{4-63}$$

所以

$$\delta^2 = F_{1-\alpha}(1, n-2)\hat{\sigma}^2\left[1 + \frac{1}{n} + \frac{(x - \bar{x})^2}{\sum_{i=1}^{n}(x_i - \bar{x})^2}\right] \tag{4-64}$$

或

$$\delta^2 = t_{1-\frac{\alpha}{2}}(n-2)\hat{\sigma}^2\left[1 + \frac{1}{n} + \frac{(x - \bar{x})^2}{\sum_{i=1}^{n}(x_i - \bar{x})^2}\right] \tag{4-65}$$

由 δ 的计算公式可知，δ 的大小取决于数据组数（样本数）n 和 x 的大小。当 n 越大时，δ 的值越小，预测精度就越高，反之则越低；当数据组数一定且在 $x=\bar{x}$ 时，δ 的值最小；若 x 越远离 $\bar{x}$，δ 就越大，则预测误差就越大。由此可以看出提高线性回归预测精度的方法主要有两条途径：

（1）增加样本数据组数（样本数）n；

（2）使预测期限尽量接近 $\bar{x}$。

当然，在实际工作中增加占有的样本数据量，通常会增加预测费用和时间，因此要以系统思想确定合理的预测精度和期限，达到以最省的预测费用取得最好的预测效果的目的。

4.6　多元线性回归预测

4.5 节讨论的回归预测方法只涉及两个变量。但在许多实际问题中，客观事物之间的联系是十分复杂的，某一事物的发展变化常常受多种因素的影响，即一个因变量的变化常常是其他多个变量变化的结果，这种一个因变量同多个自变量的回归问题就是多元回归，当因变量与各自变量之间为线性关系时，称为多元线性回归。多元线性回归分析的原理同一元线性回归基本相同，但在计算上要复杂得多，因此需要借助计算机来完成。

4.6.1　多元线性回归模型与回归方程

设因变量为 y，m 个自变量分别为 x_1，x_2，…，x_m，描述因变量 y 与自变量 x_1，x_2，…，x_m 的线性关系以及误差项 ε 的方程称为多元回归模型（multiple regression model）。回归模型为：

$$y = b_0 + b_1x_1 + \cdots + b_mx_m + \varepsilon \tag{4-66}$$

式中，$\varepsilon \sim N(0, \sigma^2)$；$b_0$，$b_1$，…，$b_m$ 为模型的参数；ε 为误差项。

假设上述模型具有 $m+1$ 维观测值，且满足：

$$\begin{cases} y_1 = b_0 + b_1x_{11} + b_2x_{12} + \cdots + b_mx_{1m} + \varepsilon_1 \\ y_2 = b_0 + b_1x_{21} + b_2x_{22} + \cdots + b_mx_{2m} + \varepsilon_2 \\ \quad\vdots \\ y_n = b_0 + b_1x_{n1} + b_2x_{n2} + \cdots + b_mx_{nm} + \varepsilon_n \end{cases} \tag{4-67}$$

式中，$\varepsilon_i \sim N(0, \sigma^2)$，彼此互相独立。

则先用最小二乘法对未知参数 b_0，b_1，…，b_m 进行估计，其次对其回归方程进行显著性检验。

令

$$Q = \sum_{i=1}^{n} [y_i - (b_0 + b_1x_{i1} + b_2x_{i2} + \cdots + b_mx_{im})]^2 \tag{4-68}$$

对其求偏导，并令每个偏导等于零，可得到一组方程，整理可得

$$\begin{cases} l_{11}b_1 + l_{12}b_2 + \cdots + l_{1m}b_m = l_{01} \\ l_{21}b_1 + l_{22}b_2 + \cdots + l_{2m}b_m = l_{02} \\ \quad\vdots \\ l_{m1}b_1 + l_{m2}b_2 + \cdots + l_{mm}b_m = l_{0m} \\ b_0 = \bar{y} - (b_1\bar{x}_1 + b_2\bar{x}_2 + \cdots + b_m\bar{x}_m) \end{cases} \tag{4-69}$$

解此方程组求得 b_0，b_1，b_2，…，b_m 的估计值 $\hat{b}_0$，$\hat{b}_1$，$\hat{b}_2$，…，$\hat{b}_m$，故可写出 m 元线性回归方程为

$$\hat{y} = \hat{b}_0 + \hat{b}_1x_1 + \cdots + \hat{b}_mx_m \tag{4-70}$$

预测值 $\hat{y}_0$ 置信度为 $1-\alpha$ 的预测区间为：

$$\begin{cases} \hat{y}_0 \pm t_{\alpha/2}(n-m)S, & n < 30 \\ \hat{y}_0 \pm z_{\alpha/2}S, & n \geqslant 30 \end{cases} \tag{4-71}$$

4.6.2 多元线性回归方程的检验

在一元线性回归中，线性关系的检验（F 检验）与回归系数的检验（t 检验）是等价的。但在多元回归中，这两种检验不再等价。线性关系检验主要是检验因变量同多个自变量的线性关系是否显著，F 检验就能通过，但这不一定意味着每个自变量与因变量的关系都显著。回归系数检验则是对每个回归系数分别进行单独的检验，它主要用于检验每个自变量对因变量的影响是否都显著。如果某个自变量没有通过检验，则意味着这个自变量对因变量的影响不显著，也许就没有必要将这个自变量放进回归模型中了。

4.6.2.1 线性关系检验

线性关系检验是检验因变量 y 与 m 个自变量之间的关系是否显著，也称为总体显著性检验。检验的具体步骤如下。

第一步：提出假设

$$H_0: b_2 = \cdots = b_m = 0$$

$H_1: b_2, \cdots, b_m$ 至少有一个不等于 0

第二步：计算检验的统计量（$m=k-1$）

$$F=\frac{SSR/m}{SSE/(n-m-1)} \tag{4-72}$$

第三步：做出统计决策。给定显著性水平 α，根据分子自由度等于 m，分母自由度等于 $n-m-1$，查 F 分布表得 F_α。若 $F>F_\alpha$，则拒绝原假设；若 $F<F_\alpha$，则不拒绝原假设。

4.6.2.2 回归系数检验和推断

在回归方程通过线性关系检验后，就可以对各个回归系数 b_i 有选择地进行一次或多次检验。但究竟要对哪几个回归系数进行检验，通常需要在建立模型之前做出决定。此外，还应对回归系数检验的个数进行限制。

回归系数检验的具体步骤如下：

（1）提出假设。对于任意的参数 b_i（$i=2, 3, \cdots, k$）有

$$H_0: b_i = 0$$
$$H_1: b_i \neq 0$$

（2）计算检验统计量 t。

$$t_i=\frac{\hat{b}_i}{S_{\hat{b}_i}} \sim t(n-m-1) \tag{4-73}$$

式中，$S_{\hat{b}_i}$是回归系数$\hat{b}_i$ 的抽样分布的标准差，即

$$S_{\hat{b}_i}=\frac{S_e}{\sqrt{\sum x_i^2-\frac{1}{n}\left(\sum x_i\right)^2}} \tag{4-74}$$

（3）做出统计决策。给定显著性水平 $\alpha=0.05$，根据自由度等于 $n-m-1$ 查 t 分布表，得 $t_{\alpha/2}$的值。若$|t|>t_{\alpha/2}$，拒绝原假设；$|t|<t_{\alpha/2}$，则不拒绝原假设。

由于 t 检验是检验每一个自变量对因变量的线性相关密切程度，所以 t 检验比相关系数检验、F 检验更有意义。它可以判断哪些自变量对因变量线性关系不显著，从而予以剔除，重新建立回归模型。

4.6.3 多元线性回归自变量的选择

前面讨论的回归模型中都是假定变量是已经确定的，在此基础上建立模型，估计参数，以及显著性检验等，以确定回归模型是否恰当。因此在实际的应用中，确定自变量就变成首要的任务。对于一元回归模型，需要处理的主要是时间序列的数据，自变量就是时间。但是在多元回归模型中，自变量的选择就成为了问题。尤其是对于事故预测的问题，所选择的自变量是影响事故发生的因素，而对于这些因素的分析往往需要在预测之前进行，且需要收集与之相关的数据。自变量的选择方法一般是先进行初选，对需要预测的事故进行定性的分析，尽可能找到影响其发生的主要因素，再从中挑选一些能够定量描述的作为初选的自变量。需要特别注意的是不能为了分析的全面而加入过多的自变量（尤其是次要因素），因为每个变量都会有与之相应的信息收集的工作，变量的选择会受到采集到数据的限制。另外加入过多的自变量后，模型的规模会变大，计算量也会相应地增加，所以需要根据适当的规则对自变量进行合理的选择。

假设因变量有 m 个影响因素，以全部的影响因素（m 个）作为自变量建立的回归模型称为全回归模型。若从 m 个影响因素中挑选 p 个影响因素作为自变量构建回归模型称为选回归模型。在实际的回归分析中，全回归分析模型和选回归分析模型的选择具有重要意义。在需要全回归模型描述的事件中，若采用选回归模型对其分析，会在建模中遗漏一些重要的变量，会使预测失去无偏性；在需要选回归模型描述的事件中，若采用全回归模型对其分析，会在建模中增加一些不必要的变量，过多的引入无显著影响的变量会使模型的精度降低。因此，在多元回归模型的选择中，自变量的选择并非越多越好，要剔除一些可有可无的变量，自变量的选择原则上要少而精。

4.6.3.1　自变量的选择准则

准则 1　残差均方达到最小。

残差均方定义为：

$$\mathrm{RMS_p} = \frac{1}{n-p-1}\mathrm{SSE_p} \tag{4-75}$$

式中，$\mathrm{SSE_p}$为残差平方和；n 为样本容量；p 为自变量个数。

在两个方程的选择上一般选取残差均方比较小的那一个。

准则 2　修正的决定系数$\overline{R}^2$达到最大。

$$\overline{R}_{\mathrm{p}}^2 = 1 - \frac{\mathrm{SSE}/(n-p-1)}{\mathrm{SST}/(n-1)} \tag{4-76}$$

修正的决定系数是回归方程拟合优度检验的一个度量指标，与 $\mathrm{RMS_p}$的关系为

$$\overline{R}_{\mathrm{p}}^2 = 1 - \frac{n-1}{\mathrm{SST}}\mathrm{RMS_p} \tag{4-77}$$

在回归建模中，修正的决定系数$\overline{R}_{\mathrm{p}}^2$越大，所对应的回归方程就越好。作为自变量的选则标准，$\overline{R}_{\mathrm{p}}^2$与 $\mathrm{RMS_p}$是等价的。

准则 3　C_{p}统计量达到最小。

基于预测误差平方的期望极小，Mallows 给出了模型选择的 C_{p}准则：我们知道根据选模型得到的预测值通常是有偏差的，为了判断一个方程的效果，应该考虑预测值的均方误差。

考虑在 n 个样本点上，用选模型作回归预测时，预测值与期望值的相对偏差平方和为

$$J_{\mathrm{p}} = \frac{1}{\sigma^2}\sum_{i=1}^{n}(\hat{y}_i - E(y_i))^2 \tag{4-78}$$

可以证明，$E(J_{\mathrm{p}}) = \frac{\mathrm{SSE_p}}{\sigma^2} - n = 2(p+1)$。

构造统计量

$$C_{\mathrm{p}} = \frac{\mathrm{SSE_p}}{\hat{\sigma}^2} - n + 2p = (n-m-1)\frac{\mathrm{SSE_p}}{\mathrm{SSE_m}} - n + 2p \tag{4-79}$$

其中，$\hat{\sigma}^2 = \frac{1}{n-m-1}\mathrm{SSE_m}$为全模型中$\hat{\sigma}^2$的无偏估计。

得到关于C_{p}准则：选择使C_{p}最小的自变量子集，这个自变量子集对应的回归方程就是最优回归方程。

准则 4 信息量 AIC（或 SIC）达到最小。

AIC 准则（Akaike information criterion，AIC）通常定义为：

AIC=−2ln（模型的对数似然函数的极大值）+2（模型中自变量个数）

对一般情况，设模型的似然函数为 $L(\theta, x)$，θ 的维数为 p，x 为随机样本（在回归分析中随机样本为 $y=(y_1, y_2, \cdots, y_n)$），则 AIC 定义为

$$\mathrm{AIC} = -2\ln L(\hat{\theta}_L, x) + 2p \tag{4-80}$$

式中，$\hat{\theta}_L$为 θ 的极大似然估计；p 为未知参数的个数。

假定回归模型的随机误差服从正态分布，即 $\varepsilon \sim N(0, \sigma^2)$，则在这个正态假定下，回归参数的极大似然估计为

$$\ln L_{\max} = -\frac{n}{2}\ln(2\pi) - \frac{n}{2}\ln(\hat{\sigma}_L^2) - \frac{1}{2\hat{\sigma}_L^2}\mathrm{SSE} \tag{4-81}$$

将$\hat{\sigma}_L^2 = \frac{1}{n}\mathrm{SSE}$ 代入式（4-81）得

$$\ln L_{\max} = -\frac{n}{2}\ln(2\pi) - \frac{n}{2}\ln\left(\frac{1}{n}\mathrm{SSE}\right) - \frac{n}{2} \tag{4-82}$$

代入 AIC 中计算并略去与 p 无关的常数得到

$$\mathrm{AIC} = n\ln(\mathrm{SSE}) + 2p \tag{4-83}$$

由于似然函数越大估计量越好，而 $\mathrm{AIC} = -2\ln L(\hat{\theta}_L, x) + 2p$，因此在回归建模过程中，AIC 最小的模型是最优回归模型。

一些学者在 Akaike 研究的基础上致力于修改信息准则。SIC 准则是由 Schwarz（1978）提出的，表示如下：

$$\mathrm{SIC}(k) = -2\ln L(x, \hat{\Theta}_k) + k\ln n \tag{4-84}$$

很明显，AIC 与 SIC 之间的区别是在惩罚项上用 $k\ln n$ 代替了 $2k$。SIC 给出了真实模型的渐进一致估计，比 AIC 准则具有更好的收敛性。

4.6.3.2 自变量的选择方法

如果在预测模型中忽略了重要的变量，那么其所产生的参数估计可能有偏的，进而得到的预测是不可靠的；相反，如果在模型中引入不重要的变量，不但会造成模型不必要的复杂，而且会降低相关参数估计的准确程度，进而影响模型预测精度。因此，一方面要保留具有良好预测能力的变量，另一方面要发现并剔除没有显著预测能力的变量，这是做任何预测模型都必须考虑的一个重要问题。随着研究的深入，各种预测模型所涉及的变量数目越来越多，而且变量之间的关系也越来越复杂，因此，预测模型的选择变得越来越重要。

考虑如下普通线性模型：

$$y_i = \beta_0 + \beta_1 x_{i1} + \cdots + \beta_p x_{ip} + \varepsilon_i \tag{4-85}$$

式中，$y_i(i=1,\cdots,n)$是来自第 i 个样本的因变量；x_{ij}（$j=1, \cdots, p$）为来自第 i 个样本的第 j 个自变量；β_j为相应的回归系数；β_0为截距项；ε_i为白噪声。

进一步假设存在一个不大于 p 的整数，使得$p_0 \leqslant p$，对于任意的 $j \leqslant p_0$，有$\beta_j \neq 0$；因而对于任意的 $j > p_0$，有$\beta_j = 0$。也就是说，在所考虑的 p 个自变量中，只有前p_0个对因变量具

有预测能力，被称为显著性变量（significant variable），而剩下的$p-p_0$个变量被称为非显著性变量。

对于m个变量x_1，x_2，…，x_m，可以构成2^m-1个回归方程，当m值不大时，求出所有的回归方程，并由自变量的选择准则来挑选最优方程；但是当m较大时，难以求出所有的可能方程，这时就需要采用简单实用的方法来选择最优方程。目前选择适合的自变量的方法有前进法、后退法、逐步回归法。

A　前进法

前进法的思想是变量由少变多，每次增加一个，直至没有可引入的变量为止。

（1）将y分别对m个自变量建立m个一元线性回归方程，利用最小二乘估计求出回归模型参数，并对这m个方程的回归系数进行显著性检验。计算这m个方程的回归系数的F检验值，记为$\{F_1^1, F_2^1, \cdots, F_m^1\}$。给定显著性水平$\alpha$，记$F_j^1=\max\{F_1^1,F_2^1,\cdots,F_m^1\}$，若$F_j^1 \geqslant F_\alpha(1,n-2)$，则首先将$x_j$引入回归方程，不妨设$x_j$就是$x_1$。

（2）将y分别与$m-1$组自变量（x_1，x_2），（x_1，x_3），…，（x_1，x_m）建立$m-1$个二元线性回归方程，利用F检验对$m-1$个回归方程中x_2，…，x_m的回归系数进行显著性检验，计算得到$m-1$个F值，记为F_i^2（$i=2, 3, \cdots, m$），记$F_j^2=\max\{F_2^2, \cdots, F_m^2\}$。若$F_j^2 \geqslant F_\alpha(1, n-3)$，则将$x_j$引入回归方程。

（3）以同样的方式寻找第三个、第四个、…，直至所有未被引入方程的自变量的回归系数的F值不能通过显著性检验为止。此时得到的方程就是最终确定的回归方程。

B　后退法

后退法首先对全部m个变量建立线性回归方程，再对每一个系数进行显著性检验，将其中最不显著的变量从中剔除，再重新建立$m-1$个变量的线性回归方程，再对每一个系数作检验，依次下去，直到方程中所含变量全都显著时为止。

具体步骤与前进法类似，将y对全部m个变量建立一个回归方程，从这m个变量中选择一个最不重要的变量，将它从方程中剔除。对m个回归系数进行显著性F检验，F值分别为$\{F_1^m, F_2^m, \cdots, F_m^m\}$，记$F_j^m=\min\{F_1^m, F_2^m, \cdots, F_m^m\}$。给定显著性水平$\alpha$，若$F_j^m \leqslant F_\alpha(1, n-m-1)$，说明$x_j$对应的回归系数为零，$x_j$对$y$无显著影响。因此将$x_j$从回归方程中剔除，不妨碍$x_j$就是$x_m$。

下一步对剩下的$m-1$个自变量重新建立回归方程，对$m-1$个回归系数进行显著性F检验，得到$F_i^{m-1}(i=1, 2, \cdots, m-1)$，记$F_j^{m-1}=\min\{F_1^{m-1},F_2^{m-1},\cdots,F_{m-1}^{m-1}\}$，若$F_j^{m-1} \leqslant F_\alpha(1, n-(m-1)-1)$，则剔除$x_j$，重新建立$y$关于$m-2$个自变量的回归方程，以同样的方法进行下去，直至回归方程中所剩余的p个自变量的F检验均大于临界值$F_\alpha(1,n-p-1)$，没有可剔除的自变量为止。

C　逐步回归法

前进法的不足之处在于只考虑引入变量而没有考虑剔除，而后退法的缺点是初始时将全部变量引入方程，导致计算量很大。而且自变量一旦被剔除就不能再进入回归方程，这种只考虑剔除而没有考虑引入的方法也是不全面的。

目前较为普遍的方法是逐步回归法，这一方法将前进法与后退法结合，对变量既有引入也适当剔除。其基本思想是将变量一一引入，类似于前进法，从一个自变量开始，视自变量对因变量作用的显著程度从大到小逐个引入到回归方程。而一旦新的变量引入后要对原先引入的变量重新检验，若它变得不显著就要将其剔除，直到没有变量可以剔除也没有变量可引入为止。

该法需要人为地、主观地设定两个显著性水平：一个是控制挑选显著性变量的 α_{in}；另一个是控制剔除非显著变量的 α_{out}。要求 $\alpha_{out}>\alpha_{in}$，否则可能产生“死循环”。也就是当 $\alpha_{out}\leqslant\alpha_{in}$ 时，如果某个自变量的显著性 p 值在 α_{in} 与 α_{out} 之间，那么这个自变量将被引入、剔除，再引入、再剔除，循环往复，以至无穷。

在实际应用中，最常见的设定可能是 $0.1=\alpha_{out}>\alpha_{in}=0.05$。也就是说，如果一个变量估计的 p 值大于 0.10，该变量即被剔除；如果其 p 值小于 0.05，该变量即被保留。在设定好这两个显著性水平的值以后，逐步回归算法可以根据以下步骤具体实现：

（1）从“空”模型 $y_i=\beta_0+\varepsilon_i$ 出发。

（2）在当前模型（第一次循环时当前模型即为“空”模型）的基础上，把所有的尚未进入当前模型的变量分别单独地加入到当前模型中，考虑如果在当前模型中加入该单个变量后，模型中各个变量的显著性水平有多大，将其中最显著的一个变量加入当前模型中，并称新模型为扩展模型；同时，将最不显著的变量的显著性水平设为 α_{max}。如果 $\alpha_{max}\leqslant\alpha_{out}$，那么该变量被暂时作为非显著性变量排除在扩展模型以外。

（3）在保留第（2）步中的显著变量，剔除第（2）步中的非显著变量后，重新进行第（2）步。

（4）直到当前模型没有变量可以被剔除，也没有其他变量可以加入，则逐步回归算法到此为止。当前模型即为根据逐步回归法确定的最佳预测模型。

这种有进有出的结果说明自变量之间具有相关性，如果自变量之间是完全不相关的，那么引入的自变量就不会再被剔除，而剔除的自变量也就不会再被引入，这时逐步回归方程与前进法是相同的。在实际问题中，自变量之间通常具有相关性，当相关性程度严重时成为多重共线性。

4.6.3.3 多重共线性

多元回归模型的基本假定之一是要求设计矩阵 $\boldsymbol{X}$ 中的列向量之间线性无关。如果存在不全为 0 的常数 c_0，c_1，c_2，…，c_p，使得

$$c_0+c_1x_{i1}+c_2x_{i2}+\cdots+c_px_{ip}=0\quad(i=1,2,\cdots,n)\tag{4-86}$$

则称模型存在近似的多重共线性。

从矩阵形式来看，就是 $|\boldsymbol{X}^{\mathrm{T}}\boldsymbol{X}|\approx0$，表明在矩阵 $\boldsymbol{X}$ 中至少有一个列向量可以由其他列向量线性表示。

其中

$$\boldsymbol{X}=\begin{bmatrix}1 & x_{11} & \cdots & x_{1p}\\ 1 & x_{21} & \cdots & x_{2p}\\ \vdots & \vdots & \ddots & \vdots\\ 1 & x_{n1} & \cdots & x_{np}\end{bmatrix}\tag{4-87}$$

本书将完全的多重共线性和近似的多重共线性统称为多重共线性。

A　多重共线性的原因及其影响

在多元回归模型中，多重共线性是普遍存在的现象。由于变量在时间上往往存在共同的变化趋势，使得它们之间容易出现共线性；另外把一些变量的滞后值也作为变量来使用，而变量的前后期是相关的，所以带有解释变量滞后值的模型也存在多重共线性。

一般来说，统计数据中多个解释变量之间多少都存在一定程度的相关性，因此在多元回归中，主要关心的是多重共线性的程度，而不是多重共线性的有无。当多重共线性程度过高时，会对回归方程产生以下影响：

（1）参数估计量非有效。$|\boldsymbol{X}^{\mathrm{T}}\boldsymbol{X}|\approx 0$，则参数估计$\hat{\beta}=(\boldsymbol{X}^{\mathrm{T}}\boldsymbol{X})^{-1}\boldsymbol{X}^{\mathrm{T}}y$的计算的精度会降低，误差会变大；同时会变得不稳定，增加或减少一个变量都会使估计值发生较大的变化，导致估计值符号与实际不符，从而不能正确反映自变量对因变量的影响。

（2）变量显著性检验失去意义。参数估计量方差的表达式为$\mathrm{Var}(\hat{\beta})=\sigma^2(\boldsymbol{X}^{\mathrm{T}}\boldsymbol{X})^{-1}$，由于$|\boldsymbol{X}^{\mathrm{T}}\boldsymbol{X}|\approx 0$，引起$(\boldsymbol{X}^{T}\boldsymbol{X})^{-1}$主对角线元素较大，使参数估计值的方差增大，从而使$t$统计值变得非常小，会导致误将需要保留的变量剔除。

（3）模型的预测功能失效。变大的方差容易使区间预测的置信区间变大，因而用回归预测值来代替实际值的可信度就大大降低，使预测失去意义。

B　多重共线性的检验

（1）衡量多重共线性程度可以用条件来表示。条件数$k=\lambda_{\max}/\lambda_{\min}$，其中$\lambda_{\max}$和$\lambda_{\min}$分别为$\boldsymbol{X}^{\mathrm{T}}\boldsymbol{X}$的最大、最小特征根。一般当$k<100$时，认为不存在多重共线性；当$100\leqslant k<1000$时，存在较强的多重共线性；当$k\geqslant 1000$时，存在严重的多重共线性。

（2）考察两个自变量是否存在显著的线性关系时，可以通过散点图或是计算变量之间的相关系数r，$|r|$值越接近于1，则线性关系越强。

（3）对于多个自变量的精度，若其中某一变量能够被其他自变量线性表示，用这一变量对其余变量进行线性回归，回归方程的决定系数较大并且F检验显著，则这一变量可以由其余变量线性表示，从而在回归建模中便产生了多重共线性。

（4）如果决定系数R^2较大，而t检验值的绝对值过小，回归系数在统计上均不显著，则模型存在多重共线性问题。

（5）当某些回归系数的估计值的符号和大小与定性分析结果不相符时，认为可能存在多重共线性问题。

C　多重共线性的消除方法

当模型存在高度的多重共线性时，需要设法消除这一影响。通常修正的基本思路不是改变参数估计方法，而是通过模型自身的修改来实现，包括适当地增减自变量，选择适当的模型数学形式，甚至更换新的样本，具体解决方法要视具体情况而定。

（1）增加样本。当多重共线性由样本引起，而不是自变量的总体存在多重共线性时，可以增加样本容量来降低多重共线性。但是，当自变量总体存在多重共线性时，就无法通过增加样本容量的方法来降低自变量之间的线性关系。并且在实际应用中，信息收集的工作是先于建模的，再扩大样本的容量往往不易实现。

（2）变量变换。如果自变量间有很高的相关性，则可以根据实际的情况，对其先进行变换，以消除它们之间的线性相关性。比如，在原来的模型中，自变量选择的是绝对指标，可以尝试变换为相对指标，或者还可以对自变量的数据进行中心化的处理，或是平移的处理，这些都可能使得多重共线性降低。

（3）逐步线性回归。可以删除与因变量相关程度低，或与其他自变量相关程度高的变量，或是剔除可以被其他变量线性表示的变量来避免多重共线性。值得注意的是，由于删去的解释变量对因变量的影响归入到随机项中，有可能使随机项不满足零均值的假设，这时所得的参数估计值可能是有偏的。

4.6.4 多元线性回归预测模型

多元回归分析被广泛用来处理预测问题。在给定了自变量取值的情况下，预测问题就是要得到对应的因变量的取值，也可分为点预测和区间预测两种。

4.6.4.1 点预测

对于多元回归模型

$$y = \beta_0 + \beta_1 x_1 + \beta_2 x_2 + \cdots + \beta_p x_p + \varepsilon \tag{4-88}$$

点预测就是用自变量 x_1, x_2，…，x_p的某一组特定值代入回归方程模型（4-88）中，得到 y 的点预测值$\hat{y}=\hat{\beta}_0+\hat{\beta}_1 x_1+\hat{\beta}_2 x_2+\cdots+\hat{\beta}_p x_p$。

预测值$\hat{y}=\hat{\beta}_0+\hat{\beta}_1 x_1+\hat{\beta}_2 x_2+\cdots+\hat{\beta}_p x_p$是$\hat{\beta}$的线性函数，所以总是希望$\hat{\beta}$的线性函数的波动越小越好。依据高斯-马尔科夫定理，可知$\hat{y}$是 y 的无偏估计，而且$\hat{y}$是所有的线性无偏估计中方差最小的。

4.6.4.2 区间预测

A 因变量取值 y_0的区间预测

因为$\hat{y}_0=\hat{\beta}_0+\hat{\beta}_1 x_{01}+\hat{\beta}_2 x_{02}+\cdots+\hat{\beta}_p x_{0p}=X_0\hat{\beta}$服从正态分布，

其中

$$X_0 = [1, x_{01}, x_{02}, \cdots, x_p] \tag{4-89}$$

故有

$$E(\hat{y}_0) = \beta_0 + \beta_1 x_{01} + \beta_2 x_{02} + \cdots + \beta_p x_{0p} = \boldsymbol{X}_0\beta \tag{4-90}$$

还可以得到

$$\begin{aligned} \mathrm{Var}(\hat{y}_0) &= \mathrm{Var}(\boldsymbol{X}_0 \hat{\beta}) = E(\boldsymbol{X}_0 \hat{\beta} - \boldsymbol{X}_0\beta)^2 \\ &= \sigma^2 \boldsymbol{X}_0 (\boldsymbol{X}^{\mathrm{T}}\boldsymbol{X})^{-1} \boldsymbol{X}_0^{\mathrm{T}} \end{aligned} \tag{4-91}$$

所以有

$$\hat{y}_0 \sim N(\boldsymbol{X}_0\beta, \sigma^2 \boldsymbol{X}_0 (\boldsymbol{X}^{\mathrm{T}}\boldsymbol{X})^{-1} \boldsymbol{X}_0^{\mathrm{T}}) \tag{4-92}$$

从而

$$y_0 - \hat{y}_0 = N(0, [1 + \boldsymbol{X}_0 (\boldsymbol{X}^{\mathrm{T}}\boldsymbol{X})^{-1} \boldsymbol{X}_0^{\mathrm{T}}] \sigma^2) \tag{4-93}$$

用σ^2的估计值$\hat{\sigma}^2$替代σ^2，构造 t 统计量，得

$$t = \frac{y_0 - \hat{y}_0}{\sqrt{1 + \boldsymbol{X}_0 (\boldsymbol{X}^{\mathrm{T}}\boldsymbol{X})^{-1} \boldsymbol{X}_0^{\mathrm{T}}}\, \hat{\sigma}} \sim t(n - p - 1) \tag{4-94}$$

给出显著性水平 α，查自由度为 $(n-p-1)$ 的 t 分布表，得到临界值 $t_{\alpha/2}(n-p-1)$，t 值落在 $(-t_{\alpha/2}(n-p-1), t_{\alpha/2}(n-p-1))$ 的概率为 $1-\alpha$，即

$$P\left(\left|\frac{y_0-\hat{y}_0}{\sqrt{1+\boldsymbol{X}_0(\boldsymbol{X}^{\mathrm{T}}\boldsymbol{X})^{-1}\boldsymbol{X}_0^{\mathrm{T}}}\hat{\sigma}}\right|\leqslant t_{\alpha/2}(n-p-1)\right)=1-\alpha \tag{4-95}$$

由此，y_0的置信概率为 $1-\alpha$ 的置信区间为

$$\begin{aligned}&[\hat{y}_0-t_{\alpha/2}(n-p-1)\sqrt{1+X_0(\boldsymbol{X}^{\mathrm{T}}\boldsymbol{X})^{-1}\boldsymbol{X}_0^{\mathrm{T}}}\hat{\sigma},\\&\hat{y}_0+t_{\alpha/2}(n-p-1)\sqrt{1+\boldsymbol{X}_0(\boldsymbol{X}^{\mathrm{T}}\boldsymbol{X})^{-1}\boldsymbol{X}_0^{\mathrm{T}}}\hat{\sigma}]\end{aligned} \tag{4-96}$$

这就是预测值的区间估计。

B 均值的预测区间

$\hat{y}_0$为 $E(y_0)$的无差估计量，由于

$$\hat{y}_0\sim N(\boldsymbol{X}_0\boldsymbol{\beta},\boldsymbol{\sigma}^2\boldsymbol{X}_0(\boldsymbol{X}^{\mathrm{T}}\boldsymbol{X})^{-1}\boldsymbol{X}_0^{\mathrm{T}})$$

故

$$\hat{y}_0-\boldsymbol{E}(y_0)\sim(0,\boldsymbol{X}_0(\boldsymbol{X}^{\mathrm{T}}\boldsymbol{X})^{-1}\boldsymbol{X}_0^{\mathrm{T}}\boldsymbol{\sigma}^2) \tag{4-97}$$

用$\hat{\sigma}^2$替代σ^2，构造 t 统计量，有

$$t=\frac{\hat{y}_0-\boldsymbol{E}(y_0)}{\hat{\sigma}\sqrt{\boldsymbol{X}_0(\boldsymbol{X}^{\mathrm{T}}\boldsymbol{X})^{-1}\boldsymbol{X}_0^{\mathrm{T}}}}\sim t(n-p-1) \tag{4-98}$$

在置信度为 $1-\alpha$ 下，$P\left(\left|\frac{\hat{y}_0-E(y_0)}{\hat{\sigma}\sqrt{\boldsymbol{X}_0(\boldsymbol{X}^{\mathrm{T}}\boldsymbol{X})^{-1}\boldsymbol{X}_0^{\mathrm{T}}}}\right|\leqslant t_{\alpha/2}(n-p-1)\right)=1-\alpha$，从而可得 $E(y_0)$ 的置信区间为：

$$[\hat{y}_0-t_{\alpha/2}(n-p-1)\hat{\sigma}\sqrt{\boldsymbol{X}_0(\boldsymbol{X}^{\mathrm{T}}\boldsymbol{X})^{-1}\boldsymbol{X}_0^{\mathrm{T}}},\ \hat{y}_0+t_{\alpha/2}(n-p-1)\hat{\sigma}\sqrt{\boldsymbol{X}_0(\boldsymbol{X}^{\mathrm{T}}\boldsymbol{X})^{-1}\boldsymbol{X}_0^{\mathrm{T}}}] \tag{4-99}$$

4.6.5 多元线性回归点预测和区间预测步骤

多元线性回归点预测和区间预测步骤如下：

（1）绘制散点图，确定 x_i、y 之间存在线性关系。

（2）设多元线性回归方程为：$y=b_0+b_1x_1+\cdots+b_mx_m$。

（3）计算回归系数 $\hat{b}_0$，$\hat{b}_1$，$\hat{b}_2$，…，$\hat{b}_m$。

（4）根据所求回归系数，写出线性回归预测方程为：$\hat{y}=\hat{b}_0+\hat{b}_1x_1+\cdots+\hat{b}_mx_m$。

（5）回归预测方程的检验，即线性关系显著性检验。通常采用 F 检验。

（6）回归系数的检验，即回归系数的显著性检验。通常采用 t 检验。

（7）第（6）步检验通过后，即可使用回归预测方程预测 x_0所对应的 $\hat{y}_0$ 值；若检验存在某些自变量作用不显著，需要进行逐步回归，将不显著的因素剔出，保留显著性因素。

（8）回归模型的自相关性检验，通常采用 Durbin-Watson（DW）检验。

（9）区间预测。$\hat{y}_0$ 预测值的置信度为 $1-\alpha$ 的预测区间为：

$$\begin{cases} \hat{y}_0 \mp t_{\alpha/2}(n-m)S, & n < 30 \\ \hat{y}_0 \mp z_{\alpha/2}S, & n \geqslant 30 \end{cases}$$

例 4-2 某快递服务公司的经理经过分析，认为雇员承担的业务次数及投递行程距离对工作时间有影响。对于表 4-3 给出的工作时间、投递行程距离及业务次数的数据，试配合适当的回归方程并进行各种检验；取显著性水平 $\alpha=0.05$，当投递行程距离为 60km，业务次数为 2 次时，试估计雇员工作时间的预测区间。

表 4-3 快递服务公司工作时间、投递行程距离及业务次数

编号	1	2	3	4	5	6	7	8	9	10
工作时间 y/h	9.3	4.8	8.9	6.5	4.2	6.2	7.4	6	7.6	6.1
行程距离 x_1/km	100	50	100	100	50	80	75	65	90	90
业务次数 x_2/次	4	3	4	2	2	2	3	4	3	2

解：(1) 假定 y 与 x_1、x_2之间存在线性关系。

(2) 建立二元线性回归方程为：$y=b_0+b_1x_1+b_2x_2$

(3) 计算回归系数。

$$\hat{b}_0=-0.8687,\quad \hat{b}_1=0.061,\quad \hat{b}_2=0.9234$$

(4) 根据所求回归系数，写出线性回归预测方程为：$\hat{y}=-0.8687+0.061x_1+0.9234x_2$。

(5) R 检验。$R=0.9508$，当 $\alpha=0.05$ 时，$R_{0.05}$ (7) $=0.697$，相关关系显著。

(6) F 检验。$F=32.95837$，当 $\alpha=0.05$ 时，$F_{0.05}$ (31，103) $=4.74$，回归效果显著。

(7) t 检验。当 $\alpha=0.05$ 时，$t_{0.05/2}(10-3)=2.365$，$t_1=238.28$，$t_2=130.92$，其绝对值均大于 $t_{0.05/2}(10-3)=2.365$，故 x_1、x_2对 y 有显著性影响。

(8) DW 检验。$d(=1.25)<DW(=2.5191)<4-d(=2.75)$，即回归模型不存在自相关。

(9) 综上可知，所建立的为较优的回归模型，可以用来预测。设预测点为 $\boldsymbol{X}_0=[60\quad 2]$，则其预测值为：$\hat{y}_0=-0.8687+0.061\times60+0.9234\times2=4.643$h，计算区间预测为：$\hat{y}_0\pm t_{\alpha/2}(n-m)S=4.643\pm2.365\times0.5731=4.643\pm0.7238$。

4.7 非线性回归预测

前面介绍的回归分析方法仅限于变量之间是线性相关关系的情况，但在实际问题中变量之间的相关关系大多是非线性的，其中的期望函数通常需要根据问题的物理意义或数据点的散布图预先定义，可以是多项式函数、分式、指数函数以及三角函数等。

非线性回归根据变量的多少可分成一元非线性回归和多元非线性回归。由于非线性回归模型的复杂性，根据实际观察数据估计非线性回归模型（即曲线模型的参数）是难以进行的，到目前为止，还没有一种完美的解决办法。对于这类回归，通常有两种方法：一是通过变量替换，把非线性方程加以线性化，然后按线性方程的方法直接进行拟合；二是通过适当的优化方法对非线性方程直接进行拟合。

对非线性模型来说，首先，不能从回归残差中得出随机项方差的无偏估计量；其次，由于非线性模型中的参数估计量同随机项不成线性关系，所以它们不服从正态分布，其结果使得 t 检验和 F 检验都不适用。

对于某些非线性回归，往往可以通过变量变换将其化为线性回归来分析。

（1）双曲线模型：

$$\frac{1}{y} = a + b\frac{1}{x} \tag{4-100}$$

（2）幂函数曲线：

$$y = ax^b \tag{4-101}$$

（3）对数曲线：

$$y = a + b\ln x \tag{4-102}$$

（4）增长曲线：

$$y = \frac{1}{a + be^{-x}} \tag{4-103}$$

对于此类非线性回归，可以先从散点图判断为何种曲线，然后通过适当的变量变换为一元线性回归来分析，经计算得到一元回归方程，最后再将变量回代。

并非所有曲线都可以通过变量转换化为一元线性回归问题，比如多项式曲线模型：

$$y = b_0 + b_1x + b_2x^2 + \cdots + b_nx^n \tag{4-104}$$

对于此类多项式曲线模型可以令 $x_1 = x$，$x_2 = x^2$，…，$x_n = x^n$，将多项式变为 $y = b_0 + b_1x_1 + \cdots + b_nx_n$，这样多项式曲线模型就变成了一个多元非线性回归问题。

在具体应用回归分析预测法时，应注意以下几个问题：

（1）定性分析问题。仅依靠研究人员的理论知识、专业知识、实际经验和分析研究能力确定现象之间的相互关系和发展规律性，并且在多数情况下，现象之间只是在一定范围内才具有相关关系。

（2）回归预测不能任意外推。回归分析的应用，仅仅是限于原来数据所包括的范围内。所谓外推，就是指把相关关系或回归关系用于超出上述范围之外。由于原来资料只提供了一定范围内的数量关系，在此范围以外是否存在着同样的关系，尚未得知。如果有进行外推的充分根据和需要，也应十分慎重，而且不能离开原来的范围太远。

（3）对于数据资料的要求问题。在利用回归分析进行预测时，还必须注意数据资料的准确性、可比性和独立性问题。

关于数据资料的准确性问题是容易理解的，只有借以预测的资料是正确可靠的，才能保证分析和预测的可靠性。如果数据是凭经验、拍脑袋估计出来的，那么就不能得出科学的分析结论。在整理资料过程中，如发现个别因素缺少某些年度的数字，可采用一定的统计方法（如比例推算法、统计插值法、调查估算法等）予以补齐。如发现某一年度的数字畸高畸低，可利用数理统计中的控制理论，按照 3δ 原则对该数字进行检验，如与总体平均数的离差超过 3δ，那么该数值就不能用来分析和推断。

关于数据资料的可比性和独立性问题应该保证指标数值所包含的专业内容、指标的口径、范围、计算方法和计量单位的一致性；并且，各年的指标应是当年的。

另外还有事物的基本稳定问题。回归分析是在假定事物没有发生重大变化的情况下进行的，如果事物发展中发生重大变化，变化前后的数字就不能合并在一起进行回归预测。

总之，在进行回归预测时，必须估计到未来因素的变化，来修正分析的结论。

思考与练习

4-1 为什么线性回归理论模型的理论方程中要包含随机误差项?

4-2 试简述参数最小二乘法估计的基本原理。

4-3 在回归分析中 F 检验和 t 检验各有什么作用，在一元线性回归和多元线性回归中各有哪些不同?

4-4 在多元线性回归中，选择自变量的方法有哪些?

4-5 一家物流公司的管理人员想研究货物的运送距离和运送时间的关系，为此，他抽出了公司最近 10 辆卡车运货记录的随机样本，得到运送距离（单位：km）和运送时间（单位：天）的数据，见表 4-4。

表 4-4 运送距离与运送时间关系

运送距离 x/km	825	215	1070	550	480	920	1350	325	670	1215
运送时间 y/天	3.5	1.0	4.0	2.0	1.0	3.0	4.5	1.5	3.0	5.0

要求：

(1) 绘制运送距离和运送时间的散点图，判断两者之间的关系形态。

(2) 计算线性相关系数，说明两个变量之间的关系强度。

(3) 利用最小二乘法求出估计的回归方程，并解释回归系数的实际意义。

4-6 某地区对某种商品的需求量、价格和当地居民人均年收入的统计资料见表 4-5。试求其需要函数，并进行 t 检验和 F 检验。(取显著性水平 $\alpha=0.05$)

表 4-5 某商品统计资料

年次	1	2	3	4	5	6	7	8	9	10
年需求量/百吨	10	8	8	7	5	6	9	10	11	6
价格/元 · 千克$^{-1}$	5	7	6	6	8	7	5	4	3	9
人均年收入/千元	30	18	36	15	9	12	39	33	39	9

5 趋势曲线预测法

5.1 概　　述

统计资料表明，大量社会经济现象的发展主要是渐进型的，其发展相对于时间具有一定的规律性。趋势曲线预测方法是根据事物的历史和现实数据，寻求事物随时间推移而发展变化的规律，从而推测其未来状况的一种常用的预测方法。

趋势曲线法是具有一定前提条件的预测方法。趋势曲线法的假设条件是：

（1）假设事物发展过程没有跳跃式变化，一般属于渐进变化。

（2）假设事物的发展因素也决定事物未来的发展，其他条件不变或变化不大。

也就是说，假定根据过去资料建立的趋势曲线模型能适合未来，即未来和过去的规律一样。

由以上两个假设条件可知，趋势曲线法是事物发展渐进过程的一种统计预测方法。通常，把过去的趋势向未来延伸得越远，满足上述两个条件的可能性就越小。所以这种预测方法一般是对短期和中期的预测有价值。另外，我们对某现象过去的数据掌握得越多，对这一现象观察的时间越长，对未来的预测会越准确。

在实际预测中最为常用的趋势预测模型包括直线模型预测法、增长曲线预测法和生长曲线预测法。其中具体模型的选择主要利用图形识别法和差分法计算来进行。

（1）图形识别法。这种方法是首先绘制散点图，再观察并将其变化曲线与各类函数曲线模型的图形比较，以便选择较为适宜的模型。在实际预测过程中，有时由于几种模型接近而无法直观确认，必须同时对几种模型进行试算，最后选择标准误差最小的模型为预测模型。

（2）差分法。由于模型种类很多，为根据历史数据正确选择模型，常利用差分法把原序列转换为平稳序列，即利用差分法把数据修匀，使非平稳序列达到平稳。将时间序列的差分与各类模型的差分特点比较就可以选择适宜的模型。

下面分别介绍上述各类曲线趋势外推预测法。

5.2 直线模型预测法

直线模型预测法是将预测对象具有线性变动趋势的历史数据拟合成一条直线，通过建立直线模型进行预测的方法。它是长期趋势预测法的基本方法，也是预测实践中最常用的方法。

直线预测模型为：

$$y_t = a_0 + a_1 t \tag{5-1}$$

式中，t 为时间；y_t 为预测值；a_0、a_1 为参数，a_0 代表 $t=0$ 时的预测值，a_1 代表逐期增长量。

直线模型的特点是一阶差分为常数：

$$\mu_t^{(1)} = y_t - y_{t-1} \tag{5-2}$$

一阶差分为常量，表示 y_t 依时间的变化过程是一个均衡发展的过程，可配合直线预测模型来进行预测。

直线预测模型的参数，可用最小平方法、折扣最小平方法等来估计。下面介绍用最小折扣平方法来求模型参数。

最小平方法是估计线性模型参数的常用方法，但是它有一个缺陷，就是把近期误差与远期误差的重要性同等看待。实际上，近期误差要比远期误差重要得多，为此，在预测中，常采用折扣最小平方法进行合理的加权，对近期误差比对远期误差给予更大的权数。

折扣最小平方法就是对误差平方进行指数折扣加权后使其总和达到最小的方法。其数学表达式为：

$$Q_{\min} = \sum_{t=1}^{n} \alpha^{n-t} (y_t - \hat{y}_t)^2 \tag{5-3}$$

式中，α 为折扣系数，$0<\alpha<1$。

下面我们用折扣最小平方法来估计直线预测模型 $y_t=a_0+a_1 t$ 的参数 a_0、a_1，使

$$Q_{\min} = \sum_{t=1}^{n} \alpha^{n-t} (y_t - \hat{y}_t)^2 \tag{5-4}$$

对式（5-4）求偏导数，便可求得 a_0、a_1 估计值的标准方程组为：

$$\begin{cases} \sum_{t=1}^{n} \alpha^{n-t} y_t = a_0 \sum_{t=1}^{n} \alpha^{n-t} + a_1 \sum_{t=1}^{n} a_0^{n-t} t \\ \sum_{t=1}^{n} \alpha^{n-t} t y_t = a_0 \sum_{t=1}^{n} \alpha^{n-t} t + a_1 \sum_{t=1}^{n} a_0^{n-t} \end{cases} \tag{5-5}$$

5.3　增长曲线预测法

5.2 节所谈的直线曲线预测法，是在已知统计资料基础上利用线性回归技术进行模拟，然后利用趋势外推进行预测，其模型的项数均为常数项加一次项构成。实际中若采用多项式进行模拟，也是一种行之有效的方法。而增长曲线实质上是曲线形式的一种，它以多项式方程配合时间序列资料的真实曲线趋势来实现预测。

5.3.1　多项式曲线模型预测法

很多情况下，自变量与因变量的关系由于受众多因素的影响，其变动趋势并非总是一条简单的直线方程，往往会呈现不同形态的曲线变动趋势，可用多项式曲线模型来表示。

多项式曲线预测模型的一般形式为：

$$y_t = a_0 + a_1 t + a_2 t^2 + \cdots + a_m t^m \tag{5-6}$$

式中，a_0，a_1，…，a_m 均是模型参数；t 是时间变量；y_t 是经济指标值构成的时间序列。

直线预测模型 $y_t=a_0+a_1t$ 是它的特殊形式，已在上一节介绍。这里主要介绍二次和三次抛物线的预测模型。

二次抛物线的预测模型为：

$$y_t = a_0 + a_1t + a_2t^2 \tag{5-7}$$

其图形为一条抛物线。此时，因为$\frac{d^2y_t}{dt^2}=2a_2$，所以 a_2 可解释为增长变化的加速度。其二阶差分 $\mu_t^{(2)}=\mu_t^{(1)}-\mu_{t-1}^{(1)}=2a_2$，为常量，说明它的二阶增长与时间变化无关，可配合二次抛物线预测模型来预测。

三次抛物线预测模型为：

$$y_t = a_0 + a_1t + a_2t^2 + a_3t^3 \tag{5-8}$$

式中，a_0、a_1、a_2、a_3 为参数；t 为时间。其图形是一条有两个弯曲的曲线。

三阶差分 $\mu_t^{(3)}=\mu_t^{(2)}-\mu_{t-1}^{(2)}=6a_3$ 为一常数，可配合三次抛物线预测模型来预测。

5.3.2 指数曲线模型预测法

技术发展、社会发展的大量定量特性表现为随时间按指数或接近指数规律增长，例如飞机速度、光源效率等，因此，利用指数趋势模型来进行外推预测在实际中具有很广泛的应用。

5.3.2.1 简单指数曲线预测模型

简单指数增长曲线模型为

$$y_t = ab^t \tag{5-9}$$

式中，a、b 为模型参数；t 为时间变量；y_t 为因变量构成的时间序列。

当 $a>0$，$b>1$ 时，y_t 随 t 的增加无限制的增大；当 $a>0$，$0<b<1$ 时，y_t 随 t 的增加而逐渐下降，最后趋向于零。

指数曲线预测模型的特点是环比发展速度为一常数，$y_t/y_{t-1}=b$，这就是说时间序列按相同的增长率增减变化，或是时间序列的逐期增长量是不断递增或递减的。因此，当时间序列 $\{y_t\}$ 的环比发展速度大体相等，或对数一阶差分近似为一常数时，可配合指数曲线预测模型来预测。

若对式（5-9）两边取对数，则可化为对数直线模型，即：

$$\ln y_t = \ln a + t\ln b \tag{5-10}$$

设 $A=\ln a$，$B=\ln b$，$Y_t=\ln y_t$，则式（5-10）可化为：

$$Y_t = A + Bt \tag{5-11}$$

其特点是对数的一阶差分为一常数。即在半对数的坐标图中，指数曲线转变为一条直线。因此，可以先将时间序列 y_t 取对数后，用变换后的新序列与时间 t 建立线性模型，从而可以利用线性模型的参数估计方法来求出曲线参数，可用最小平方法、三点法等来估计，然后通过 $\ln a$、$\ln b$ 的反对数求 a、b 的值。

例 5-1 某商品 2012~2020 年投入市场以来，社会总需求量统计资料见表 5-1，试预测该商品 2021 年的社会总需求量。

表 5-1 某商品社会总需求量资料

年份	2012	2013	2014	2015	2016	2017	2018	2019	2020
总需求量/万件	165	270	450	740	1220	2010	3120	5460	9000

解：第一步，选择预测模型。

（1）描绘散点图（见图 5-1），初步确定选用指数曲线预测模型 $\hat{y}_t = ae^{bt}$（$a>0$，$b>0$）。

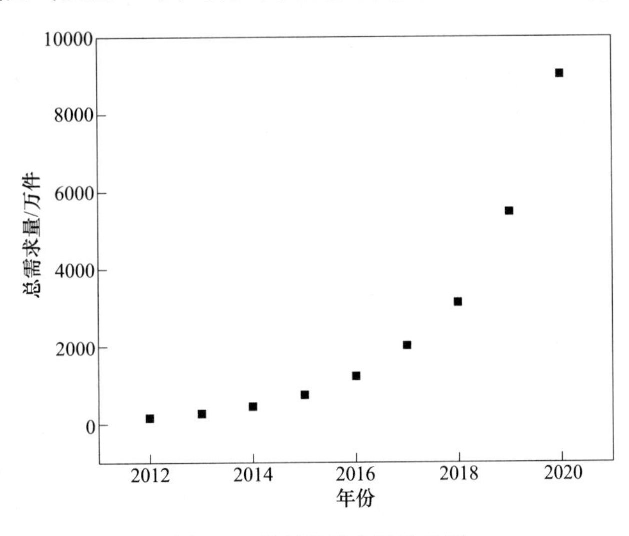

图 5-1 某商品需求量散点图

（2）计算一阶差比率。

由表 5-2 可以看出，y_t 的一阶差比率大致相等，符合指数曲线模型的数字特征。所给统计数据的图形和数字特征都与指数曲线模型相符，所以，可以选用模型 $\hat{y}_t = ae^{bt}$。

表 5-2 指数曲线模型差分计算表

总需求量/万件	165	270	450	740	1220	2010	3120	5460	9000
一阶差比率	—	1.64	1.67	1.64	1.65	1.65	1.55	1.75	1.65

第二步，求模型参数。

$$b \approx 0.5, \qquad a = 99.48$$

所求指数模型为：

$$\hat{y}_t = 99.48e^{0.5t}$$

第三步，预测 2021 年的需求量为：

$$\hat{y}_{2021} = 99.48e^{0.5\times10} = 14764.14 \text{ 万件}$$

5.3.2.2 修正指数曲线预测模型

某些经济现象在其发展过程中，通常都有这样的现象，即初期增长速度较快，随后增长速度减慢，逐渐达到某一稳定状态。任何事物的发展都有其一定的限度，不可能无限增长。采用指数曲线外推预测，存在预测值随着时间推移无限增大的问题，这与客观实际是不一致的，因此考虑改用修正指数曲线进行预测。

修正指数曲线模型为：

$$y_t = k + ab^t \tag{5-12}$$

式中，k、a、b 为参数；t 为时间变量；y_t 为经济指标值构成的时间序列。

修正指数型增长曲线模型是在简单指数型增长曲线模型中增加了一个常数项，是对指数曲线模型的某种修正。

当 $a>0$，$b>1$ 时，若 $t\to-\infty$，则 $y_t\to k$；当 $a>0$，$0<b<1$ 时，若 $t\to+\infty$，则 $y_t\to k$，所以 $y=k$ 为 y_t 的渐近线，k 为饱和值或极限值。修正指数型增长曲线描绘了发展过程有饱和现象的一种增长规律。由上述分析可得，修正指数曲线还可以用来描述初期减少较快，随后减少比较缓慢，最后趋于某一正常数极限的变量。

式（5-12）两边对 t 求导，有

$$y_t' = ab^t \ln b \tag{5-13}$$

令 $z_t=y_t'$，则

$$\ln z_t = \ln(a\ln b) + t\ln b \tag{5-14}$$

由此可见 $\ln z_t$ 是 t 的线性函数。

由于修正指数型增长曲线模型比简单指数型增长曲线模型多了一个常数项，故采用线性模型估计方法进行参数估计十分困难，应采用非线性估计方法进行估计，现在有相关的软件可以进行此项工作。

例 5-2　某地区 2012~2020 年的事故造成经济损失见表 5-3，试预测 2021 年的事故造成的经济损失。

表 5-3　某地区事故损失统计数据

年份	2012	2013	2014	2015	2016	2017	2018	2019	2020
事故损失/万元	50	60	68	69.6	71.1	71.7	72.3	72.8	73.2

解：

第一步，选择模型。

（1）描绘散点图见图 5-2，初步确定模型形式。

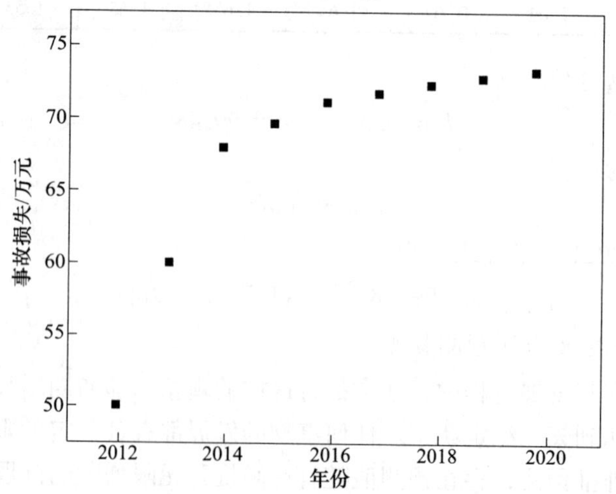

图 5-2　某地区事故损失散点图

初步确定选用修正指数曲线预测模型 $y_t=a+bc^t$（$b<0$，$0<c<1$）进行预测。

（2）计算一阶差比率。

由表5-4可知，y_i 的一阶差比率大致相等。因此，结合散点图分析，最后确定选用修正指数曲线模型进行预测比较适宜。

表5-4 某地区事故损失一阶差分率计算

y_i	50	60	68	69.6	71.1	71.7	72.3	72.8	73.2
一阶差分	—	10	8	1.6	1.5	0.6	0.6	0.5	0.4
一阶差比率	—	—	0.8	0.2	0.94	0.4	1	0.83	0.8

第二步，求模型参数。即：

$$c = 0.5556$$
$$b = -22.27$$
$$a = 73.174$$

故所求模型为：

$$y_t = 73.174 - 22.272 \times 0.5556^t$$

第三步，进行预测。即：

$$y_{2021} = 73.174 - 22.272 \times 0.5556^9 = 73.06 \text{ 万元}$$

5.3.3 增长曲线预测模型的参数估计

增长曲线模型参数估计分两大类：一是多项式增长曲线模型、简单指数型增长曲线模型和双指数增长曲线模型，它们只要适当变形，即可线性化，使用第1章回归分析中的参数估计方法，就能求得待估的参数值。二是修正指数型增长曲线模型和下一节将提到的龚珀兹生长曲线模型和皮尔生长曲线模型的参数估计方法，仅依靠变形、线性化是不够的，因为这三类模型中都涉及极限参数 k。采用线性模型估计方法进行参数估计十分困难，所以这三类模型的参数估计需要新的方法。以下引入三和法和三点法。

5.3.3.1 三和法

三和法是增长曲线模型参数的一种代数估计方法。它是将整个时间序列分为3个相等的时间周期，并对每个时间周期的数据求和以估计参数。

设有 N（$N=3n$，$n\geqslant 2$）个历史数据（见表5-5），如果通过分析，所有历史数据都近似在修正指数曲线方程 $\hat{y}_t=k+ab^t$（$t=0, 1, \cdots, 3n-1$）上，则序列 $\{y_t\}$ 的发展趋势可用修正指数来描述。

表5-5 三和法历史数据

t	0	1	…	$n-1$	…	$2n-1$	…	$3n-1$
y_t	y_0	y_1	…	y_{n-1}	…	y_{2n-1}	…	y_{3n-1}

把序列 $\{y_t\}$ 平均分为3段，每段含有 n 个数据，对各段求和，可得

$$\sum{}_1 y_t = \sum_{t=0}^{n-1} y_t = nk + a(b^0 + b^1 + \cdots + b^{n-1}) = nk + a\frac{b^n - 1}{b - 1}$$

$$\sum{}_2 y_t = \sum_{t=n}^{2n-1} y_t = nk + ab^n(b^0 + b^1 + \cdots + b^{n-1}) = nk + ab^n\frac{b^n - 1}{b - 1}$$

$$\sum{}_3 y_t = \sum_{t=2n}^{3n-1} y_t = nk + ab^{2n}(b^0 + b^1 + \cdots + b^{n-1}) = nk + ab^{2n}\frac{b^n - 1}{b - 1}$$

于是

$$\begin{aligned} \sum{}_2 y_t - \sum{}_1 y_t &= a\frac{(b^n - 1)^2}{b - 1} \\ \sum{}_3 y_t - \sum{}_2 y_t &= ab^n\frac{(b^n - 1)^2}{b - 1} \end{aligned} \tag{5-15}$$

从而有

$$b^n = \frac{\sum{}_3 y_t - \sum{}_2 y_t}{\sum{}_2 y_t - \sum{}_1 y_t} \tag{5-16}$$

即

$$\hat{b} = \sqrt[n]{\frac{\sum{}_3 y_t - \sum{}_2 y_t}{\sum{}_2 y_t - \sum{}_1 y_t}} \tag{5-17}$$

故

$$\hat{a} = \left(\sum{}_2 y_t - \sum{}_1 y_t\right)\frac{\hat{b} - 1}{(\hat{b}^2 - 1)^2} \tag{5-18}$$

$$\hat{k} = \frac{1}{n}\left(\sum{}_1 y_t - \hat{a}\frac{\hat{b}^n - 1}{\hat{b} - 1}\right) \tag{5-19}$$

5.3.3.2　三点法

三点法是利用增长序列的 3 个值进行参数估计。这 3 个值称为增长序列的始点、中间点和终点，可视为空间的 3 个已知点，而且要求相邻两点的时间距离相等。

设逻辑增长曲线模型为：

$$y_t = \frac{k}{1 + ae^{-bt}} \tag{5-20}$$

式中，k、a、b 为参数。

设增长序列的始点为 y_0，中间点为 y_1，终点为 y_2，相邻两点的时间距离为 r，由于这三点都在增长曲线上，故它们均满足上述方程，因此得到：

$$\begin{aligned} y_0 &= \frac{k}{1 + a} \\ y_1 &= \frac{k}{1 + ae^{-rb}} \\ y_2 &= \frac{k}{1 + ae^{-2rb}} \end{aligned} \tag{5-21}$$

又可以得到：

$$\begin{aligned} a &= \frac{k - y_0}{y_0} \\ y_1(1 + ae^{-rb}) &= k \end{aligned} \tag{5-22}$$

故

$$e^{-rb} = \frac{k - y_1}{ay_1}$$

$$-rb = \ln\frac{k - y_1}{ay_1} \tag{5-23}$$

$$b = [\ln a + \ln y_1 - \ln(k - y_1)]/r$$
$$= [\ln(k - y_0) - \ln y_0 + \ln y_1 - \ln(k - y_1)]/r$$

$$y_2(1 + ae^{-2rb}) = k \tag{5-24}$$

将 e^{-2rb} 的值代入式（5-24）得到：

$$y_2\left[1 + a\left(\frac{y - y_1}{ay_1}\right)^2\right] = k \tag{5-25}$$

化简得：

$$y_2\left[1 + \frac{(k - y_1)^2}{ay_1^2}\right] = k \tag{5-26}$$

将 a 值代入式（5-26）得：

$$y_2\left[1 + \frac{(k - y_1)^2}{\frac{k - y_0}{y_0}\cdot y_1^2}\right] = k \tag{5-27}$$

化简上式得到关于 k 的二次方程，求其根得到 k，将 k 代入可求出 a 和 b 的估计值。

5.3.4 增长曲线模型预测的步骤

第一步，首先对增长曲线模型进行识别，选择最合适的模型；

第二步，对选定的增长曲线模型估计参数；

第三步，建立增长曲线模型，利用模型进行预测。

具体进行预测时，先观察时间序列数据的图形，由散点图得到一个初步的模型，然后利用前面所述步骤，逐步进行。

例 5-3 根据表 5-6 的 2005~2017 年全国矿业事故起数的统计，预测 2018 年的全国矿业事故起数。

表 5-6 2005~2017 年全国矿业事故起数

时间 t	年份	矿业事故起数 y_t/起	时间 t	年份	矿业事故起数 y_t/起
1	2005	1770	8	2012	106
2	2006	479	9	2013	84
3	2007	294	10	2014	153
4	2008	230	11	2015	45
5	2009	194	12	2016	65
6	2010	153	13	2017	50
7	2011	130			

对例5-3分析如下：首先选择最合适的增长曲线模型，采用增长特征法进行识别：

（1）以3年的滑动平均值作为Y_t值；

（2）以$U_t=\frac{-Y_{t-1}+Y_{t+1}}{2}$计算平均增长；

（3）计算$\frac{U_t}{Y_t}$、$\ln U_t$、$\ln\frac{U_t}{Y_t}$、$\ln\frac{U_t}{Y_t^2}$，得到表5-7。

表5-7 增长曲线模型预测计算表

t	y_t	Y_t	U_t	U_t/Y_t	$\ln U_t$	$\ln U_t/Y_t$	$\ln U_t/Y_t^2$
1	1770						
2	479	847.667					
3	294	334.333	-304.167	-0.910	5.718	-0.094	-5.906
4	230	239.333	-71.000	-0.297	4.263	-1.214	-6.692
5	194	192.333	-40.167	-0.209	3.693	-1.565	-6.825
6	153	159.000	-31.333	-0.197	3.445	-1.625	-6.693
7	130	129.667	-26.167	-0.202	3.26	-1.599	-6.464
8	106	106.667	-7.667	-0.072	2.037	-2.631	-7.301
9	84	114.333	-6.167	-0.058	1.819	-2.847	-7.586
10	153	94.000	-13.333	-0.141	2.590	-1.959	-6.502
11	45	87.667	-20.334	-0.231	3.012	-1.465	-5.939
12	65	53.333					
13	50						

由表5-7可以看出，只有$\ln U_t$具有线性变化的特征，所以应选择修正指数增长曲线模型。修正指数增长曲线模型比简单指数增长曲线模型多了一个常数项，不宜用最小平方法求其参数，可以采用三和法或三点法求其参数。

修正指数曲线模型为：

$$\hat{y}=k+ab^t$$

式中，k、a、b为参数；t为时间。

对$\hat{y}_t$分别求一阶导和二阶导可得：

$$\hat{y}_t'=(a\ln b)b^t,\qquad \hat{y}_t''=a(\ln b)^2b^t \tag{5-28}$$

当$k>0$，$a>0$，$0<b<1$时$\hat{y}_t'<0$，$\hat{y}_t''>0$；此时函数递减且是凹的，表明$\hat{y}_t$随时间t的增加而减少，递减速度先快后慢，最后无限接近于底限k，下面用三和法求其参数。

例5-4 将序列y_t平均分为3段，每段含4个数据，对各段求和，可得：

$$\sum{}_1 y_t=\sum_{t=1}^{n}y_t=nk+a(b^1+b^2+\cdots+b^n)=nk+a\frac{b^n-1}{b-1}=\sum_{t=1}^{4}y_t=2773 \tag{5-29}$$

$$\sum{}_2 y_t=\sum_{t=n+1}^{2n}y_t=nk+ab^n(b^1+b^2+\cdots+b^n)=nk+ab^n\frac{b^n-1}{b-1}=\sum_{t=5}^{8}y_t=583 \tag{5-30}$$

$$\sum {}_3 y_t = \sum_{t=2n+1}^{3n} y_t = nk + ab^{2n}(b^1 + b^2 + \cdots + b^n) = nk + ab^{2n}\frac{b^n - 1}{b - 1} = \sum_{9}^{12} y_t = 347 \tag{5-31}$$

所得数据见表 5-8。

表 5-8 三和法求参数计算表

t	y_t	$\sum y_t$
1	1770	$\sum {}_1 y_t = 1770 + 479 + 294 + 230 = 2773$
2	479	
3	294	
4	230	
5	194	$\sum {}_2 y_t = 194 + 153 + 130 + 106 = 583$
6	153	
7	130	
8	106	
9	84	$\sum {}_3 y_t = 84 + 153 + 45 + 65 = 347$
10	153	
11	45	
12	65	

由式（5-29）~式(5-31）可得：

$$\sum {}_2 y_t - \sum {}_1 y_t = a\frac{(b^n - 1)^2}{b - 1} \tag{5-32}$$

$$\sum {}_3 y_t - \sum {}_2 y_t = ab^n\frac{(b^n - 1)^2}{b - 1} \tag{5-33}$$

由式（5-33）除以式（5-32）可得：

$$b^n = \frac{\sum {}_3 y_t - \sum {}_2 y_t}{\sum {}_2 y_t - \sum {}_1 y_t} \tag{5-34}$$

即

$$\hat{b} = \sqrt[n]{\frac{\sum {}_3 y_t - \sum {}_2 y_t}{\sum {}_2 y_t - \sum {}_1 y_t}} \tag{5-35}$$

将以上数据代入得 $\hat{b}=0.57295$。

由式（5-32）可得

$$\hat{a} = \left(\sum {}_2 y_t - \sum {}_1 y_t\right)\frac{\hat{b}}{(\hat{b}^n - 1)^2} \tag{5-36}$$

将以上数据代入得 $\hat{a}=-0.53644$。

由式（5-36）可得

$$\hat{k} = \frac{1}{n}\left[\sum {}_1 y_t - \hat{a}\left(\frac{\hat{b}^n - 1}{\hat{b} - 1}\right)\right] \tag{5-37}$$

将以上数据代入得 $\hat{k}=77.22513$。

可得修正指数曲线预测模型为

$$\hat{y}=k+ab^t=77.22513-0.53644\times(0.57295)^t \tag{5-38}$$

将各年的 t 值代入预测模型，可得到各年的预测值，将 $t=14$ 代入可得 2018 年的预测值为

$$\hat{y}_{2018}=77.22513-0.53644\times(0.57295)^{14}=77.22491$$

因为 $k=77.22513>0$，$a=-0.53664<0$，$0<b=0.57295<1$，2018 年的预测值离 k 值（渐近线）无限接近，可知处于生长周期的末期阶段，后续的事故起数将在 k 值附近波动，即以后事故起数将维持在 77 起左右。

5.4 生长曲线法

不同阶段，事物发展的速度不一样。初期，速度较慢，由慢到快；然后速度较快；在达到最快后逐渐变慢；而后则几乎停止发展。形状近似于 S 形的曲线。最为常用的生长曲线为龚珀兹曲线、皮尔曲线和包络曲线。

5.4.1 龚珀兹曲线预测模型

龚珀兹曲线是美国统计学家和数学家龚珀兹（B Gompertz）于 1825 年首先提出用作控制人口增长率的一种数学模型。也可用于事故数量和事故损失分析预测。

龚珀兹曲线预测模型为

$$\hat{y}_t=ka^{b^t} \tag{5-39}$$

式中，k、a、b 为参数；k 为极限参数；t 为时间变量；$\hat{y}_t$ 为预测值。

对 $\hat{y}_t$ 求二阶导数，分析其模型的图形。

$$\hat{y}_t'=ka^{b^t}\ln a\ln b \tag{5-40}$$

$$\hat{y}_t''=ka^{b^t}b^t\ln a(\ln b^2)(b^t\ln a+1) \tag{5-41}$$

令 $\hat{y}''_t=0$，可求得曲线拐点为

$$\left(\frac{\ln[-(\ln a)^{-1}]}{\ln b},\frac{k}{e}\right) \tag{5-42}$$

曲线过此点由上凹变为下凸。

龚珀兹增长曲线模型也可以线性化，式（5-39）可以写成：

$$\frac{y_t}{k}=a^{b^t} \tag{5-43}$$

对式（5-43）两边取对数，得到：

$$\ln\left(\frac{y_t}{k}\right)=b^t\ln a \tag{5-44}$$

两边再取对数得：

$$\ln\ln\left(\frac{y_t}{k}\right) = \ln(\ln a) + t\ln b \tag{5-45}$$

令 $Y_t = \ln\ln\left(\frac{y_t}{k}\right)$，$A = \ln(\ln a)$，$B = \ln b$，则有：

$$Y_t = A + Bt \tag{5-46}$$

龚珀兹增长曲线模型的参数估计可采用分组法。

用分组法求解参数的步骤如下：

（1）收集的历史统计数据的样本数要能够被 3 整除，设为

$$y_1, y_2, \cdots, y_{3n} \tag{5-47}$$

（2）将收集到的数据分成每组数据个数相等的 3 组。

（3）对各组中的样本数据 y_i 取对数。

（4）取对数后的各组数据求和，分别记为 Ⅰ、Ⅱ、Ⅲ。

（5）
$$\begin{cases} b = \left(\dfrac{\mathrm{III} - \mathrm{II}}{\mathrm{II} - \mathrm{I}}\right)^{\frac{1}{n}} \\ \lg a = (\mathrm{II} - \mathrm{I})\dfrac{b-1}{(b^n - 1)^2} \\ \lg k = \dfrac{1}{n}\left(\mathrm{I} - \dfrac{b^n - 1}{b - 1}\lg a\right) \\ \text{或 } \lg k = \dfrac{1}{n}\left(\dfrac{\mathrm{I} \cdot \mathrm{III} - \mathrm{II}^2}{\mathrm{I} + \mathrm{II} - 2\,\mathrm{III}}\right) \end{cases} \tag{5-48}$$

（6）求出参数 k、a、b，并将 k、a、b 代入公式 $\hat{y}_t = ka^{b^t}$ 即得龚珀兹预测模型。

例 5-5　某矿 2012~2020 年的实际矿产量资料见表 5-9。试利用龚珀兹曲线预测 2021 年的产量。

表 5-9　龚珀兹曲线计算表

年份	时序 t	产量 y/万吨	$\lg y$
2012	0	4.94	0.6937
2013	1	6.21	0.7931
2014	2	7.18	0.8561
	—	—	2.3429
2015	3	7.74	0.8887
2016	4	8.38	0.9232
2017	5	8.45	0.9269
	—	—	2.7388
2018	6	8.73	0.9410
2019	7	9.42	0.9741
2020	8	10.24	1.0103
	—	—	2.9254

解：第一步：计算参数 k，a 和 b。

$$a = 0.4852$$
$$b = 0.7728$$
$$k = 10.73$$

第二步：把 k、a 和 b 代入公式 $\hat{y}=ka^{bt}$，即可得预测模型：

$$\hat{y} = 10.73 \times 0.4852^{0.7782^t}$$

第三步：进行预测，即：

$$\hat{y}_{2021} = 10.73 \times 0.4852^{0.77829^9} = 9.948 \text{ 万吨}$$

龚珀兹曲线预测 2021 年的产量为 9.948 万吨。

5.4.2　皮尔曲线预测模型

皮尔曲线是由比利时数学家维哈尔斯特（Veihulot）在研究人口增长规律时提出来的，多用于生物繁殖、人口发展统计，也可用于对产品生命周期进行分析预测，尤其适用于处在成熟期的商品的市场需求饱和量（或称市场最大潜力）的分析和预测。也可将其用于安全领域的预测分析。

皮尔曲线函数模型为：

$$y_t = \frac{L}{1 + ae^{-bt}} \tag{5-49}$$

式中，L 为变量 y_t 的极限值；a、b 为常数；t 为时间。

由倒数法可得

$$y_t^{-1} = \frac{1 + ae^{-bt}}{L} \tag{5-50}$$

用倒数法确定参数的步骤如下：

（1）收集的历史统计数据的样本数要能够被 3 整除，设为

$$y_1, y_2, \cdots, y_{3n}$$

（2）将收集到的数据分成每组数据个数相等的 3 组。

（3）对各组中的样本数据 y_i 取倒数。

（4）对取倒数后的各组数据求和。

（5）求解参数 $b = \frac{1}{n}\ln\frac{D_1}{D_2}$。

（6）求解参数 a、L。

$$L = \frac{n}{1 - \dfrac{D_1^2}{D_1 - D_2}}$$

$$a = \frac{L}{C} \cdot \frac{D_1^2}{D_1 - D_2}$$

式中，$C=\dfrac{e^{-b}(1-e^{nb})}{1-e^{-b}}$。

根据修正指数曲线预测模型的特点，可知皮尔曲线预测模型的特征是其倒数一阶差分的环比为一常数。因此，它适用于历史数据取倒数后的一阶增长量环比系数比较接近的预测对象。

5.4.3 包络曲线模型预测法

在分析和预测复杂的技术系统，特别是从事长期预测时，由于技术发展的过程中包括渐进和突跃两种因素，这时必须采用组合式预测法，即包络曲线法。

包络曲线预测模型是运筹学、管理科学与数理经济学交叉研究的一个新领域。是根据多项输入指标和多项输出指标，利用线性规划的方法，对具有可比性的同类型单位进行相对有效性评价的一种数量分析方法，包络曲线法主要用于技术预测。

在利用包络曲线进行预测时，首先必须建立包络曲线，建立包络曲线的步骤如下：

第一步：分析各类预测对象的预测参数的发展趋势；

第二步：求出各技术单元功能相对增长速度最快的点（x_i，y_i），$i=1$，2，…，m。

第三步：绘制包络曲线。

包络曲线预测主要应用于4个方面：

（1）某项技术发展的前期阶段，采用包络曲线对技术发展进行深入研究，可以外推出新的远景技术，从而可以未雨绸缪，提前完成技术储备，以便及时进行技术更新。

（2）当某一技术的发展趋于极限时，可采用包络曲线外推可能出现的新技术。

（3）用包络曲线外推未来某一时刻的特性参数水平，借以推测将会出现哪种新技术。

（4）验证决策中制定的技术参数是否合理。如果拟定的参数在包络曲线之上，则可能有些冒进；如在其下则可能偏于保守。合理的技术参数应与包络曲线相吻合，偏高偏低皆需调整。

思考与练习

5-1 如何识别多项式曲线模型、（简单）指数曲线模型、双曲线模型、对数曲线模型？

5-2 在$t=1$，2，3，…，n时对y进行观察，得到y_1，y_2，…，y_n，选择直线趋势模型：$\hat{y}_t=a+bt$，用最小二乘法估计参数，求证其估计公式为：

$$\begin{cases}\hat{b}=\dfrac{12\sum\limits_{t=1}^{n}ty_t-6(n+1)\sum\limits_{t=1}^{n}y_t}{n(n^2-1)}\\ \hat{a}=\dfrac{1}{n}\sum\limits_{t=1}^{n}y_t-\dfrac{1}{2}(n+1)b\end{cases}$$

5-3 某物流公司2009~2017年的收入总额见表5-10。试选择合适的预测模型，用折扣最小平方法估计参数，预测2018年和2019年的销售额和预测区间（$\alpha=0.05$）。

表 5-10　某物流公司 2009~2017 年的收入总额

年份	2009	2010	2011	2012	2013	2014	2015	2016	2017
收入额/万元	52	54	58	61	64	67	71	74	77

5-4　某省 2005~2017 年的进出口货物数量资料见表 5-11。试配合二次抛物线预测模型，用三点法估计参数，预测 2018~2024 年该省进口货物数量。

表 5-11　某省 2005~2017 年的进出口货物数量

年份	2005	2006	2007	2008	2009	2010	2011
货物数量/万吨	11.99	13.73	14.88	14.26	15.48	14.61	18.98
年份	2012	2013	2014	2015	2016	2017	
货物数量/万吨	28.46	32.63	45.03	52.73	51.70	54.07	

6 灰色预测法

6.1 灰色系统与灰色预测概述

预测就是借助对过去的探讨去推测、了解未来。灰色预测通过原始数据的处理和灰色模型的建立，发现、掌握系统发展规律，对系统的未来状态做出科学的定量预测。灰色预测通过鉴别系统之间发展趋势的相异程度，进行关联分析，并对观测到的反映预测对象特征的一系列数值进行生成处理，然后建立相应的微分方程模型，来预测事物未来发展趋势的状况。因此，灰色预测包含两个过程：一是建立 GM（Grey model）模型，二是利用 GM 模型作外推预测。灰色预测具有以下主要特点：

（1）将随机性的原始数据生成规律较强的序列再建模，而其他模型是直接采用原始数据序列建模。

（2）所需样本数较少，一般只要有 4 个以上即可建模。而其他模型往往需要大量的样本数据。

（3）采用微分方程模型，能够描述内部变化的本质，而一般系统理论建模是由递推得到差分模型，只能按阶段分析系统的发展。

（4）建模精度较高。不仅保持了原系统特征，而且能够较好地反映系统的实际情况。

6.1.1 灰色系统理论

灰色系统理论（grey theory）是我国学者邓聚龙教授于 1982 年首先提出来的一种处理不完全信息的理论方法。

灰色系统就是位于白色系统和黑色系统之间的过渡系统。全部信息都已知的系统为白色系统；而所有信息一无所知的系统为黑色系统；称部分信息已知、部分信息未知的系统为灰色系统。灰色系统理论以“部分信息已知，部分信息来知”的“小样水”“贫信息”不确定系统为研究对象，通过对部分已知信息的生成、开发，从中提取出有价值的信息，实现对系统运行规律的正确认识和确切描述，并依此进行进一步的科学分析和预测。

历经 20 多年的发展，灰色系统理论已基本建立起了一门新兴学科的体系结构，本章主要介绍以灰色模型 GM 为核心的模型体系。灰色模型的构造要经过思想开发、因素分析、量化、动态化、优化五个步骤。首先利用灰色生成，在保持原始数据序列变化趋势的基础上弱化其随机波动性，找出其潜在规律；再通过灰色差分方程和灰色微分方程之间的互换，实现利用离散的数列建立连续动态微分方程的新飞跃。

由于灰色系统模型对数据及其分布没有什么特殊的要求和限制，即使只有较少的历史数据，任意随机分布，也能得到较好的预测精度，因而近 20 年来受到国内外学者的广泛关注，不论在理论研究，还是在应用研究上都取得了很大的进展。主要应用类型有灰色关联分析、灰色预测、灰色聚类、灰色决策、灰色控制、灰色优化、灰色评价等。随着科学的进步，以及其他关联学科的发展，灰色系统理论与其他学科的联系也越来越紧密，并将得到进一步的发展。

6.1.2 灰色预测种类与特点

灰色系统分析方法是通过鉴别系统因素之间发展趋势的相似或相异程度，即进行关联度分析，并通过对原始数据的生成处理来寻求系统变动规律的方法。生成数据序列有较强的规律性，可以用它来建立相应的微分方程模型，从而预测事物未来的发展趋势和未来状态。

灰色预测采用灰色模型 GM(1，1) 进行定量分析，通常分为以下几类：

（1）灰色时间序列预测。用等时距观测到的反映预测对象特征的一系列数量（如产量销量、吞吐量、人口数量、出口额、利率等）构造灰色预测模型，预测未来某一时刻的特征量，或者达到某特征量的时间。

（2）畸变预测（灾变预测）。通过模型预测异常值出现的时刻，预测异常值什么时候出现在特定时区内。

（3）波形预测，或称为拓扑预测，它是通过灰色模型预测事物未来变动的轨迹。

（4）系统预测，是对系统行为特征指标建立一组相互关联的灰色预测理论模型，在预测系统整体变化的同时，预测系统各个环节的变化。

上述灰色预测方法的共同特点是：

（1）允许少数据预测。

（2）允许对灰因果律事件进行预测。

（3）具有可检验性，包括建模可行性的级比检验（事前检验）、建模精度检验（模型检验）、预测的滚动检验（预测检验）。

6.1.3 系统安全灰色预测

安全系统是一个复杂的循环系统，受到多种因素的影响。由于我国安全事故数据库发展的不完善，可获得的事故统计数据十分有限，而且某些数据波动很大，无法正确辨识其分布规律，故可能出现量化结果与分析结果不符等情况。灰色方法可以很好地解决这一问题。

用灰色方法来预测系统安全事故，要求系统具有典型的灰色性。

（1）不能完全明确系统的内部结构或运行机制，表征系统安全的数据等均看作是在真实的某个领域变化的灰数。

（2）在各种影响因素中，有许多的影响单元不能完全确定，或已经确定却难以量化，或已经量化的却又在随机变化，称这些变量为灰元。

（3）构成系统安全的各种关系是灰关系，即不存在定量的映射关系，这些关系可以是各因素和系统安全的主行为的关系，或者各因素之间的关系，或者与环境之间的关系。

例如，交通事故。把某地区的道路交通作为一个系统，则此系统中存在一些确定因素（白色信息），如道路状况、气候情况等，这些因素之间的影响关系错综复杂，因此系统具有明显的灰色特征。可以认为某地区的道路交通安全系统是一个灰色系统。

灰色预测方法由于其所需原始数据少、不要求数据具有典型分布等优势，已经被广泛应用于各类安全问题中，包括自然灾害（环境污染、地震灾害和旱涝灾害）、社会性事故（传染病）、生产事故、火灾事故和交通事故（航空、船舶和道路交通）等。从所查阅的文献资料上看，利用灰色理论进行事故预测大多集中在灾变预测上，通过灾变时间序列推断出下一次或者下 k 次灾变发生的时间，这有利于相关部门提前做好准备，防患于未然或使其损失降低。

异常值（灾害值）的出现，往往代表着人们的正常活动出现了异常结果，产生了灾害。所以灾变预测对于事故的预防和控制具有重要的指导意义。灾变预测适用于数据发生突变或波动不定的预测之中，比如旱涝灾害预测，当降水量小于给定的干旱阈值时将出现旱灾，当降水量大于给定的洪灾阈值时将出现洪灾。同时，通过灾变预测来预测未来发生水灾的年份。

由于事故的特征量序列往往离散型较大，并且呈现出某种变化趋势的非平稳随机过程，故为了保证灰色事故预测的精度，根据具体情况，可以考虑灰色方法的改进模型，如灰色残差模型、灰色信息模型、灰色 Verhulst 模型、灰色马尔科夫链模型等。

对于一个灰色系统，若已知一些表征事故特征的数列，就可以利用 GM 模型来预测未来的状况趋势。下面介绍灰色预测模型的相关理论、建模过程及其应用。

定义 6-1 设原始序列 $X^{(0)}=(x^{(0)}(1),x^{(0)}(2),\cdots,x^{(0)}(n))$

相应的预测模型模拟序列为

$$\hat{X}^{(0)}=(\hat{x}^{(0)}(1),\hat{x}^{(0)}(2),\cdots,\hat{x}^{(0)}(n)) \tag{6-1}$$

残差序列为

$$\begin{aligned}\varepsilon^{(0)}&=(\varepsilon(1),\varepsilon(2),\cdots,\varepsilon(n))\\&=(x^{(0)}(1)-\hat{x}^{(0)}(1),x^{(0)}(2)-\hat{x}^{(0)}(2),\cdots,x^{(0)}(n)-\hat{x}^{(0)}(0))\end{aligned} \tag{6-2}$$

相对误差序列为

$$\Delta=\left(\left|\frac{\varepsilon(1)}{x^{(0)}(1)}\right|,\left|\frac{\varepsilon(2)}{x^{(0)}(2)}\right|,\cdots,\left|\frac{\varepsilon(n)}{x^{(0)}(n)}\right|\right)=\{\Delta_k\}_1^n \tag{6-3}$$

则：(1) 对于 $k\leqslant n$，称 $\Delta_k=\left|\frac{\varepsilon(k)}{x^{(0)}(k)}\right|$ 为 k 点模拟相对误差，称 $\bar{\Delta}=\frac{1}{n}\sum_{k=1}^{n}\Delta_k$ 为平均相对误差。

(2) 称 $1-\bar{\Delta}$ 为平均相对精度，$1-\Delta_k$ 为 k 点的模拟精度（$k=1,2,\cdots,n$）。

(3) 给定 α，当 $\bar{\Delta}<\alpha$ 且 $\Delta_n<\alpha$ 成立时，称模型为残差合格模型。

定义 6-2 设 $X^{(0)}$ 为原始序列，$\hat{X}^{(0)}$ 为相应的模拟序列，ε 为 $X^{(0)}$ 与 $\hat{X}^{(0)}$ 的绝对关联度，若对于给定的 $\varepsilon_0>0$，有 $\varepsilon>\varepsilon_0$，则称模型为关联度合格模型。

定义 6-3 设 $X^{(0)}$ 为原始序列，$\hat{X}^{(0)}$ 为相应的模拟序列，$\varepsilon^{(0)}$ 为残差序列，则 $\bar{x}=\frac{1}{n}\sum_{k=1}^{n}x^{(0)}(k)$，$S_1^2=\frac{1}{n}\sum_{k=1}^{n}(x^{(0)}(k)-\bar{x})^2$，分别为 $X^{(0)}$ 的均值和方差；$\bar{\varepsilon}=\frac{1}{n}\sum_{k=1}^{n}\varepsilon(k)$，$S_2^2=\frac{1}{n}\sum_{k=1}^{n}(\varepsilon(k)-\bar{\varepsilon})^2$ 分别为残差的均值和方差。

（1）$C=\frac{S_2}{S_1}$称为均方差比值，对于给定的 $C_0>0$，当 $C<C_0$ 时，称模型为均方差合格模型。

（2）$p=P(|\varepsilon(k)-\bar{\varepsilon}|<0.6745S_1)$称为小误差概率，对于给定的 $p_0>0$，当 $p<p_0$ 时，称模型为小误差概率合格模型。

上述三个定义给出了检验模型的三种方法。这三种方法都是通过对残差的考察来判断模型的精度，其中平均相对误差$\bar{\Delta}$和模拟误差都要求越小越好，关联度 ε 要求越大越好，均方差比值 C 越小越好，以及小误差概率 p 越大越好，给定 α、ε_0、C_0、p_0 的一组取值，就确定了检验模型模拟精度的一个等级。常用的精度等级见表 6-1，可供检验模型参考。

表 6-1　精度检验等级参照

精度等级	指标临界值			
	相对误差 α	关联 ε_0	均方差比值 C_0	小误差概率 p_0
一级	0.01	0.90	0.35	0.95
二级	0.05	0.80	0.50	0.80
三级	0.10	0.70	0.65	0.70
四级	0.20	0.60	0.80	0.60

一般情况下，最常用的是相对误差检验指标。

6.2　灰色数列预测模型

数列预测是对系统变量的未来行为进行预测，GM(1，1）是较为常用的数列预测模型。根据实际情况，也可以考虑采用其他灰色模型。即在定性分析的基础上，定义适当的序列算子，对算子作用后的序列建立 GM 模型，通过精度检验后，即可用来做预测。

定义 6-4　定义 $X^{(0)}=(x^{(0)}(1), x^{(0)}(2), \cdots, x^{(0)}(n))$，$X^{(1)}=(x^{(1)}(1), x^{(1)}(2), \cdots, x^{(1)}(n))$，则称

$$x^{(0)}(k) + ak^{(1)}(k) = b \tag{6-4}$$

为 GM（1.1）模型的原始形式。

定义 6-5　设 $X^{(0)}$、$X^{(1)}$ 如定义 6-3 所示，$Z^{(1)}=(z^{(1)}(2), z^{(1)}(3), \cdots, z^{(1)}(n))$，其中，$z^{(1)}(k)=\frac{1}{2}[x^{(1)}(k)+x^{(1)}(k-1)]$，则称

$$x^{(0)}(k) + az^{(1)}(k) = b \tag{6-5}$$

为 GM（1，1）模型的基本形式。

定理 6-1　设 $X^{(0)}$ 为非负序列，$X^{(0)}=(x^{(0)}(1), x^{(0)}(2), \cdots, x^{(0)}(n))$，其中，$x^{(0)}(k)\geqslant 0$，$k=1, 2, \cdots, n$。$X^{(1)}$ 为 $X^{(0)}$ 的 1-AGO 序列，

$$X^{(1)} = (x^{(1)}(1), x^{(1)}(2), \cdots, x^{(1)}(n)) \tag{6-6}$$

式中，$x^{(1)}(k) = \sum_{i=1}^{k} x^{(0)}(i)$，$k=1, 2, \cdots, n$。$Z^{(1)}$ 为 $X^{(1)}$ 的紧邻均值生成序列，

$$Z^{(1)} = (z^{(1)}(2), z^{(1)}(3), \cdots, z^{(1)}(n)) \tag{6-7}$$

式中，$z^{(1)}(k)=\frac{1}{2}[x^{(1)}(k)+x^{(1)}(k-1)](k=2,3,\cdots,n)$。

若 $\hat{\boldsymbol{a}}=[a, b]^{\mathrm{T}}$ 为参数列且

$$\boldsymbol{Y}=\begin{bmatrix} x^{(0)}(2) \\ x^{(0)}(3) \\ \vdots \\ x^{(0)}(n) \end{bmatrix}, \quad \boldsymbol{B}=\begin{bmatrix} -z^{(1)}(2) & 1 \\ -z^{(1)}(3) & 1 \\ \vdots & \\ -z^{(1)}(n) & 1 \end{bmatrix} \tag{6-8}$$

则 GM（1，1）模型 $x^{(0)}(k)+az^{(1)}(k)=b$ 的最小二乘法估计参数列满足

$$\hat{\boldsymbol{a}}=(\boldsymbol{B}^{\mathrm{T}}\boldsymbol{B})^{-1}\boldsymbol{B}^{\mathrm{T}}\boldsymbol{Y} \tag{6-9}$$

定义 6-6 设 $X^{(0)}$ 为非负序列，$X^{(1)}$ 为 $X^{(0)}$ 的 1-AGO 序列，$Z^{(1)}$ 为 $X^{(1)}$ 的紧邻均值生成序列，$[a,b]^{\mathrm{T}}=(\boldsymbol{B}^{\mathrm{T}},\boldsymbol{B})^{-1}\boldsymbol{B}^{\mathrm{T}}\boldsymbol{Y}$，则称

$$\frac{\mathrm{d}x^{(1)}}{\mathrm{d}t}+ax^{(1)}=b \tag{6-10}$$

为 GM（1，1）模型的白化方程，也叫影子方程。

定理 6-2 设 $\boldsymbol{B}$、$\boldsymbol{Y}$、$\hat{\boldsymbol{a}}$ 如定理 6-1 所述，$\hat{\boldsymbol{a}}=[a,b]^{\mathrm{T}}=(\boldsymbol{B}^{\mathrm{T}}\boldsymbol{B})^{-1}\boldsymbol{B}^{\mathrm{T}}\boldsymbol{Y}$,则

(1)白化方程 $\frac{\mathrm{d}x^{(1)}}{\mathrm{d}t}+ax^{(1)}=b$ 的解也称时间响应函数,为

$$x^{(1)}(t)=\left(x^{(1)}(1)-\frac{b}{a}\right)\mathrm{e}^{-at}+\frac{b}{a} \tag{6-11}$$

(2) GM（1，1）模型 $x^{(0)}(k)+az^{(1)}(k)=b$ 的时间响应序列为

$$\hat{x}^{(1)}(k+1)=\left(x^{(0)}(1)-\frac{b}{a}\right)\mathrm{e}^{-ak}+\frac{b}{a}, \qquad k=1,2,\cdots,n \tag{6-12}$$

(3) 还原值为

$$\begin{aligned}\hat{x}^{(0)}(k+1)&=\partial^{(1)}\hat{x}^{(1)}(k+1)=\hat{x}^{(1)}(k+1)-\hat{x}^{(1)}(k)\\&=(1-\mathrm{e}^{a})\left(x^{(0)}(1)-\frac{b}{a}\right)\mathrm{e}^{-ak}, \qquad k=1,2,\cdots,n\end{aligned} \tag{6-13}$$

定义 6-7 称 GM（1，1）模型中的参数 $-a$ 为发展参数，b 为灰色作用量，则 $-a$ 反映了 $\hat{x}^{(1)}$ 及 $\hat{x}^{(0)}$ 的发展态势。

一般情况下，系统作用量应是外生的或者前定的，而 GM(1，1）是单序列建模，只用到系统的行为序列（或称输出序列、背景值），而无外作用序列（或称输入序列、驱动量）；GM（1，1）模型中的灰色作用量是从背景值挖掘出来的数据，它反映数据变化的关系，故其确切内涵是灰的。灰色作用量是内涵外延化的具体体现，它的存在，是区别灰色建模与一般输入输出建模（黑箱建模）的分水岭，也是区别灰色系统观点与黑箱观点的重要标志。

6.3 灰色区间预测

对于原始数据非常离乱，用什么模型都难以通过精度检验的序列，无法给出其确切的

预测值，这时，可以考虑给出其未来变化的范围，预测出它的取值区间。

定义 6-8 设 $X(t)$ 为序列折线，$f_u(t)$ 和 $f_s(t)$ 为光滑连续曲线。若对任意 t，恒有 $f_u(t)<X(t)<f_s(t)$，则称 $f_u(t)$ 为 $X(t)$ 的下界函数，$f_s(t)$ 为 $X(t)$ 的上界函数，并称 $S=\{(t,X(t))\mid X(t)\in[f_u(t),f_s(t)]\}$ 为 $X(t)$ 的取值带。

定义 6-9 （1）若 $X(t)$ 的取值带的上下边界函数为同种函数，则称 S 为一致带。

（2）当 S 为一致带且下界函数 $f_u(t)$ 与上界函数 $f_s(t)$ 皆为指数函数时，称 S 为一致指数带，简称指数带。

（3）当 S 为一致带且下界函数 $f_u(t)$ 与上界函数 $f_s(t)$ 皆为线性函数时，称 S 为一致直线带，简称直线带。

（4）若当 $t_1<t_2$ 时，恒有

$$f_s(t_1)-f_u(t_1)<f_s(t_2)-f_u(t_2) \tag{6-14}$$

则称 S 为喇叭带。

定义 6-10 设 $X^{(0)}=(x^{(0)}(1),x^{(0)}(2),\cdots,x^{(0)}(n))$ 为原始序列，其 1-AGO 序列为 $X^{(1)}=(x^{(1)}(1),x^{(1)}(2),\cdots,x^{(1)}(n))$。令

$$\sigma_{\max}=\max_{1\leqslant k\leqslant n}\{x^{(0)}(k)\},\qquad \sigma_{\min}=\min_{1\leqslant k\leqslant n}\{x^{(0)}(k)\} \tag{6-15}$$

的 $X^{(1)}$ 的下界函数 $f_u(n+t)$ 和上界函数 $f_s(n+t)$ 分别为

$$f_u(n+t)=x^{(1)}(n)+t\sigma_{\min},\qquad f_s(n+t)=x^{(1)}+t\sigma_{\max} \tag{6-16}$$

则称 $S=\{(t,X(t))\mid t>n,X(t)\in[f_u(t),f_s(t)]\}$ 为比例带。

命题 6-1 比例带为直线喇叭带。

事实上，比例带的下界函数和上界函数都是与时间成比例增长的直线，斜率分为 $\sigma_{\min}$ 和 $\sigma_{\max}$，$X^{(1)}$ 的预测区域如图 6-1 所示。

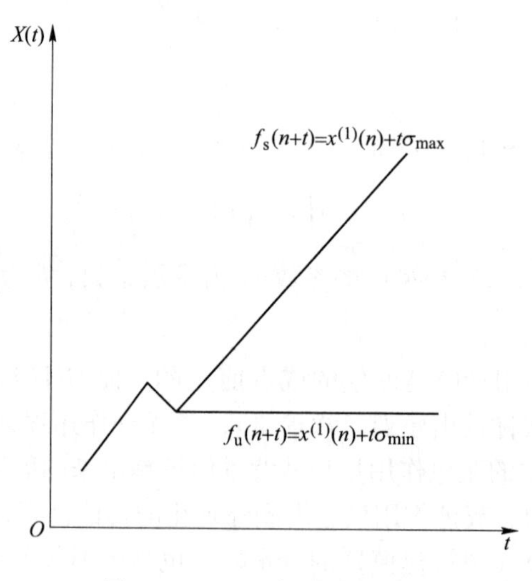

图 6-1 1-AGO 序列预测区域

定义 6-11 设 $X^{(0)}$ 为原始序列，$X_u^{(0)}$ 是 $X^{(0)}$ 的下缘点连线所对应的序列，$X_s^{(0)}$ 是 $X^{(0)}$ 上缘点连线所对应的序列，$\hat{x}_u^{(1)}(k+1)=\left(x_u^{(0)}(1)-\dfrac{b_u}{a_u}\right)\exp(-a_uk)+\dfrac{b_u}{a_u}$ 和 $\hat{x}_s^{(1)}(k+1)=$

$\left(x_s^{(0)}(1)-\frac{b_s}{a_s}\right)\exp(-a_s k)+\frac{b_s}{a_s}$分别为 $X_u^{(0)}$ 和 $X_u^{(o)}$ 对应的 GM(1,1)时间响应式，则称 $S=\{(t,X(t))\mid X(t)\in[\hat{X}_u^{(1)}(t),\hat{X}_s^{(1)}(t)]\}$为包络带，包络带如图 6-2 所示。

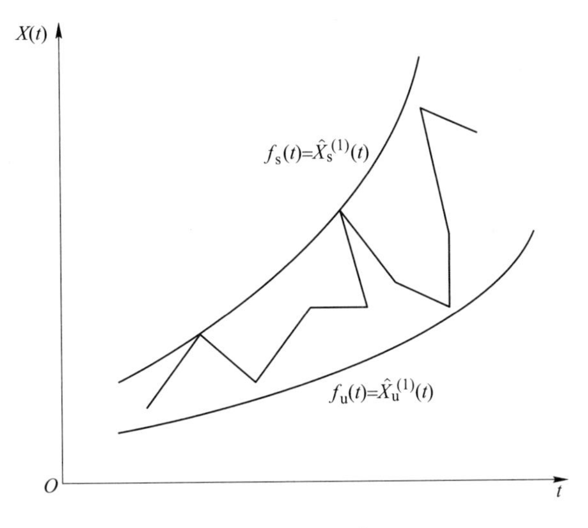

图 6-2　包络带

定义 6-12　设 $X^{(0)}$为原始数据序列，取 $X^{(0)}$中 m 个不同的数据序列可建立 m 个不同的 GM(1，1) 模型，对应参数 $\hat{a}_i=[a_i,b_i]^{\mathrm{T}}$，$i=1，2，\cdots，m$。令

$$-a_{\max}=\max_{1\leqslant i\leqslant m}\{-a_i\},\quad -a_{\min}=\min_{1\leqslant i\leqslant m}\{-a_i\} \tag{6-17}$$

$$\hat{x}_u^{(1)}(k+1)=\left(x_u^{(0)}(1)-\frac{b_{\min}}{a_{\min}}\right)\exp(-a_{\min}k)+\frac{b_{\min}}{a_{\min}} \tag{6-18}$$

$$\hat{x}_s^{(1)}(k+1)=\left(x_s^{(0)}(1)-\frac{b_{\max}}{a_{\max}}\right)\exp(-a_{\max}k)+\frac{b_{\max}}{a_{\max}} \tag{6-19}$$

则称 $S=\{(t,X(t))\mid X(t)\in[\hat{X}_u^{(1)}(t),\hat{X}_s^{(1)}(t)]\}$为发展带。

命题 6-2　包络带和发展带皆为指数带。

定义 6-13　设 $X^{(0)}=(x^{(0)}(1),x^{(0)}(2),\cdots,x^{(0)}(n))$为原始序列，$f_u(t)$和$f_s(t)$为其 1-AGO 序列 $X^{(1)}$下界函数和上界函数，对于任意 $k>0$，则称 $\hat{x}^{(0)}(n+k)=\frac{1}{2}[f_u(n+k)+f_s(n+k)]$为基本预测值，$\hat{x}_u^{(0)}(n+k)=f_u(n+k)$，$\hat{x}_s^{(0)}(n+k)=f_s(n+k)$分别为最低预测值和最高预测值。

例 6-1　某地区矿产量数据序列为

$$\begin{aligned}X^{(0)}&=(x^{(0)}(1),x^{(0)}(2),x^{(0)}(3),x^{(0)}(4),x^{(0)}(5),x^{(0)}(6))\\&=(4.9445,5.5828,5.3441,5.2669,4.5640,3.6524)\end{aligned}$$

式中，$x^{(0)}(k)(k=1,2,3,\cdots,6)$的单位为万吨，试作比例带预测。

解　$a_{\max}=\max\limits_{1\leqslant k\leqslant 6}\{x^{(0)}(k)\}=5.5828$，　$a_{\min}=\min\limits_{1\leqslant k\leqslant 6}(x^{(0)}(k))=3.6524$

由 $x^{(1)}(k)=\sum\limits_{i=1}^{k}x^{(0)}(i)$，得 $X^{(0)}$的 1-AGO 序列

$$X^{(1)} = (x^{(1)}(1), x^{(1)}(2), x^{(1)}(3), x^{(1)}(4), x^{(1)}(5), x^{(1)}(6))$$
$$= (4.9445, 10.5273, 15.8714, 21.1383, 25.7023, 29.3547)$$

所以

$$f_s(6+k) = x^{(1)}(6) + k\sigma_{max} = 29.3547 + 5.5828k$$
$$f_u(6+k) = x^{(1)}(6) + k\sigma_{min} = 29.3547 + 3.6524k$$

当 $k=1$，2，3 时，得最高预测值为

$$\hat{x}_s^{(1)}(7) = f_s(6+1) = x^{(1)}(6) + 1\sigma_{max} = 34.9375$$

$$\hat{x}_s^{(1)}(8) = f_s(6+2) = x^{(1)}(6) + 2\sigma_{max} = 40.5203$$

$$\hat{x}_s^{(1)}(9) = f_s(6+3) = x^{(1)}(6) + 3\sigma_{max} = 46.1031$$

最低预测值为

$$\hat{x}_u^{(1)}(7) = f_u(6+1) = x^{(1)}(6) + 1\sigma_{min} = 33.0071$$

$$\hat{x}_u^{(1)}(8) = f_u(6+2) = x^{(1)}(6) + 2\sigma_{min} = 36.6595$$

$$\hat{x}_u^{(1)}(9) = f_u(6+3) = x^{(1)}(6) + 3\sigma_{min} = 40.3119$$

基本预测值为

$$\hat{x}^{(1)}(7) = \frac{1}{2}[\hat{x}_s^{(1)}(7) + \hat{x}_u^{(1)}(7)] = 33.9723$$

$$\hat{x}^{(1)}(8) = \frac{1}{2}[\hat{x}_s^{(1)}(8) + \hat{x}_u^{(1)}(8)] = 38.5899$$

$$\hat{x}^{(1)}(9) = \frac{1}{2}[\hat{x}_s^{(1)}(9) + \hat{x}_u^{(1)}(9)] = 43.2075$$

6.4 灰色关联分析预测

在实际系统中，其性能指标常常取决于多个因素。人们常常希望知道众多的因素中哪些是主要因素，哪些是次要因素；哪些因素对系统发展影响大，哪些因素对系统发展影响小；哪些因素对系统发展起推动作用需要加强，哪些因素对系统发展起阻碍作用需要抑制等。关联分析的主要目的就是从众多的系统影响因素中找出对性能指标影响比较大的因素，从而为进一步的决策服务。

灰色关联分析方法弥补了采用数理统计方法作系统分析导致的缺憾。它对样本量的多少和样本有无规律都同样适用，而且计算量小，十分方便，更不会出现量化结果与定性分析结果不符的情况。

灰色关联分析的基本思想是根据序列曲线几何形状的相似程度来判断其联系是否紧密。曲线越接近，相应序列之间关联度就越大，反之就越小。

对一个抽象的系统或现象进行分析，首先要选准反映系统行为特征的数据序列，这称为系统行为的映射量，用映射量可间接地表征系统行为。

定理 6-3 设系统行为序列

$$X_0=(x_0(1),x_0(2),\cdots,x_0(n))$$
$$X_1=(x_1(1),x_1(2),\cdots,x_1(n))$$
$$\vdots$$
$$X_i=(x_i(1),x_i(2),\cdots,x_i(n))$$
$$\vdots$$
$$X_m=(x_m(1),x_m(2),\cdots,x_m(n))$$

对于 $\xi\in(0,1)$，

$$令\ \gamma(x_0(k),x_i(k))=\frac{\min\limits_i\min\limits_k|x_0(k)-x_i(k)|+\xi\max\limits_i\max\limits_k|x_0(k)-x_i(k)|}{|x_0(k)-x_i(k)|+\xi\max\limits_i\max\limits_k|x_0(k)-x_i(k)|} \tag{6-20}$$

$$\gamma(\boldsymbol{X}_0,\boldsymbol{X}_i)=\frac{1}{n}\sum_{k=1}^{n}\gamma(x_0(k),x_i(k)) \tag{6-21}$$

则 $\gamma(X_0,X_i)$满足灰色关联四公理，其中，ξ 称为分辨系数。$\gamma(X_0,X_i)$称为 X_0 和 X_i 的灰色关联度。

灰色关联度 $\gamma(X_0,X_i)$常简记为 γ_{0i}，k 点关联系数 $\gamma(x_0(k),\ x_i(k))$简记为 $\gamma_{0i}(k)$。

按照定理 6-1 中定义的算式可得灰色关联度的计算步骤如下：

第一步 求各序列的初值像（或均值像）。令

$$X_i'=\frac{X_i}{x_i(1)}=(x_1'(1),x_i'(2),\cdots,x_i'(n)),i=0,1,2,\cdots,m \tag{6-22}$$

第二步 求差序列。记

$$\Delta_i(k)=|x_0'(k)-x_i'(k)|,\Delta_i=(\Delta_i(1),\Delta_i(2),\cdots,\Delta_i(n)),i=1,2,\cdots,m \tag{6-23}$$

第三步 求两极最大差与最小差。记

$$M=\max_i\max_k\Delta_i(k),m=\min_i\min_k\Delta_i(k) \tag{6-24}$$

第四步 求关联系数。即

$$\gamma_{0i}(k)=\frac{m+\xi M}{\Delta_i(k)+\xi M},\xi\in(0,1),k=1,2,\cdots,n;i=1,2,\cdots,m \tag{6-25}$$

第五步 计算关联度。即

$$\gamma_{0i}=\frac{1}{n}\sum_{k=1}^{n}\gamma_{0i}(k),i=1,2,\cdots,m \tag{6-26}$$

6.4.1 灰色相对关联度

定义 6-14 设序列 X_0、X_i 长度相同且初值皆不等于零，X_0'、X_i' 分别为 X_0、X_i 的初值像，则称 X_0' 与 X_i' 的灰色绝对关联度为 X_0 与 X_i 的灰色相对关联度，简称为相对关联度，记为 r_{0i}。

灰色相对关联度是序列 X_0 与 X_i 相对于始点的变化速率之联系的表征，X_0 与 X_i 的变化速率越接近，r_{0i}越大；反之就越小。

命题 6-3 设 X_0、X_i 为长度相同且初值皆不等于零的序列，若 $X_0=cX_i$，其中，$c>0$ 为常数，则 $r_{0i}=1$。

命题 6-4 设 X_0、X_i 为长度相同且初值皆不等于零的序列，则其相对关联度 r_{0i} 与绝对关联度 ε_{0i} 的值没有必然联系，当 ε_{0i} 较大时，r_{0i} 可能很小；ε_{0i} 很小时，r_{0i} 也可能很大。

命题 6-5 设 X_0、X_i 为长度相同且初值皆不等于零的序列，a、b 为非零常数，aX_0 与 bX_i 的相对关联度为 r'_{0i}，则 $r'_{0i}=r_{0i}$。或者说，数乘不改变相对关联度。

事实上，aX_0 与 bX_i 的初值像分别等于 X_0、X_i 的初值像，数乘在初值化算子作用下无效，故 $r'_{0i}=r_{0i}$。

定理 6-4 灰色相对关联度 r_{0i} 具有下列性质：

（1）规范性：$0<r_{0i}\leqslant 1$，且 $\gamma_{ij}=1 \Leftrightarrow X_i=X_j$。

（2）r_{0i} 只与序列 X_0 和 X_i 的相对于始点的变化率有关，而与各观测值的大小无关。或者说，数乘不改变相对关联度的值。

（3）任何两个序列的变化速率都不是毫无联系的，即 r_{0i} 恒不为零。

（4）X_0 与 X_i 相对于始点的变化率越趋于一致，r_{0i} 越大。

（5）X_0 与 X_i 相对于始点的变化率相同，即 $X_0=aX_i$；或 X_0 与 X_i 的初值像的始点零化像 X'^0_i、X'^0_0 满足：X'^0_i 围绕 X'^0_0 摆动，且 X'^0_i 位于 X'^0_0 之上部分的面积与 X'^0_i 位于 X'^0_0 之下部分的面积相等时，$r_{0i}=1$。

（6）当 X_0 或 X_i 中任一观测数据变化时，r_{0i} 将随之变化。

（7）X_0 与 X_i 序列长度变化，r_{0i} 亦变。

（8）$r_{00}=r_{ii}=1$。

（9）偶对对称性 $r_{ij}=r_{ji} \Leftrightarrow X=\{X_i,X_j\}$。

$0\leqslant\gamma_{ij}\leqslant 1$ 表明系统中任何两个序列都不可能是严格无关的。整体性体现了环境对灰关联比较的影响，环境不同，灰关联度也随之变化，因此对称原理不一定满足。偶对对称性表明，当灰关联因子集中只有两个序列时，两两比较满足对称性。接近性则是对关联度量化的约束。除了上面所定义的绝对关联度外，还有很多其他的关联度的定义，实际上只要定义的关联度可以满足以上定理，就可以用来进行灰关联度分析。

例 6-2 根据表 6-2 的 2005～2017 年全国矿业事故起数的统计，建立 GM(1，1) 模型，并预测 2018 年的全国矿业事故起数。

表 6-2 2005～2017 年全国矿业事故起数

时间 t	年份	矿业事故起数 y_t/起	时间 t	年份	矿业事故起数 y_t/起
1	2005	1770	8	2012	106
2	2006	479	9	2013	84
3	2007	294	10	2014	153
4	2008	230	11	2015	45
5	2009	194	12	2016	65
6	2010	153	13	2017	50
7	2011	130			

解：设 $X^{(0)}(k)=\{1770,479,294,230,194,153,130,106,84,153,45,65,50\}$

第一步：构造累加生成数列：

$$X^{(1)}(k)=\{1770,2249,2543,2773,2967,3120,3250,3356,3440,3593,3638,3703,3753\}$$

第二步：构造数据矩阵 $\boldsymbol{B}$ 和数据向量 $\boldsymbol{Y}_n$：

$$
\boldsymbol{B}=\begin{bmatrix}
-\frac{1}{2}[x^{(1)}(1)+x^{(1)}(2)] & 1\\
-\frac{1}{2}[x^{(1)}(2)+x^{(1)}(3)] & 1\\
-\frac{1}{2}[x^{(1)}(3)+x^{(1)}(4)] & 1\\
-\frac{1}{2}[x^{(1)}(4)+x^{(1)}(5)] & 1\\
-\frac{1}{2}[x^{(1)}(5)+x^{(1)}(6)] & 1\\
-\frac{1}{2}[x^{(1)}(6)+x^{(1)}(7)] & 1\\
-\frac{1}{2}[x^{(1)}(7)+x^{(1)}(8)] & 1\\
-\frac{1}{2}[x^{(1)}(8)+x^{(1)}(9)] & 1\\
-\frac{1}{2}[x^{(1)}(9)+x^{(1)}(10)] & 1\\
-\frac{1}{2}[x^{(1)}(10)+x^{(1)}(11)] & 1\\
-\frac{1}{2}[x^{(1)}(11)+x^{(1)}(12)] & 1\\
-\frac{1}{2}[x^{(1)}(12)+x^{(1)}(13)] & 1
\end{bmatrix}=\begin{bmatrix}
-2009.5 & 1\\
-2396 & 1\\
-2658 & 1\\
-2870 & 1\\
-3043.5 & 1\\
-3185 & 1\\
-3303 & 1\\
-3398 & 1\\
-3516.5 & 1\\
-3615.5 & 1\\
-3670.5 & 1\\
-3728 & 1
\end{bmatrix}
$$

$$
\boldsymbol{Y}_n=\begin{bmatrix}
x^{(0)}(2)\\ x^{(0)}(3)\\ x^{(0)}(4)\\ x^{(0)}(5)\\ x^{(0)}(6)\\ x^{(0)}(7)\\ x^{(0)}(8)\\ x^{(0)}(9)\\ x^{(0)}(10)\\ x^{(0)}(11)\\ x^{(0)}(12)\\ x^{(0)}(13)
\end{bmatrix}=\begin{bmatrix}
479\\ 294\\ 230\\ 194\\ 153\\ 130\\ 106\\ 84\\ 153\\ 45\\ 65\\ 50
\end{bmatrix}
\quad (\boldsymbol{B}^{\mathrm{T}}\boldsymbol{B})^{-1}=\begin{bmatrix}
0.0000003 & 0.000934837\\
0.000934837 & 2.993806683
\end{bmatrix}
$$

第三步，计算 $\hat{\boldsymbol{a}}$；

$$
\hat{\boldsymbol{a}}=\begin{bmatrix} a\\ b\end{bmatrix}=(\boldsymbol{B}^{\mathrm{T}}\boldsymbol{B})^{-1}\boldsymbol{B}^{\mathrm{T}}\boldsymbol{Y}_n
$$

$$B^{T}B=\begin{bmatrix}119752267.3 & -37393.5\\ -37393.5 & 12\end{bmatrix}$$

$$(B^{T}B)^{-1}=\begin{bmatrix}0.0000003 & 0.000934837\\ 0.000934837 & 2.993806683\end{bmatrix}$$

$$\hat{a}=(B^{T}B)^{-1}B^{T}Y_{n}=\begin{bmatrix}0.000340 & 0.000216 & 0.000137 & 0.000074 & 0.000022 & -0.000021\\ -0.000056 & -0.000085 & -0.000120 & -0.000150 & -0.000166 & -0.000184\\ 1.115252 & 0.753937 & 0.509010 & 0.310824 & 0.148630 & 0.016351\\ -0.093960 & -0.182769 & -0.293548 & -0.386010 & -0.437513 & -0.491266\end{bmatrix}\times Y_{n}$$

$$=\begin{bmatrix}0.21469\\ 817.504067\end{bmatrix}$$

根据以上数据可以得出预测模型：

$$\frac{\mathrm{d}x^{(1)}}{\mathrm{d}t}-0.21469x^{(1)}=817.504067$$

$$\hat{x}^{(1)}(k+1)=-5577.834\mathrm{e}^{-0.21469k}+3807.834\quad\left(\left(x^{(0)}(1)=1170;\quad\frac{b}{a}=3807.834\right)\right)$$

由此可以预测 2018 年的全国矿业事故起数 $x^{(0)}(14)$ 为：

$$x^{(0)}(14)=x^{(1)}(14)-x^{(1)}(13)=3465.568823-3383.60398=81.96\text{起}$$

即 2018 年的全国矿业事故起数预测值为 81.96 起。

例 6-3 已知某矿 2012~2020 年的千人负伤率见表 6-3，试用 GM(1，1) 模型对该矿 2021 年、2022 年的千人负伤率进行灰色预测，并对拟合精度进行后验差检验。

表 6-3 某矿 2012~2020 年千人负伤率

年份	2012	2013	2014	2015	2016	2017	2018	2019	2020
千人负伤率	56.165	55.65	49.525	34.585	14.405	9.525	8.970	6.475	4.110

解：由表 6-3 可以得到

$$x^{(0)}=[55.165,55.65,49.525,34.585,14.405,\cdots,4.110]$$

$$x^{(1)}=[55.165,111.815,161.34,195.925,210.33,\cdots,239.41]$$

故可建立数据矩阵 B、Y_n：

$$B=\begin{bmatrix}-83.99 & 1\\ -136.5775 & 1\\ \vdots & \vdots\\ -237.355 & 1\end{bmatrix}$$

$$Y_{n}=[55.65,49.525,34.585,14.405,9.525,\cdots,4.110]^{T}$$

可得到：

$$\hat{a}=\begin{bmatrix}a\\ u\end{bmatrix}=\begin{bmatrix}0.37285\\ 93.3336\end{bmatrix}$$

代入得：

$$\hat{x}_{k+1}^{(1)}=250.331-194.16^{-0.37285k}$$

$$\hat{x}_{k+1}^{(1)}=\hat{x}_{k+1}^{(1)}-\hat{x}_{k}^{(0)}$$

计算结果见表 6-4。

表 6-4 GM(1, 1)模型计算结果

年份	序号	$x^{(0)}$	$x^{(1)}$	$\hat{x}^{(1)}$	$\hat{x}^{(0)}$	$\hat{\varepsilon}^{(0)}$
2012	1	56. 125	56. 165	56. 165	0	
2013	2	55. 65	111. 815	116. 594	60. 629	-4. 779
2014	3	49. 525	161. 34	158. 215	41. 621	7. 904
2015	4	34. 585	195. 925	186. 883	28. 668	5. 917
2016	5	14. 405	210. 33	206. 628	19. 745	-5. 34
2017	6	9. 525	219. 855	220. 228	13. 60	-4. 075
2018	7	8. 970	228. 825	229. 595	9. 367	-0. 397
2019	8	6. 475	235. 30	260. 047	6. 452	0. 023
2020	9	4. 110	239. 41	240. 491	4. 444	-0. 334
2021	10			243. 551	3. 06	
2022	11			245. 660	2. 109	

进行后验差检验

$$\varepsilon_i^{(0)} = x_i^{(0)} - \hat{x}_i^{(0)} \quad (i = 1,2,\cdots,n)$$

$$\overline{\varepsilon}^{(0)} = 0.4408, \quad S_1 = 4.1589$$

$$\overline{x}^{(0)} = 26.60, \quad S_2 = 21.00$$

则

$$c = S_1/S_2 = 0.198 < 0.35$$

$$p = p\{ |\varepsilon_i^{(0)} - \overline{\varepsilon}_i^{(0)}| < 0.6745S_2\} = 1 > 0.95$$

通过对比精度检验等级表知，灰色系统预测拟合精度为好，预测结果正确可靠。

6.4.2 灰色绝对关联度

定义 6-15 设序列 X_0 与 X_i 长度相同，令有 $s_i = \int_1^n (X_i - x_i(1))\mathrm{d}t$，则称

$$\varepsilon_{0i} = \frac{1 + |s_0| + |s_i|}{1 + |s_0| + |s_i| + |s_i - s_0|} \tag{6-27}$$

为 X_0 与 X_i 的灰色绝对关联度，简称绝对关联度。

这里仅给出长度相同序列之灰色绝对关联度的定义，对于长度不同的序列，可采取删去较长过剩数据或用灰色系统的 GM(1, 1) 模型进行预测，补齐较短序列之不足数据等措施使之化成长度相同的序列，但这样一般会影响灰色绝对关联度的值。

定理 6-5 灰色绝对关联度 $\varepsilon_{0i} = \frac{1+|s_0|+|s_i|}{1+|s_0|+|s_i|+|s_i-s_0|}$满足灰色关联公理中规范性、偶对对称性与接近性，但不满足整体性。

证明：(1) 规范性：显然，$\varepsilon_{0i}>0$。又 $|s_i-s_0|\geqslant 0$，所以 $\varepsilon_{0i}\leqslant 1$。

(2) 偶对对称性：由 $|s_i-s_0|=|s_0-s_i|$ 易知 $s_{0i}=s_{i0}$成立。

（3）接近性：显然成立。

（4）由于灰色绝对关联度仅仅是序列 X_0 与 X_i 之间关联程度的度量，未考虑其他因素，故这里没有整体性问题。

定理 6-6 灰色绝对关联度 ε_{0i}具有下列性质：

（1）$0 \leqslant \varepsilon_{0i} \leqslant 1$；

（2）ε_{0i}只与 X_0 与 X_i 的几何形状有关，而与其空间相对位置无关，或者说，平移不改变绝对关联度的值；

（3）任何两个序列都不是绝对无关的，即 ε_{0i}恒不为零；

（4）X_0 与 X_i 几何上相似程度越大，ε_{0i}越大；

（5）X_0 与 X_i 平行或 X_i^0 围绕 X_0^0 摆动，且 X_i^0 位于 X_0^0 之上部分的面积与 X_i^0 位于 X_0^0 之下部分的面积相等时，$\varepsilon_{0i}=1$；

（6）当 X_0 与 X_i 中任一观测数据变化时，ε_{0i}将随之变化；

（7）X_0 与 X_i 长度变化，ε_{0i}亦变；

（8）$\varepsilon_{00}=\varepsilon_{ii}=1$；

（9）$\varepsilon_{0i}=\varepsilon_{i0}$。

思考与练习

6-1 解释名词：灰色、灰色系统、灰色预测。

6-2 灰色系统的特点有哪些？

6-3 什么是 GM(1，1) 模型，其检验有哪些？

6-4 设有时间序列数据 1，见表 6-5，试建立 GM(1，1) 模型。

表 6-5 某时间序列 1

年份	2016	2017	2018	2019	2020
k	1	2	3	4	5
$X^{(0)}(k)$	2.874	3.278	3.337	3.39	3.679

6-5 设有时间序列数据 2，见表 6-6，试预测 2021 年的数据。

表 6-6 某时间序列 2

年份	2015	2016	2017	2018	2019	2020
k	1	2	3	4	5	6
$X^{(0)}(k)$	43.45	47.05	52.75	57.14	62.64	68.52

7 马尔科夫预测法

7.1 概　　述

马尔科夫（A. A. Markov）预测法是应用概率论中马尔科夫链的理论和方法来研究随机事件变化，并借此分析预测未来变化趋势的一种方法。马尔科夫预测法也是一种随机时间序列预测分析方法。本章首先介绍马尔科夫链的基本理论，然后分别介绍基于马尔科夫链基本理论的状态预测、状态转移预测和矿业系统安全的马尔科夫方法。

马尔科夫链预测法是应用随机过程中马尔科夫过程的基本原理和方法研究分析事物随时间序列的变化规律，并预测其未来变化趋势的一种方法。马尔科夫链在自然科学、工程技术、社会科学、经济研究等领域有着广泛的应用。

7.1.1 马尔科夫链简介

马尔科夫（A. A. Markov）链是由俄国数学家马尔科夫在 1906 年的研究而得名，至今他的理论研究已经深入到了自然科学、经济管理以及工程技术等各个领域中，并且得到了广泛的应用。

在事件的发展过程中，若每次状态的转移都仅与现在时刻的状态有关，而与过去的状态无关，或者说状态的“过去”和未来是独立的，这样的状态转移过程就称为马尔科夫过程（Markov process）。例如某系统的安全状态只与当前系统状况有关，而与之前的系统状况没有直接的关系。参数集和状态空间都是离散的马尔科夫过程称为马尔科夫链（Markov Chain），简称马氏链。

系统的状态都是由过去转变到现在，再由现在转变到将来，而作为马尔科夫链的动态系统将来会是什么状态只与现在的状态值有关，而与以前的状态无关。因此，运用马尔科夫链只要用到最近的动态资料便可预测将来。

7.1.2 马尔科夫链预测简介

马氏链是一种特殊的随机过程。它作为区间预测的一种方法，预测的结果是某一个状态（状态指的是一个区间），而不是具体的数值。因为预测的对象由一个点扩大到了一个区间，其范围扩大了，可靠性也一定会随之相应的提高。特别是在预测对象本身就是一个区间段的时候，使用马氏链更为便利。

马尔科夫链预测法其实是一种概率预测法，它是根据预测对象各状态之间的转移概率来预测事故未来的发展，转移概率反映了各种随机因素的影响程度和各状态之间的内在规律，因此该模型可以用于预测随机波动性较大的问题。但是，预测的关键在于转移概率矩阵的可靠性，因此该预测模型要求大量的统计数据，才能保证预测的精度，而这样就需要投入大量的人力物力进行数据的收集工作。而且在实际的应用中，证明马氏链满足齐次性存在一定的困难，预测的准确性就很难保证。这些问题都在一定程度上影响了马氏链预测法的使用。

7.1.3　系统安全的马尔科夫链预测

由于事故的发生具有不确定性，需要预测的指标有时并没有明显的趋势变化，这样就无法用简单的趋势外推法进行预测。对于这些随机波动性强而且较为平稳的数据，可以采用马尔科夫链预测法。因为这种预测法是一种概率预测方法，所以在进行预测时首先需要对事故指标进行划分，然后计算出转移概率矩阵，再利用转移概率矩阵进行预测。

最近十几年，国内也有大量学者应用马尔科夫链进行研究。在事故预测领域中，文献主要集中于自然灾害事故中旱涝灾害的预测；而其他方面，也有研究者进行了有意义的探索，例如火灾的事故预测、交通事故的预测、疾病传播的预测以及银行贷款风险等金融安全的预测，研究者使用马氏链进行了初步的尝试，给出了火灾预测的一个新的思路。但是总的来说，火灾数据具有一定的趋势性，而非随机的状态变化，这样就很难得到长期稳定的观测数据来构建合适的马氏链模型。交通事故预测也存在数据含有趋势性变化的问题，虽然研究者提出了使用多因素的模糊聚类划分状态空间和面板数据来计算转移矩阵的新方法，但是马氏链的齐次性的问题可能会影响到最终的预测结果。所以对于一些存在着明显趋势性的问题，往往很难单独使用马氏链来进行预测，而较多使用的是灰色-马尔科夫模型，这种方法将在后面的组合预测章节中做具体的介绍。

7.2　马氏链的基础知识

7.2.1　基本概念

一般说来，事物都是由不断运动的许多因素组成的系统。系统的状态取决于系统中各因素的运动变化情况。在已知时刻 T 系统所处的状态下，系统在 T 时刻以后的变化仅与 T 时刻的状态有关，因为 T 以前系统状态的影响只能通过 T 状态来影响 T 以后系统的变化。如市场占有率就是一个系统，其变化发展的过程也就是由一个状态转移到另一个状态的过程。这个过程完全是随机的，并具有转移概率。描述这类过程的数学模型就称为马尔科夫链。马尔科夫链具有两个重要特性：无后效性，就是指系统到达每一状态的概率，仅与前一状态有关，而与再以前的状态无关；吸收性，就是指系统将逐渐达到一个稳定状态，它与系统的原来状态无关。下面首先介绍马尔科夫链理论的几个基本概念。

7.2.2　状态及状态转移

状态是指客观事物可能出现或存在的状况，即研究对象的具体表现。如机器运转可能正常也可能有故障，市场上的产品可能畅销也可能滞销等。不同的事物、不同的预测目的，可以有不同的状态划分；同一事物的不同状态之间也必须相互独立，即事物不能同时存在两种状态。通常，状态可用状态变量表示。

状态随机变量表示随机运动系统，在时刻 t（$t=1, 2, \cdots$）所处的状态为 i（$i=1, 2, \cdots, N$）。

状态转移是指客观事物由一种状态到另一种状态的变化。客观事物的状态不是固定不变的，它可能处于这种状态，也可能处于那种状态，往往条件变化，状态也会发生改变。如由于管理的疏忽，系统的状态可能由安全变为危险。

7.2.3 转移概率与转移概率矩阵

转移概率是指从一种状态转移到另一种状态的概率。客观事物可能有多种状态，其每次只能处于一种状态，则每一状态都具有多个转向（包括转向其自身），将这种转移的可能性用概率来描述，就是状态转移概率。概率论中的条件概率：$P(A|B)$ 就表达了由状态 B 向状态 A 转移的概率。

状态转移概率中最基本的是一步转移概率。对于由状态正 i 经过一步转移到状态正 j 的概率，也即从正 i 到正 j 的转移概率，记作 P_{ij}。

如未特别指明步数，状态转移概率均为一步转移概率。一步转移概率矩阵具有如下性质：

（1）$0 \leqslant P_{ij} \leqslant 1$，即矩阵中的任一元素都是一个小于1的正数，这由概率的定义很容易推出。

（2）$\sum_{j=1}^{n} P_{ij} = 1$，即矩阵中任一行的元素和都恒等于1。原因是，矩阵中的每一行，表示过程由一种状态向其他状态转移的所有可能性，所有的可能性加在一起，成为一个必然事件，必然事件的概率恒为1。

事件若有 N 个状态，则从某一状态开始，相应地有 N 个状态转移概率，P_{i1}，P_{i2}，P_{i3}，…，P_{in}将事件 N 个状态的转移概率依次排列，可以得到一个 n 行 n 列的矩阵，这种矩阵就是转移概率矩阵。

$$\boldsymbol{P} = \begin{bmatrix} P_{11} & P_{12} & \cdots & P_{1n} \\ P_{21} & P_{22} & \cdots & P_{2n} \\ \vdots & \vdots & \ddots & \vdots \\ P_{n1} & P_{n2} & \cdots & P_{nn} \end{bmatrix} \tag{7-1}$$

通常称矩阵 $\boldsymbol{P}$ 就是状态转移概率矩阵，没有特别指明步数时，一般均为一步转移概率矩阵，矩阵中的每一行称为概率向量。

对于多步转移概率矩阵，可按如下定义给出：若系统在时刻 t_0 处于状态 i，经过 n 步转移在时刻 t_n 时处于状态 j，那么，对这种转移的可能性的数量描述称为 n 步转移概率，记为：

$$P\{x_n = j | x_0 = i\} = P_{ij}(n) \tag{7-2}$$

记概率矩阵为

$$\boldsymbol{P}(n) = \begin{bmatrix} P_{11}(n) & P_{12}(n) & \cdots & P_{1n}(n) \\ P_{21}(n) & P_{22}(n) & \cdots & P_{2n}(n) \\ \vdots & \vdots & \ddots & \vdots \\ P_{n1}(n) & P_{n2}(n) & \cdots & P_{nn}(n) \end{bmatrix}$$

称 $\boldsymbol{P}(n)$ 为 n 步转移概率矩阵。

一般地，对于 n 步转移概率有：

$$P_{ij}(n)=\sum_{k=1}^{n}P_{ik}(n-1)P_{kj} \tag{7-3}$$

$$\boldsymbol{P}(n)=\boldsymbol{P}^{n}$$

多步转移概率矩阵，除具有一步转移概率矩阵的性质外，还具有以下的性质：

（1）$P_{ij}\geqslant 0$（i，j=1，2，3，…，n），即每个元素均是负的；

（2）$\sum_{j=1}^{n}P_{ij}=1$（i=1，2，3，…，n），即矩阵每行的元素和等于1；

（3）转移概率矩阵的乘积亦为转移概率矩阵；

（4）设有转移概率矩阵

$$\boldsymbol{P}=\begin{bmatrix} P_{11} & P_{12} & \cdots & P_{1n} \\ P_{21} & P_{22} & \cdots & P_{2n} \\ \vdots & \vdots & \ddots & \vdots \\ P_{n1} & P_{n2} & \cdots & P_{nn} \end{bmatrix} \tag{7-4}$$

则当 $n\to\infty$ 时，有

$$\boldsymbol{P}^{n}=\begin{bmatrix} z_1 & z_2 & \cdots & z_n \\ z_1 & z_2 & \cdots & z_n \\ \vdots & \vdots & \ddots & \vdots \\ z_1 & z_2 & \cdots & z_n \end{bmatrix} \tag{7-5}$$

即 P^{n} 矩阵中的每一个行向量都相等。$\boldsymbol{P}^{n}$ 称为 $\boldsymbol{P}$ 的平衡概率矩阵。

（5）对任意概率矩阵

$$\boldsymbol{P}=\begin{bmatrix} P_{11} & P_{12} & \cdots & P_{1n} \\ P_{21} & P_{22} & \cdots & P_{2n} \\ \vdots & \vdots & \ddots & \vdots \\ P_{n1} & P_{n2} & \cdots & P_{nn} \end{bmatrix} \tag{7-6}$$

及任一概率向量 $\boldsymbol{T}=(t_1，t_2，\cdots，t_n)$，则当 $t\to\infty$ 时，有 $\boldsymbol{TP}^{n}=(z_1，z_2，\cdots，z_n)$。

下面举例说明状态转移概率及其状态转移概率矩阵的具体算法。

例 7-1　某城市有 A、B、C 三家厂生产同一种产品，有 1000 用户，假定在研究期间无新用户加入也无老用户退出，只有用户转移。已知 5 月有 500 户是 A 厂的顾客；400 户是 B 厂的顾客；100 户是 C 厂的顾客。6 月，A 厂有 400 户原来的顾客，上月的顾客有 50 户转 B 厂，50 户转 C 厂；B 厂有 300 户原来的顾客，上月的顾客有 20 户转 A 厂，80 户转 C 厂；C 厂有 80 户原来的顾客，上月的顾客有 10 户转 A 厂，10 户转 B 厂。试计算其状态转移概率矩阵。

解：由题意得 6 月份顾客转移见表 7-1。

表 7-1 顾客转移

月份	A 厂	B 厂	C 厂
5	500	400	100
6	430	360	210

由表 7-1 可知，6 月有 430 户是 A 厂的顾客；360 户是 B 厂的顾客；210 户是 C 厂的顾客。

于是得到：

（1）5 月份原是 A 厂的顾客 6 月份依然是 A 厂的顾客的为 400 户，转为 B 厂的为 50 户，转为 C 厂的为 50 户。

（2）5 月份原是 B 厂的顾客 6 月份依然是 B 厂的顾客的为 300 转为 A 厂的为 20 户，转为 C 厂的为 80 户。

（3）5 月份原是 C 厂的顾客 6 月份依然是 C 厂的顾客的为 80 户，转为 A 厂的为 10 户，转为 B 厂的为 10 户。

由此可以估算状态转移概率，导出状态转移概率矩阵。记 A 的状态为 1，B 的状态为 2，C 的状态为 3，P_{ij}为状态 i 转移到状态 j 的概率，$\hat{P}_{ij}$表示 P_{ij}的估计值，则有：

$$\hat{P}_{11}=\frac{400}{500}=0.8,\quad \hat{P}_{12}=\frac{50}{500}=0.1,\quad \hat{P}_{13}=\frac{50}{500}=0.1$$

$$\hat{P}_{21}=\frac{20}{400}=0.05,\quad \hat{P}_{22}=\frac{300}{400}=0.75,\quad \hat{P}_{23}=\frac{80}{400}=0.2$$

$$\hat{P}_{31}=\frac{10}{100}=0.1,\quad \hat{P}_{32}=\frac{10}{100}=0.1,\quad \hat{P}_{33}=\frac{80}{100}=0.8$$

状态转移概率矩阵为：

$$\boldsymbol{P}=\begin{bmatrix}0.8 & 0.1 & 0.1\\ 0.05 & 0.75 & 0.2\\ 0.1 & 0.1 & 0.8\end{bmatrix}$$

7.3 马尔科夫链状态转移概率计算

预测下一个时期系统变化最可能出现的状态是马尔科夫链预测应用中最简单的类型。通常，按照以下步骤预测系统变化最可能出现的状态：

（1）划分预测对象出现的状态。从预测的目的出发，并考虑决策者的需要划分现象的状态。

（2）计算初始概率。在实际问题中，分析历史资料所得的状态概率称为初始概率。可以以频率代替概率来估算。

（3）计算状态转移概率。仍然以频率近似表示概率来进行计算。若系统在时刻 t_0 处于状态 i，经过 n 步转移，在时刻 t_n 时处于 j，则可得到 n 步转移矩阵，进而可以计算出 n 步转移概率，记为：

$$
\boldsymbol{P}(n)=\begin{bmatrix} P_{11}(n) & P_{12}(n) & \cdots & P_{1n}(n) \\ P_{21}(n) & P_{22}(n) & \cdots & P_{2n}(n) \\ \vdots & \vdots & \ddots & \vdots \\ P_{n1}(n) & P_{n2}(n) & \cdots & P_{nn}(n) \end{bmatrix} \tag{7-7}
$$

$$
P\{x_n=j \mid x_0=i\}=P_{ij}(n)=\sum_{k=1}^{n} P_{ik}(n-1)P_{kj} \tag{7-8}
$$

（4）根据转移概率进行预测。由第（3）步可得状态转移概率矩阵 $\boldsymbol{P}(n)$，如果目前预测对象处于状态 i，这时，P_{ij}就描述了目前状态 i 在未来将转向状态 j（$j=1, 2, \cdots, N$）的可能性。一般按最大可能性作为选择的原则，我们选择（p_{i1}，p_{i2}，…，p_{iN}）中最大者作为预测结果。现举例说明具体预测过程。

例 7-2　考察一台设备的运行状态。设备的运行存在正常和故障两种状态。由于出现故障带有随机性，故可将设备的运行看作一个状态随时间变化的随机系统。可以认为，设备以后的状态只与目前的状态有关，而与过去的状态无关，即具有无后效性。因此，设备的运行可以看作一个马尔科夫链。

设正常状态为 1，故障状态为 2，即设备的状态空间由 2 个元素组成。设备在运行过程中出现故障，这时从状态 1 转移到状态 2；处于故障状态的设备经维修，恢复到正常状态，即从状态 2 转移到状态 1。

现以一个月为时间单位。经观察统计可知从某月到下月设备出现故障的概率为 0.2，即 $P_{12}=0.2$，则其对立事件，保持正常状态的概率为 $P_{11}=0.8$。在这一时间，故障设备经维修返回到正常状态的概率为 0.9，即 $P_{21}=0.9$；不能修好的概率为 $P_{22}=0.1$。

由设备的 1 步转移概率得到状态转移概率矩阵：

$$
\boldsymbol{P}=\begin{bmatrix} P_{11} & P_{12} \\ P_{21} & P_{22} \end{bmatrix}=\begin{bmatrix} 0.8 & 0.2 \\ 0.9 & 0.1 \end{bmatrix}
$$

若已知本月设备的状态向量 $\boldsymbol{P}(0)=(0.85\quad 0.15)$，现要预测设备 2 个月后的状态。先求出两步转移概率矩阵：

$$
\boldsymbol{P}^{(2)}=\boldsymbol{P}^2=\begin{bmatrix} 0.8 & 0.2 \\ 0.9 & 0.1 \end{bmatrix}^2=\begin{bmatrix} 0.82 & 0.18 \\ 0.81 & 0.19 \end{bmatrix}
$$

矩阵的第一行表明，本月处于正常状态的设备 2 个月后仍处于正常状态的概率为 0.82，转移到故障状态的概率为 0.81。第二行说明，本月处于故障状态的设备在两个月后转移到正常状态的概率为 0.81，仍处于故障状态的概率为 0.19。

于是，两个月后设备的状态向量为：

$$
\boldsymbol{P}(2)=\boldsymbol{P}(2)\boldsymbol{P}^{(2)}=(0.85\quad 0.15)\begin{bmatrix} 0.82 & 0.18 \\ 0.81 & 0.19 \end{bmatrix}=(0.8185\quad 0.1815)
$$

7.4　随机变量序列的“马氏性”检验

在根据马尔科夫链模型分析和解决实际问题时，首先需要检验随机时间序列 $\{X_n, n\geqslant 0\}$ 是否具有“马氏性”，而当前许多学者在使用各种马尔科夫链预测方法来解决实际问题时，忽略了检验“马氏性”这一必要步骤，这是不正确、不科学的，实际应用中通常采用统计量χ^2来检验离散随机时间序列的“马氏性”。

对于随机时间序列 $\{X_n, n\geqslant 0\}$，其包含有 m 个可能的状态，用f_{ij}来表示马尔科夫链 $\{X_n: x_1, x_2, \cdots, x_n\}$，$n\geqslant 0$ 中从状态 i 经过一步转移到达状态 j 的频数，$i, j\in E$，那么边际概率 $p_{\cdot j}$是将状态转移频数矩阵的第 j 列之和除以各行各列的总和所得的，其计算公式为：

$$P_{\cdot j} = \frac{\sum_{i=1}^{m} f_{ij}}{\sum_{i=1}^{m}\sum_{j=1}^{m} f_{ij}} \tag{7-9}$$

当 n 充分大时，统计量

$$\chi^2 = 2\sum_{i=1}^{m}\sum_{j=1}^{m} f_{ij}\left|\ln\frac{P_{ij}}{P_{\cdot j}}\right| \tag{7-10}$$

服从自由度为$(m-1)^2$的χ^2分布，其中 P_{ij}是由式（7-9）确定的该随机时间序列的状态转移概率。

对于随机时间序列 $\{X_n, n\geqslant 0\}$，根据所给定的显著性水平 α，可以通过查表得到分位点$\chi^2_\alpha((m-1)^2)$的值，按照式（7-10）计算得到该随机时间序列的χ^2，如果$\chi^2 > \chi^2_\alpha((m-1)^2)$，那么就可以认为随机时间序列 $\{X_n, n\geqslant 0\}$ 符合马氏性检验；否则，就可以认为该序列不可以作为马尔科夫链进行预测。

7.5 矿业系统安全态势的马尔科夫预测

由于绝对指标比相对指标更能反映系统的整体情况，本节以绝对指标矿业安全事故数为依托，对环境因素影响下的我国矿业系统安全态势的发展趋势进行预测研究分析，根据国家安全生产监督管理总局公布的矿业安全事故数据，选择《安全与环境学报》统计的我国矿业安全事故 2007 年 1 月~2013 年 8 月的数据，以每两个月为一个时间段，将这 40 组数据作为一个时间序列，依次为 $t_i=1, 2, \cdots, 40$，设每个时间段发生的矿业安全事故数为 $x_i(i=1,2,\cdots,40)$，则得到该时间序列的矿业安全事故数据统计表，见表 7-2。

表 7-2 矿业安全事故数 x_i统计表

t_i	1	2	3	4	5	6	7	8	9	10	11	12	13	14	15	16	17	18	19	20
x_i	28	61	55	69	42	39	20	41	43	47	48	34	21	35	40	38	34	26	15	38
t_i	21	22	23	24	25	26	27	28	29	30	31	32	33	34	35	36	37	38	39	40
x_i	36	33	15	16	7	29	30	26	22	16	11	14	18	22	22	19	8	20	9	13

我国矿业安全事故数 x_i随时间 t_i的变化折线图可以直观地反映我国矿业系统安全态势的发展趋势，如图 7-1 所示。

对于表 7-2 中我国 2007 年 1 月~2013 年 8 月的矿业安全事故数 x_i，其均值为 $\bar{x}=28.975$，样本均方差为 $s=\sqrt{\frac{1}{n-1}\sum_{i=1}^{n}(x_i-\bar{x})^2}=14.788$。按照样本均值-均方差分级法，

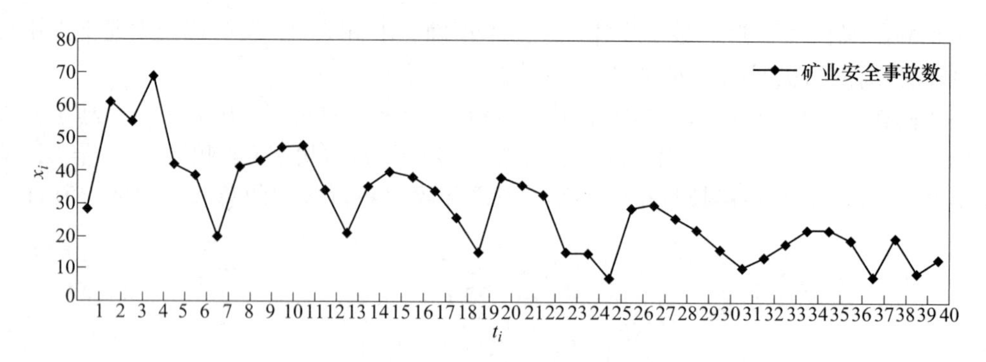

图 7-1　矿业安全事故数统计走势

计算得到 $\bar{x}-1.0s=14.187\approx14$，$\bar{x}-0.5s=21.581\approx22$，$\bar{x}+0.5s=36.369\approx36$，$\bar{x}+1.0s=43.763\approx44$，据此将我国矿业系统安全态势划分为状态空间为 $E=1，2，3，4，5$ 的五种状态，分别表示我国矿业系统安全态势发展良好、较好、一般、较差以及很差，各个状态所表示的我国矿业安全事故数 x_i 的范围分别为［0，14］、（14，22］、（22，36］、（36，44］以及（44，∞）。根据上述所划分对我国矿业系统安全态势的状态空间，我国矿业安全事故数在 x_i 时间 t_i（i=1，2，…，40）时矿业安全事故数 x_i 的状态划分情况见表 7-3。

表 7-3　状态划分情况

t_i	1	2	3	4	5	6	7	8	9	10
x_i	28	61	55	69	42	39	20	41	43	47
E	3	5	5	5	4	4	2	4	4	5
t_i	11	12	13	14	15	16	17	18	19	20
x_i	48	34	21	35	40	38	34	26	15	38
E	5	3	2	3	4	4	3	3	2	4
t_i	21	22	23	24	25	26	27	28	29	30
x_i	36	33	15	15	7	29	30	26	22	16
E	3	3	2	2	1	3	3	3	2	2
t_i	31	32	33	34	35	36	37	38	39	40
x_i	11	14	18	22	22	19	8	20	9	13
E	1	1	2	2	2	2	1	2	1	1

由表 7-3 知，各状态出现的频数为（6，12，10，7，5），矿业系统安全态势的初始状态为 V =（6/40，12/40，10/40，7/40，5/40）=（0.150，0.300，0.250，0.175，0.125），我国矿业系统安全态势在采用马尔科夫链预测模型进行预测时的状态转移频数矩阵和状态转移频率矩阵分别为：

$$
\boldsymbol{f}_{ij}=\begin{bmatrix}2&2&1&0&0\\4&5&1&2&0\\0&4&4&1&1\\0&1&2&3&1\\0&0&1&1&3\end{bmatrix}\boldsymbol{P}_{ij}=\begin{bmatrix}\frac{2}{5}&\frac{2}{5}&\frac{1}{5}&0&0\\\frac{4}{12}&\frac{5}{12}&\frac{1}{12}&\frac{2}{12}&0\\0&\frac{4}{10}&\frac{4}{10}&\frac{1}{10}&\frac{1}{10}\\0&\frac{1}{7}&\frac{2}{7}&\frac{3}{7}&\frac{1}{7}\\0&0&\frac{1}{5}&\frac{1}{5}&\frac{3}{5}\end{bmatrix}
$$

我国矿业系统安全态势在采用马尔科夫链预测模型进行预测时，按照式（7-9）和式（7-10）分别计算其边际概率和计量χ^2的值，结果分别见表7-4和表7-5。

表7-4　边际概率

状态	1	2	3	4	5
$P_{\cdot j}$	0.154	0.308	0.231	0.179	0.128

表7-5　统计量χ^2的值

状态	$P_{\cdot 1}$	$P_{\cdot 2}$	$P_{\cdot 3}$	$P_{\cdot 4}$	$P_{\cdot 5}$	合计
1	1.911	0.525	0.143	0.000	0.000	2.579
2	3.441	1.951	0.932	0.026	0.000	6.349
3	0.000	1.471	2.622	0.480	0.143	4.715
4	0.000	0.767	0.427	2.611	0.108	3.914
5	0.000	0.000	0.143	0.108	4.630	4.881
合计	5.352	4.714	4.267	3.225	4.881	22.438

由表7-5可得，统计量$\chi^2=2\times22.438=44.876$，给定显著性水平$\alpha=0.5$，查表知分位点$\chi^2_\alpha(9)=26.296$，即满足$\chi^2>\chi^2_\alpha((m-1)^2)$，我国矿业安全事故数的时间序列满足“马氏性”，可以采用马尔科夫链预测模型对矿业系统安全态势进行预测。将时间$t_i=40$时的我国矿业系统安全态势状况作为初始状态，对时间$t_i=41$时的矿业系统安全态势进行预测，由已得P、V及式（7-8）进行计算得到一步状态转移概率。

$$
\boldsymbol{G}(1)=(0.150\quad 0.300\quad 0.250\quad 0.175\quad 0.125)\begin{pmatrix}\frac{2}{5}&\frac{2}{5}&\frac{1}{5}&0&0\\\frac{3}{12}&\frac{5}{12}&\frac{1}{12}&\frac{2}{12}&0\\0&\frac{4}{10}&\frac{3}{10}&\frac{1}{10}&\frac{1}{10}\\0&\frac{1}{7}&\frac{2}{7}&\frac{3}{7}&\frac{1}{7}\\0&0&\frac{1}{5}&\frac{1}{5}&\frac{3}{5}\end{pmatrix}
$$

$=(0.135 \quad 0.310 \quad 0.205 \quad 0.175 \quad 0.125)$

对$\boldsymbol{G}(1)$进行标准化处理，$\boldsymbol{G}'(1)=(0.142, 0.326, 0.216, 0.184, 0.132)$，预测结果表明，在时间$t_i=41$时，我国矿业系统安全态势处于状态1的概率为0.142，处于状态2的概率为0.326，处于状态3的概率为0.216，处于状态4的概率为0.184，处于状态5的概率为0.132，其中处于状态2的概率最高，说明此时我国矿业系统安全态势发展较好，该时段的矿业安全事故数在（14，22]，事实上当时间$t_i=41$时，我国矿业安全事故数$x_{41}=18$，是位于该区间的，因此，认为根据马尔科夫模型所预测的一步转移结果较为准确，符合矿业安全状态近期态势的预测要求。

思考与练习

7-1 什么是马尔科夫预测法？

7-2 什么是马尔科夫链，它有何特点？

7-3 设马尔科夫链的转移矩阵为

$$\boldsymbol{P}=\begin{bmatrix}0.1 & 0.2 & 0.7\\ 0.8 & 0.1 & 0.1\\ 0.1 & 0.8 & 0.1\end{bmatrix}$$

（1）求$\boldsymbol{P}(X_1=1,X_2=1|X_0=0)$，$\boldsymbol{P}(X_2=1,X_3=1|X_1=1)$。

（2）若已知初始分布为$\mu_0=\boldsymbol{P}(X_0=0)=0.3$，$\mu_1=\boldsymbol{P}(X_0=1)=0.4$，$\mu_2=\boldsymbol{P}(X_0=2)=0.3$，求$\boldsymbol{P}(X_0=0, X_1=1, X_2=2)$及$\boldsymbol{P}(X_2=0)$。

7-4 独立地连续从1、2、3、4、5、6六个数中取出一个数，每个数被去除的概率为1/6，取后放回。若在前n次中所取得的最大点数为j，则定义$X_n=j$。验证$\{X_n\}$是齐次马尔科夫链，并求出它的转移矩阵。

7-5 有甲、乙、丙3家企业，由于产品质量、服务质量、价格、促销、分销等原因，订购户的变化如下：

4月：甲企业200户，乙企业500户，丙企业300户。

5月：甲保留160户，而从乙转入35户，从丙转入25户；乙企业保留450户，从甲转入20户，从丙转入20户；丙企业保留255户，从甲转入20户，从乙转入15户。

试求其转移概率矩阵。

7-6 某企业某产品每月的市场销售状态分为畅销、滞销两种，6年来24个季度的状态见表7-6，试求市场状态的一步和二步转移概率矩阵$\boldsymbol{P}=\begin{bmatrix}0.5 & 0.5\\ 0.4 & 0.6\end{bmatrix}$。

表7-6 某企业某产品24个季度市场销售状态

季度	1	2	3	4	5	6	7	8	9	10	11	12
状态	畅	畅	滞	畅	滞	滞	畅	畅	畅	滞	畅	滞
季度	13	14	15	16	17	18	19	20	21	22	23	24
状态	畅	畅	滞	滞	畅	畅	滞	畅	滞	畅	畅	畅

8 时间序列预测法

8.1 概　　述

时间序列分析模型预测是一种较为成熟的预测方法，也是世界各国进行预测的基本方法，最早使用时间序列分析模型预测的是美国麻省坎布里奇哈佛大学经济研究委员会主席珀森斯（W. Persons）教授，他将时间序列分析模型应用于一般商情研究和预测。国内时间序列分析模型预测的应用开始于20世纪60年代，最先是将时间序列分析模型应用于水文预测研究，现在国内在经济、管理及自然科学等方面也已广泛采用该方法进行预测。时间序列分析模型预测方法属于历史资料引伸性预测，通常用于短期（如一个月或一个季度）预测，用于长期预测时，除非数据特别稳定，否则效果很差。

各种经济、管理、自然现象的数量指标依时间次序排列起来的统计数据称为时间序列。建立时间序列分析模型并用于预测称为时间序列分析模型预测方法，它是一种动态数列的分析方法。时间序列分析模型可分为移动平均模型、指数平滑模型、周期变化模型及随机时间序列模型。移动平均模型、指数平滑模型用于趋势变化预测，周期变化模型用于季节变化预测，它们统称为确定性时间序列模型。

应用时间序列趋势预测法进行预测时，一要注意数据的完整性，二要注意数据资料的可比性，三要保证数据资料的一致性。只有满足了上述三点要求，才能应用这组数据去引申历史，推断未来。

8.1.1 时间序列预测简介

时间序列是指随着时间变化带有随机性且前后数据又有关联的一些数据流。时间序列预测法可以人为地从数据中发现规律，排除随机偶然因素的干扰，准确地预测时间序列数据的情况。其中规律的识别可能涉及：

（1）趋势。可以看作属性值随时间进行的、系统的、无重复的改变（线性或非线性）。

（2）周期。指时间序列中的行为具有周期性。

（3）季节性。检测的模式可以是基于年、月、日这样的时间点。

（4）异常点。为方便模式识别，需要技术来提出或减少异常点的影响。

时间序列预测法是一种实现短期预测的有效方法，这种方法并不需要过多的专业知识，只要具备变量的历史数据就可以。所以时间序列预测模型的建立和数据的搜集都比较简单，但是需要假定模型中的所有数据都由某个随机过程所产生。这种由一个变量的随机时间序列所构成的模型称为时间序列预测模型，也称为随机过程模型。

8.1.2 时间序列预测法概述

在人们日常生活的各个方面均存在时间序列的预测问题，无论是科学研究还是经济分析都会遇到大量的有关时间序列的预测问题。例如，天文学家对太阳黑子出现的预测，流行病学家对流行病爆发的预测，金融市场分析家对未来股票和债券价格的预测等，正是因为有了如此广泛的应用，使得时间序列的预测技术得到了很快的发展。

广义的时间序列预测法就是时序关系预测法，即把预测对象和预测的影响因素都看成时间序列，然后使用数学工具来研究预测对象自身变化过程及其发展趋势。在本章要讨论的时间序列预测法专指通过研究序列中的前后数据的相关性来进行预测的两种方法：指数平滑法和 Box-Jenkins 法。

8.1.2.1 指数平滑法

指数平滑法最早源于 Robert G. Brown 在第二次世界大战期间为美国海军所做的研究工作。Brown 在 1944 年提出了一个反潜艇的追踪模型，其中用到的算法就是指数平滑法。20 世纪 50 年代他又把指数平滑法用于离散数据的研究，并成功地应用到了美国海军存货系统中备用零件的需求量预测。后来 Brown 出版了几本关于指数平滑法用于预测的专著，推广了指数平滑法，还说明了其在存货管理和生产控制等方面的研究应用。同时在 20 世纪 50 年代，Charles C. Holt 也在美国海军的研究部门的资助下，独立地提出了和 Brown 相似的指数平滑法。它们的不同之处是 Holt 的指数平滑法不仅可以分析时间序列中的趋势因素，还可以用于分析季节因素。1960 年，Holt 的学生 Peter R. Winters 进一步对 Holt 的含有季节因素的指数平滑法进行了实际数据的预测研究，这个含有季节因素的 Holt 指数平滑法常被称为 Holt-Winters 方法。

指数平滑法属于确定型时间序列分析的内容，它有两个主要特点：一是利用了全部历史数据和相关信息。二是数据越靠近当前，对未来的影响越大；越远离当前，对未来的影响越小。因此，指数平滑预测法既能反映最新的信息，又能反映出历史信息，使预测结果更符合实际情况。

8.1.2.2 Box-Jenkins 法

英国统计学家 G. Yule 在 1927 年提出了 AR 模型，并用于太阳黑子的研究。英国数学家 G. Walker 在 1931 年分析大气规律的时候，又提出了 MA 模型和 ARMA 模型。他们通过这些实际的研究把随机过程中的概念引入到了时间序列的分析中，奠定了时间序列方法的理论基础。到了 1970 年，美国统计学家 G. Box 和英国统计学家 G. Jenkins 联合发表了专著《时间序列分析：预测和控制》，提出了 ARIMA 模型以及一整套的通过研究数据的相关性来建模、估计、检验和控制的方法，使时间序列分析得到了更为广泛的应用。为了纪念 Box 和 Jenkins 对时间序列研究的特殊贡献，人们常把 ARIMA 模型的建模方法称为 Box-Jenkins 法。

Box-Jenkins 预测法与传统的趋势外推预测法相比，具有独特的优势。一般来说，传统外推法只适用于具有某种典型趋势现象的预测，并且需要通过经验先判断出这种趋势。而现实中的许多现象本身并不总具有这些典型的趋势性，这就很难确定出合适的模型来进行预测。而 ARIMA 模型的建模则是先根据时间序列数据间的特征，识别出一个可能的模型，再按照 Box-Jenkins 方法依次进行诊断和调整，通过反复的识别、估计和统计检验，最终判断出适合的模型。因此 Box-Jenkins 方法具有更为广泛的应用性，是迄今最通用的时间序列预测法。

8.1.3　系统安全的时间序列预测法

时间序列是按照时间的先后顺序对观察的事物进行收集记录，其数据通常具有数据规模大、维度高、不断更新这三个性质。这些数据通常被视为一个整体，而不是片面地去考察单个数值。可以从不同角度来对时间序列进行分类，首先，从预测步长的角度看，有长、中、短之分，当然，预测步长的长短并无孰优孰劣的区别，可按实际需要选择。从统计特性的角度来看，时间序列数据有平稳序列以及非平稳序列。在现实应用中，时间序列数据大多为非平稳序列，因此，关于时间序列预测的研究也主要集中在非平稳序列上。从序列的构成来看，时间序列可分为如下部分：趋势部分，通常决定了序列的走势；季节性变化，即一些周期性的变化；循环变化，常表现为摆动现象；随机变化，即随机因素的干扰。趋势变化，也称为长期趋势，顾名思义即序列从整体角度来看的走势，具体表现为在较长时间内出现的平稳增长、不变、减少的趋势。如事故数量、事故伤亡率等较为宏观的数据，通常是向某个方向稳定的变化。季节性变化，也称为季节变动，具体表现为序列存在的一些周期性波动。常见的如降水量、湿度等气候因素，随着季节的变化周而复始有规律地变化。区别于季节变动具有的固定规则，循环变化虽然可能没有较为固定的规则，但是仍能根据当前位置预测未来的波动趋势。随机变化，也称为不规则变动。它反映了序列中存在的一些不可预测的事件（如战争、自然灾害、人为的意外等不可控因素）对序列的影响。

系统安全预测是指在收集预测对象历史数据的基础上，运用合适的科学理论和方法，对系统未来某一时期内的发展趋势和状况进行分析、估计和推测，形成科学的假设和判断，减小对未来的不确定性，以便指导管理决策者进行管理决策行为。随着科学技术的发展，系统预测未来的安全生产情况，可以指导现场安全管理，预先采取控制措施，预防事故发生。

时间序列法是预测时序数据最基本的方法，尤其是 Box-Jenkins 法，因其严谨的统计学架构和较高的预测精度，备受统计学家和预测研究者的推崇。在事故预测的领域中，Box-Jenkins 法和指数平滑法也得到了大量的应用，比较集中地体现在道路交通事故的预测上。广义上，时间序列预测就是对时序数据的预测，但是有些数据中包含了较强的随机性和非线性（例如火灾事故的预测），使用经典的 Box-Jenkins 法往往无法得到合适的预测模型。由于事故发生的因素很难预先得知，因此使用自回归方式建模在一定程度上可以得到一个近似模型，在一定精度的允许范围内还是可以得到满意的预测结果。结果的准确程度可以通过统计方法来检验。

Box-Jenkins 法和指数平滑法已经得到大量深入的研究，在事故预测中也得到了广泛的应用。在时间序列的系统安全预测中，分为线性预测和非线性预测，无论采用何种时间序列的预测方法，都是以本章所介绍的方法为基础的。

8.2　移动平均模型预测

移动平均法是将观察期的数据，根据时间序列逐项推移，依次计算包含一定跨越期的序时平均数，以反映长期趋势的方法。每次移动平均总是在上次移动平均的基础上，去掉一个最远期的数据，增加一个紧挨跨越期后面的新数据，保持跨越期不变，每次只向前移动一步，逐项移动，滚动前移。当时间序列的数值由于受到周期变动和不规则变动的影响，起伏较大，不易显示出发展趋势时，可用移动平均法消除这些因素的影响，分析、预测序列的长期趋势。移动平均法可以分为简单移动平均法、加权移动平均法和趋势移动平均法等。

8.2.1 简单移动平均法

简单移动平均法依照时间顺序，对包含一定项数的历史序列值取算术平均数作为下一期的预测值。

设时间序列为 x_1，x_2，…，x_t，选取 n 个时期的数据，则第 t 期的简单移动平均数的计算公式为

$$M_t = \frac{x_t + x_{t-1} + \cdots + x_{t-n+1}}{n} = \overline{x_t} \qquad (t \geqslant n) \tag{8-1}$$

$\hat{x}_{t+1}$作为 t+1 期的预测值，即以第 t 期移动平均数作为 t+1 期的预测值，记作：

$$\hat{x}_{t+1} = M_t \tag{8-2}$$

式中，M_t 为 t 期移动平均数；n 为移动平均的时段长。

可得到时间序列 x_t 的简单移动平均模型：

$$\hat{x}_{t+1} = \frac{x_t + x_{t-1} + \cdots + x_{t-n+1}}{n} = \overline{x_t} \qquad (t \geqslant n) \tag{8-3}$$

例 8-1 2015~2017 年 12 个季度全国矿业事故起数见表 8-1，现取这 12 个季度的矿业事故起数为研究对象，时段长分别为 3 和 4 个季度求简单移动平均事故起数预测值。

表 8-1 2015~2017 年全国矿业简单移动平均事故起数预测值

序号	时间/季度	事故起数/起	三个季度的移动平均预测值	四个季度的移动平均预测值
1	2015 年一季度	6	$\hat{X}_{t+1}=\frac{X_t+X_{t-1}+X_{t-2}}{3}$	$\hat{X}_{t+1}=\frac{X_t+X_{t-1}+X_{t-2}+X_{t-3}}{4}$
2	2015 年二季度	15		
3	2015 年三季度	9		
4	2015 年四季度	15	(6+15+9)/3=10.00	
5	2016 年一季度	18	(15+9+15)/3=13.00	(6+15+9+15)/4=11.25
6	2016 年二季度	25	(9+15+18)/3=14.00	(15+9+15+18)/4=14.25
7	2016 年三季度	8	(15+18+25)/3=19.33	(9+15+18+25)/4=16.75
8	2016 年四季度	14	(18+25+8)/3=17.00	(15+18+25+8)/4=16.50
9	2017 年一季度	18	(25+8+14)/3=15.67	(18+25+8+14)/4=16.25
10	2017 年二季度	8	(8+14+18)/3=13.33	(25+8+14+18)/4=16.25
11	2017 年三季度	7	(14+18+8)/3=13.33	(8+14+18+8)/4=12.00
12	2017 年四季度	17	(18+8+7)/3=11.00	(14+18+8+7)/4=11.75

解：(8+7+17)/3≈11，采用时段长为 3 个季度时简单移动平均预测 2018 年第一季度全国矿业事故起数约为 11 起。

(18+8+7+17)/4≈13，采用时段长为 4 个季度时简单移动平均预测 2018 年第一季度全国矿业事故起数约为 13 起。

从表8-1可以看出预测值与简单移动平均选用的时段有关系，时段为4个季度时预测值的变化要比时段是3个季度的预测值变化缓慢。因为在此种方法的计算中以往每年的数据对预测的影响占相同的比例，忽略了最新的数据对预测的重要性。因此在预测数据变化幅度较大时选用时段可以适当减少。此外还可以增大最新数据所占比重。简单移动平均法只适用于近期预测并且预测目标的变化趋势比较平缓的情况，对于预测目标变化趋势波动较大的情况采用简单移动平均法会有滞后和偏差等弊端。

8.2.2 加权移动平均法

一般情况下，最近期的经济数据比远期的数据包含了更多未来情况的信息，能更多地反映经济变化的趋势。在简单移动平均公式中，每期数据在平均中的作用是平等的，把各期数据等同看待是不尽合理的，应考虑各期数据的重要性，对近期数据给予较大的权重，对远期的数据给予较小的权重，对于权数因子的确定，完全靠预测者对序列做全面的了解和分析而定，这就是加权移动平均预测法。

设时间序列为 x_1，x_2，…，x_n，…，则加权移动平均公式为：

$$\hat{x}_{t+1} = \frac{\alpha_0 x_t + \alpha_1 x_{t-1} + \cdots + \alpha_{n-1} x_{t-n+1}}{n} \qquad (t \geqslant n) \tag{8-4}$$

式中，α_0，α_1，…，α_{n-1}为加权因子，满足：$\dfrac{\sum\limits_{t=0}^{n-1}\alpha_i}{n} = 1$。

值得注意的是，虽然加权平均法更为科学，能较好地反映近期的历史数据对预测值的影响，但它主要适用于呈水平变动的历史数据，而不适用于趋势型变动的历史数据，否则就会产生较大的预测误差。

例 8-2 现取加权因子 $\alpha_1 = 1.7$，$\alpha_2 = 1.3$，$\alpha_3 = 0.7$，$\alpha_4 = 0.3$，以2015~2017年12个季度的矿业事故起数为研究对象（见表8-2），时段长为4个季度，求4个季度加权移动平均事故起数预测值。

表 8-2 2015~2017年全国矿业加权移动平均事故起数预测值

序号	时间/季度	事故起数/起	4个季度的加权移动平均预测值
1	2015年一季度	6	$\hat{X}_{t+1} = \frac{1.7X_t + 1.3X_{t-1} + 0.7X_{t-2} + 0.3X_{t-3}}{4}$
2	2015年二季度	15	
3	2015年三季度	9	
4	2015年四季度	15	
5	2016年一季度	18	(1.7×15+1.3×9+0.7×15+0.3×6)/4=14.8
6	2016年二季度	25	(0.3×15+0.7×9+1.3×15+1.7×18)/4=15.23
7	2016年三季度	8	(0.3×9+0.7×15+1.3×18+1.7×25)/4=19.78
8	2016年四季度	14	(0.3×15+0.7×18+1.3×25+1.7×8)/4=15.8
9	2017年一季度	18	(0.3×18+0.7×25+1.3×8+1.7×14)/4=14.28
10	2017年二季度	8	(0.3×25+0.7×8+1.3×14+1.7×18)/4=15.48
11	2017年三季度	7	(0.3×8+0.7×14+1.3×18+1.7×8)/4=12.3
12	2017年四季度	17	(0.3×14+0.7×18+1.3×8+7×1.7)/4=9.775

解：(0.3×18+0.7×8+1.3×7+1.7×17)/4≈12.25 起

采用时段长为 4 个季度，加权因子分别为 $\alpha_1=1.7$，$\alpha_2=1.3$，$\alpha_3=0.7$，$\alpha_4=0.3$ 时，加权移动平均预测 2018 年第一季度全国矿业事故起数约为 12.25 起。

选择的加权因子不同，移动平均的时段长不同，得到的预测结果是不一样的。加权因子 α 取值的大小对时间序列均匀程度影响很大，α 值的选定取决于实际情况。选择合适的 α 值是提高预测精度的关键。一般来说，近期数据作用越大，则 α 值就取得越大。根据经验，在实际应用中取 α 为 0.8 或 0.7 为宜。

8.2.3 趋势修正移动平均法

简单移动平均法和加权移动平均法在时间序列没有明显的趋势变动时能够准确地反映实际情况。但当时间序列出现直线增加或变动趋势时，用简单移动平均法或加权移动平均法来预测就会出现滞后偏差，因此需要进行修正。下面给出了一个最简单的修正方法：预测值加上一个调整数，调整数取前 n 期预测误差的平均数。对调整数的一般讨论就引出了所谓的趋势修正移动平均模型。

设 y_t 为时间序列的实测值，$\hat{y}_t$ 为时间序列的预测值，$\hat{x}_t$ 为时间序列的移动平均值，移动时段长为 n，由于 $\{\hat{y}_t\}$ 有线性增长（下降）的趋势，故其趋势方程为：

$$\hat{y}_t = a + bt \tag{8-5}$$

当序列 y_t 出现线性地增加或减少的趋势时，使用简单移动平均和加权移动平均进行预测会有滞后性，若线性趋势方程是$\hat{y}_t=a+bt$，则当 t 增加一个单位时间就有$\hat{y}_t$ 的增量为：

$$\hat{y}_{t+1} - \hat{y}_t = a + b(t+1) - a - bt = b \tag{8-6}$$

增量为常数 b，不随时间 t 而改变。因此，当时间 t 增加至 $t+n$ 时，序列值$\hat{y}_{t+n}=a+bt+nb$，但是采用移动平均法计算的序列预测值仅是

$$\hat{x}_{t+n} = \frac{1}{n}\sum_{i=0}^{n-1}\hat{y}_{t+i} = a + bt + \frac{n-1}{2}b \tag{8-7}$$

相对于$\hat{y}_{t+n}$滞后了

$$\hat{y}_{t+n} - \hat{x}_{t+n} = a + bt + nb - a - bt - \frac{n-1}{2}b = \frac{n+1}{2}b \tag{8-8}$$

为了消除这种滞后现象，应对上述移动平均值加以修正，建立趋势修正移动平均模型。为此设通过时间点 t，$t-1$，…，$t-n+1$ 的序列值为 y_t，y_{t-1}，…，y_{t-n+1}，为简单起见，取 n 为奇数，时间点 t，$t-1$，…，$t-n+1$ 分别取为$\frac{n-1}{2}$，$\frac{n-3}{2}$，…，1，0，-1，…，$-\frac{n-3}{2}$，$-\frac{n-1}{2}$，由最小二乘法原理，可求出趋势方程的参数 a、b：

$$a_t = \sum_{\tau=t-n+1}^{t}\frac{y_\tau}{n}, \qquad b_t = \frac{\sum_{\tau=t-n+1}^{t}\tau y_t}{\sum_{\tau=t-n+1}^{t}\tau^2} \tag{8-9}$$

由此可见，a、b 均是 t 的函数，记为 $a=a_t$，$b=b_t$，其中 $a=a_t$ 为截距，$b=b_t$ 为斜率，表示序列的增长趋势，由此得到的预测公式为

$$\hat{y}_t = a_t + tb_t = \hat{x}_{t+1} + tb_1 \quad (8\text{-}10)$$

由此可得

$$\hat{y}_{t+1} = a_t + (t+1)b_t = \hat{x}_{t+1} + (t+1)b_t \quad (8\text{-}11)$$

又因在此处 t 取$\frac{n-1}{2}$，故

$$\hat{y}_{t+1} = \hat{x}_{t+1} + \frac{n+1}{2}b_t \quad (8\text{-}12)$$

从式（8-12）可看出趋势移动平均法消除了滞后现象。

若要预测 $t+l$ 时期的预测值，由于 b_t是增长的趋势量，因此预测公式为：

$$\hat{y}_{t+l} = \hat{x}_{t+1} + (t+l)b_t = \hat{x}_{t+1} = \hat{y}_t + lb_t \quad (8\text{-}13)$$

例 8-3 某市某矿产品 2019 年、2020 年的月需求量见表 8-3。需求量所构成的时间序列 y_t出现线性增加的趋势，应用趋势修正移动平均模型预测 2021 年 4 月的需求量。

表 8-3 某市某矿产品 2019 年、2020 年的月需求量

时间	t	需求量/t	时间	t	需求量/t
2003-01	1	512	2004-01	13	580
2003-02	2	518	2004-02	14	582
2003-03	3	525	2004-03	15	590
2003-04	4	530	2004-04	16	602
2003-05	5	528	2004-05	17	595
2003-06	6	535	2004-06	18	610
2003-07	7	540	2004-07	19	614
2003-08	8	538	2004-08	20	625
2003-09	9	545	2004-09	21	636
2003-10	10	560	2004-10	22	645
2003-11	11	572	2004-11	23	638
2003-12	12	565	2004-12	24	640

解：为了方便取 $n=5$，当 $t=24$ 和 $l=4$，$t+l=28$ 时，由公式 $\hat{y}_{t+1}=a_t+tb_t=a_t+\frac{n+1}{2}b_t$，$\hat{y}_{t+l}=\hat{y}_t+lb_t$ 来进行预测。

（1）$\hat{x}_{24}=\frac{1}{5}$（638+645+636+625+614）= 631.6

（2）
$$b_t = \sum_{\tau=t-n+1}^{t}\tau y_\tau / \sum_{\tau=t-n+1}^{t}\tau^2$$
$$= \frac{12}{n^2(n^2-1)} \times \left(\frac{n-1}{2}y_t + \frac{n-3}{2}y_{t-1} + \cdots - \frac{n-3}{2}y_{t-n+2} - \frac{n-1}{2}y_{t-n+1}\right)$$

$$b_{24}=\frac{12}{5(5^2-1)}\times\left(\frac{5-1}{2}\times640+\frac{5-3}{2}\times638-\frac{5-3}{2}\times636-\frac{5-1}{2}\times625\right)=2.1$$

（3）代入预测公式，得 $\hat{y}_{24}=631.6+\frac{5+1}{2}\times2.1=637.9$

（4）当 $t+l=28$ 时，$\hat{y}_{t+l}=637.9+4\times2.1=646.3$

即 2005 年 4 月的需求量约为 647t。

8.3　指数平滑法

指数平滑法是一种特殊的加权平均法，权数由对离预测期较近的历史数据到离预测期较远的历史数据按指数规律递减。指数平滑法既不需要存储很多历史数据，又考虑到各期数据的重要性，且使用了全部历史资料。指数平滑法克服了移动平均法存在的两个不足：一是存储数据量大；二是对最近 n 期数据等权看待，而对 $t-n$ 期以前的数据则完全不考虑，这往往不符合实际情况，因此它是移动平均法的改进与发展，应用较为广泛。根据平滑次数，指数平滑法可分为一次指数平滑法、二次指数平滑法和三次指数平滑法等。

8.3.1　一次指数平滑模型

设时间序列为 x_1，x_2，…，x_t，…，则一次指数平滑模型为：

$$\hat{x}_t=\alpha x_{t-1}+(1-\alpha)\hat{x}_{t-1} \tag{8-14}$$

式（8-14）可化为

$$\hat{x}_t=\hat{x}_{t-1}+\alpha(x_{t-1}-\hat{x}_{t-1}) \tag{8-15}$$

式中，$\hat{x}_t$ 为一次指数平滑预测值；$\hat{x}_{t-1}$为前次预测值；x_{t-1}为前期实测值；α 及 $1-\alpha$ 为加权系数；$x_{t-1}-\hat{x}_{t-1}$为预测误差。

所以，一次指数平滑模型可以表述为

预测值 = 原预测值 + α ×（原预测误差）　　(8-16)

一次指数平滑预测法是在移动平均预测法的基础上改进得来的。由式（8-14）递推可得到以下表达式：

$$\begin{aligned}\hat{x}_t&=\alpha x_{t-1}+(1-\alpha)\hat{x}_{t-1}=\alpha x_{t-1}+(1-\alpha)\times[\alpha x_{t-2}+(1-\alpha)\hat{x}_{t-2}]\\&=\alpha x_{t-1}+\alpha(1-\alpha)x_{t-2}+(1-\alpha)^2\hat{x}_{t-2}\\&=\alpha x_{t-1}+\alpha(1-\alpha)x_{t-2}+(1-\alpha)^2\times[\alpha x_{t-3}+(1-\alpha)\hat{x}_{t-3}]\\&=\alpha x_{t-1}+\alpha(1-\alpha)x_{t-2}+\alpha(1-\alpha)^2x_{t-3}+(1-\alpha)^3\hat{x}_{t-3}\\&\vdots\\&=\alpha\sum_{j=0}^{t-1}(1-\alpha)^jx_{t-j-1}+(1-\alpha)^t\hat{x}_0\end{aligned} \tag{8-17}$$

可知，第七期的指数平滑值是全部观察值的加权线性组合。加权系数分别为 α，$\alpha(1-\alpha)$，$\alpha(1-\alpha)^2$，…，$\alpha(1-\alpha)^{t-1}$，因为 $0<\alpha<1$，所以加权系数按几何级数衰减，越靠近近期的观察值，权数越大；越远的观察值，权数越小。

加权系数：α，$\alpha(1-\alpha)$，$\alpha(1-\alpha)^2$，…，$\alpha(1-\alpha)^{t-1}$呈等比级数，公比为$1-\alpha$，在实际预测中$0<\alpha<1$，则权数之和为

$$s = \frac{\alpha}{1-(1-\alpha)} = 1 \tag{8-18}$$

由于加权系数符合指数规律，又具有平滑数据的功能，故称为指数平滑。以这种平滑值进行预测就是一次指数平滑法。

在指数平滑法中，加权系数的选择直接影响着预测效果。α 取值是否恰当对预测精度有着关键的决定性作用。由式（8-15）可以看出，α 的大小决定了第 t 期观察值 y_t 在预测下一期中的重要程度。α 越大，则 x_t 在预测结果中所占的比重就越大，修正幅度越大，对时间序列的近期变化反应越灵敏，但同时也越容易受随机干扰的影响，风险越大。α 的选择应根据时间序列的具体性质在 0~1 之间进行选择。一般可遵循以下原则：

（1）如果时间序列波动不大，比较平稳，则 α 应取小一点（一般为 0.1~0.4），使较早的观察值亦能充分反映于指数平滑中，以减少修正幅度，使预测模型能包含较长时间序列的信息。

（2）如果时间序列具有迅速且明显的变动倾向，则 α 应取大一点（一般为 0.6~0.8），使预测模型灵敏度高些，以便迅速跟上数据的变化。

（3）如果对初始值的正确性有疑问，则应取较大的 α 值，以便扩大近期数据的作用，迅速减少初始值的影响。

（4）如果多项式模型中仅有某一段时间的数据为较优估计值，则应取较大的 α 值，以减少较早数据的影响。

（5）如果时间序列虽然具有不规则变动，但长期趋势接近某一稳定常数，则应取较小的 α 值（一般为 0.05~0.20），使各观察值在现实指数平滑值中具有大小接近的权值。

一次指数平滑法有两个基本特点：

（1）指数平滑法对实际序列有平滑作用，平滑系数 α 越小，平滑作用越强，但对实际数据的变动反应较迟缓；

（2）在实际序列的线性变动部分，指数平滑值序列出现一定的滞后偏差，滞后偏差的程度随着平滑系数 α 的增大而减少。

指数平滑法的主要优点为：

（1）对不同时间数据的非等权处理较符合实际情况。

（2）实用中仅需要选择一个模型参数 α 即可预测，简便易行。

（3）具有适应性，也就是说预测模型能自动识别数据模式的变化而加以调整。

指数平滑法的缺点为：

（1）对数据的转折点缺乏鉴别能力，这可通过调查预测法或专家预测法加以弥补。

（2）长期预测的效果比较差，故多用于短期预测。如实际数据序列具有较明显的线性增长倾向，则不宜用一次指数平滑法，因为之后偏差将使预测值偏低。此时，通常可采用二次指数平滑法建立线性预测模型，然后再用模型预测。

例 8-4　取 $\alpha=0.5$，将 2015 年第一季度的全国矿业事故起数作为初始预测值，以 2015~2017 年 12 个季度的全国矿业事故起数（见表 8-4）为研究对象，用一次指数平滑模型对 2018 年第一季度的全国矿业事故起数做出预测。

表 8-4　2015~2017 年全国矿业事故起数一次指数平滑预测（α=0.5）

序号	时间	事故起数/起	上季度预测/起	本季度平滑预测/起
1	2015 年一季度	6		
2	2015 年二季度	15	6	6
3	2015 年三季度	9	6	10.5
4	2015 年四季度	15	10.5	9.75
5	2016 年一季度	18	9.75	12.375
6	2016 年二季度	25	12.375	15.189
7	2016 年三季度	8	15.189	20.095
8	2016 年四季度	14	20.095	14.048
9	2017 年一季度	18	14.048	14.024
10	2017 年二季度	8	10.024	16.012
11	2017 年三季度	7	16.012	12.006
12	2017 年四季度	17	12.006	9.503

解：

$$\hat{x}_t = \hat{x}_{t-1} + \alpha(x_{t-1} - \hat{x}_{t-1})$$

即

$$0.5 \times 17 + 0.5 \times 9.503 \approx 13.252$$

通过一次指数平滑预测模型，预测 2018 年全国第一季度矿业事故起数为 13.252 起。

8.3.2　二次指数平滑模型

一次指数平滑法虽然克服了移动平均法的两个缺点，它不需要大量的历史数据，计算量小，只要确定好合适的平滑系数 α 和初始值就可以进行预测，但是当时间序列的变动出现直线趋势时，用一次指数平滑法进行预测仍存在明显的滞后偏差。二次指数平滑法就是为了克服这种缺陷的一种预测模型，可以说二次指数平滑模型是适用于具有线性趋势的时间序列的预测模型。

二次指数平滑模型是建立在一次指数平滑模型上的，是对一次指数平滑后的时间序列数据再作一次指数平滑，但并不是直接将二次指数平滑值作为预测值，而是利用其来求出方程参数，利用滞后偏差的规律来建立直线趋势模型。这就是二次指数平滑法，其平滑公式为：

$$S_t^{(2)} = \alpha S_t^{(1)} + (1-\alpha)S_{t-1}^{(2)} \tag{8-19}$$

其中：

$$S_t^{(1)} = \hat{x}_t = \alpha x_{t-1} + (1-\alpha)\hat{x}_{t-1} \tag{8-20}$$

式中，$S_t^{(2)}$ 是二次指数平滑值；$S_t^{(1)}$ 是一次指数平滑值；α 为平滑系数。

二次指数平滑公式的应用，同一次指数平滑公式一样，也涉及初始值 $S_0^{(2)}$ 的选取问题，但随着时间的推移，初始值的影响是非常小的，一次一般可取 $S_0^{(2)}=S_0^{(1)}$。

当时间序列 $\{y_t\}$ 从某时刻开始具有直线趋势时，类似趋势移动平均法，可用以下直线趋势模型来预测：

$$\hat{x}_{t+\tau} = a_t + b_t\tau \tag{8-21}$$

式中，τ 称为预测超前周期数，公式中参数的表达式为：

$$a_t = 2S_t^{(1)} - S_t^{(2)}, \qquad b_t = \frac{\alpha}{1-\alpha}(S_t^{(1)} - S_t^{(2)}) \tag{8-22}$$

由式（8-21）和式（8-22）可得到二次指数平滑预测公式为：

$$\hat{x}_{t+\tau} = a_t + b_t\tau = \left(2 + \frac{\alpha\tau}{1-\alpha}\right)S_t^{(1)} - \left(1 + \frac{\alpha\tau}{1-\alpha}\right)S_t^{(2)} \tag{8-23}$$

例 8-5　某港口城市平均每人商业销售额的数据见表 8-5，试用二次指数平滑法（α=0.8）计算历年的理论预测值。

表 8-5　某港口城市平均每人商业销售额二次指数平滑预测值（α=0.8）

年份	商业销售额 y_t	$S_t^{(1)}$	$S_t^{(2)}$	$S_t^{(1)}-S_t^{(2)}$	a_t	b_t	y_{t+1} $T=1$
1	2	3	4	5=3−4	6=3+5	7=4×5	8=6+7
2015	243.29	243.2	243.2	0	243.29	0	
2016	277.82	270.91	265.39	5.52	276.43	22.08	243.29
2017	320.39	310.49	301.47	9.02	319.51	36.08	298.51
2018	389.09	373.37	358.99	14.38	387.75	57.52	355.59
2019	444.84	430.55	416.24	14.31	444.86	57.244	45.27
2020	496.23	483.09	469.72	13.37	496.46	53.48	502.1
2021							549.94

解：令 α=0.8，先分别求出一次、二次指数的平滑值，然后运用预测式（8-27）进行预测，其结果见表 8-5。

2021 年的预测值为：

$$\hat{x}_{6+1} = a_6 + b_6 \times 1 = 496.46 + 53.48 = 549.94 \text{ 元}$$

若要预测 2023 年的值，则：

$$\hat{x}_{6+3} = a_6 + b_6 \times 3 = 496.46 + 53.48 \times 3 = 656.9 \text{ 元}$$

8.3.3　三次指数平滑模型

当数据模型有二次、三次或高次幂时，即具有非线性趋势时，则需要采用高次平滑形式。当时间序列的观察值经二次指数平滑处理后的时间序列仍有曲率，则原有时间序列需进行三次指数平滑，用二次曲线来描述。三次指数是在二次指数平滑的基础上，再进行一次指数平滑，其计算公式为：

$$\begin{aligned} S_t^{(1)} &= \alpha y_t + (1-\alpha)S_{t-1}^{(1)} \\ S_t^{(2)} &= \alpha S_t^{(1)} + (1-\alpha)S_{t-1}^{(2)} \\ S_t^{(3)} &= \alpha S_t^{(2)} + (1-\alpha)S_{t-1}^{(3)} \end{aligned} \tag{8-24}$$

式中，$S_t^{(3)}$ 为三次指数平滑值；α 为平滑系数。

式（8-28）可以推广到 m 次指数平滑，其公式为：

$$S_t^{(m)} = \alpha S_t^{(m-1)} + (1-\alpha)S_{t-1}^{(m)} \tag{8-25}$$

有了三次指数平滑模型，可得三次指数平滑模型的预测公式：

$$\hat{x}_{t+\tau} = a_t + b_t\tau + c_t\tau^2 \tag{8-26}$$

式中，τ 为预测超前周期数，预测公式中的参数 a_t、b_t、c_t 为

$$a_t = 3S_t^{(1)} - 3S_t^{(2)} + S_t^{(3)}$$

$$b_t = \frac{\alpha}{2(1-\alpha)^2}[(6-5\alpha)S_t^{(1)} - 2(5-4\alpha)S_t^{(2)} + (4-3\alpha)S_t^{(3)}] \tag{8-27}$$

$$c_t = \frac{\alpha^2}{2(1-\alpha)}(S_t^{(1)} - 2S_t^{(2)} + S_t^{(3)})$$

三次指数平滑预测不仅考虑了时间序列线性增长的因素，也考虑了二次曲线的增长因素，因此对预测对象为二次曲线趋势的时间序列是较好的预测方法。与二次指数平滑类似，也可以做期数以后的预测，但是也只能适用于短、近期的预测，不适用于中、长期预测。

时间序列的平滑预测是较为简单的一种方法。在时间序列没有明显的趋势变化时，简单移动平均法和加权移动平均法能够准确反映实际情况。但当时间序列出现直线增加或减少的变动趋势时，用简单移动平均法和加权移动平均法来预测就会出现滞后偏差。因此，需要进行修正，修正方法是作二次平均，利用移动平均滞后偏差的规律来建立直线趋势的预测模型，这就是趋势移动平均法。

一般来说，历史数据对未来值的影响是随时间间隔的增长而递减的。所以，更切合实际的方法应是对各期观测值依时间顺序进行加权平均作为预测值。指数平滑法可满足这一要求，而且具有简单的递推形式。

但当时间序列的变动具有直线趋势时，用一次指数平滑法会出现滞后偏差，此时可以从数据变换的角度来考虑改进措施，即在运用指数平滑法之前先对数据做一些技术上的处理，使之能适用于一次指数平滑模型，然后再对输出结果做技术上的返回处理，使之恢复为原变量的形态。差分方法即为改变数据变动趋势的简易方法。

例 8-6　某公司 2010~2020 年收入总额见表 8-6，当 α=0.3 时，试预测 2021 年、2022 年销售收入各为多少万元。

表 8-6　公司 2010~2020 年收入总额及一次、二次、三次平滑值　　（万元）

年份	t	收入总额 y_t	一次平滑值 $S_t^{(1)}$	二次平滑值 $S_t^{(2)}$	三次平滑值 $S_t^{(3)}$	$\hat{x}_{t+1}$
2010	1	2004	2137.0	2176.9	2188.9	2194.0
2011	2	2006	2097.8	2178.2	2178.2	2023.1
2012	3	2572	2240.0	2178.5	2178.5	1956.6
2013	4	3461	2606.3	2217.1	2217.1	2449.5
2014	5	5177	3377.5	2340.5	2340.5	3459.6
2015	6	5592	4041.9	2554.1	2554.1	5388.9
2016	7	8065	5248.8	3711.4	2901.3	6457.9
2017	8	13111	6707.5	4880.2	3495	8929.4
2018	9	14858	9782.6	6350.9	4351.7	14242.7
2019	10	16267	11727.9	7964.0	5435.4	17608.6
2020	11	23226	15177.4	10128.0	6843.2	19626.0
2021	12					25991.8

解：（1）绘制散点图。由图 8-1 可知，其年销售收入是二次曲线上升，故可用三次指数平滑法进行预测。

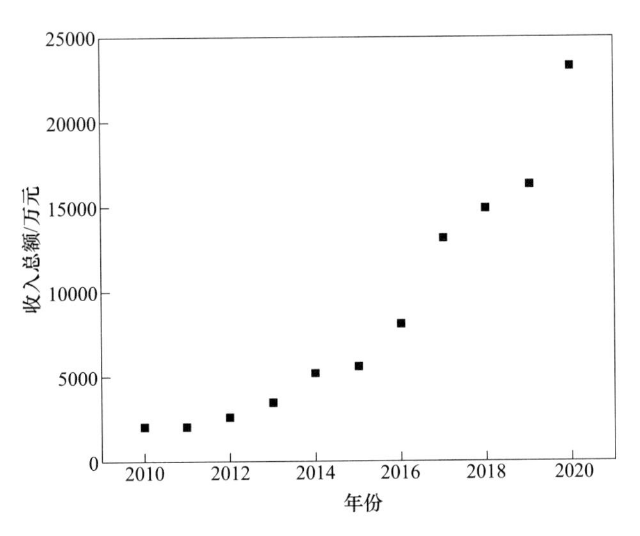

图 8-1 2010~2020 年收入总额

（2）选取指数平滑系数，由题可知 $\alpha=3$。

（3）确定初始值。

$$S_0^{(1)}=S_0^{(2)}=S_0^{(3)}=\frac{x_1+x_2+x_3}{3}=\frac{2004+2006+2572}{3}=2194$$

（4）计算一次、二次、三次指数平滑值。

$$S_1^{(1)}=ay_1+(1-a)S_0^{(1)}=0.3\times 2004+(1-0.3)\times 2194=2137$$

$$\vdots$$

$$S_{11}^{(1)}=ay_{11}+(1-a)S_0^{(2)}=0.3\times 23226+(1-0.3)\times 11727.9=15177.4$$

$$S_1^{(2)}=aS_{11}^{(1)}+(1-a)S_0^{(2)}=0.3\times 2137+(1-0.3)\times 2194=2176.9$$

$$\vdots$$

$$S_{11}^{(2)}=aS_{11}^{(1)}+(1-a)S_{10}^{(2)}=0.3\times 15177.4+(1-0.3)\times 764.0=10128$$

$$S_1^{(3)}=aS_1^{(2)}+(1-a)S_0^{(3)}=0.3\times 2176.9+(1-0.3)\times 2194=2188.9$$

$$\vdots$$

$$S_{11}^{(3)}=aS_{11}^{(2)}+(1-a)S_{10}^{(3)}=0.3\times 10128+(1-0.3)\times 5435.4=6843.2$$

（5）计算待定参数，建立预测模型。

$$a_t=3S_1^{(1)}-3S_t^{(2)}+3S_t^{(3)}=3\times 15177.4-3\times 10128+6843.2=21991.2$$

$$b_t=\frac{a}{2\times(1-\alpha)^2}[(6-5a)S_t^{(1)}-2(5-4a)S_t^{(2)}+(4-3\alpha)S_t^{(3)}]$$

$$=\frac{0.3}{2\times(1-0.3)^2}[(6-5\times 0.3)\times 15177.4-2\times(5-4\times 0.3)\times 10128+(4-3\times 0.3)\times 6843.2]$$

$$=3838.6$$

$$C_t = \frac{\alpha^2}{2(1-\alpha)^2}(S_t^{(1)} - 2S_t^{(2)} + S_t^{(3)})$$
$$= \frac{0.3^2}{2\times(1-0.3)^2}\times(15177.4 - 2\times 10128 + 6843.2)$$
$$= 162$$

故三次指数平滑预测模型为

$$\hat{y}_{t+T} = 21991.2 + 3838.6T + 162T^2$$

2021 年、2023 年的销售收入预测值分别为

$$\hat{y}_{11+1} = 21991.2 + 3838.6\times 1 + 162\times 1^2 = 25991.8 \text{ 万元}$$

$$\hat{y}_{11+3} = 21991.2 + 3836.6\times 3 + 162\times 3^2 = 34965.0 \text{ 万元}$$

指数平滑法属于确定型时间序列分析的内容，它有两个主要特点：一是利用了全部的历史数据和相关信息。二是数据越靠近当前，对未来的影响越大；越远离当前，对未来的影响越小。因为具有这些特点，使得指数平滑预测既能反映最新的信息，又能反映出历史信息，使得预测结果更符合实际。

8.4 Holt 指数平滑预测法

Holt 指数平滑预测法是一种双参数的指数平滑法，它增加了一个反映模型趋势变化的参数，在适应数据上有了更大的灵活性。

Holt 指数平滑预测法的模型为：

$$\hat{y}_{t+h} = L_t + T_t h \tag{8-28}$$

水平平滑：

$$L_t = \alpha y_t + (1-\alpha)(L_{t-1} + T_{t-1}) \qquad (0 < \alpha < 1) \tag{8-29}$$

趋势平滑：

$$T_t = \beta(L_t - T_{t-1}) + (1-\beta)T_{t-1} \qquad (0 < \beta < 1) \tag{8-30}$$

式中，L_t为序列 $\{y_t\}$ 经趋势调整后的水平指数平滑值；T_t为第 t 期增长量的指数平滑值；h 为提前预期的期数；α 与 β 为两个彼此独立的平滑参数，α 的作用在于消除序列 $\{y_t\}$ 的随机扰动，适用数据的变动；β 的作用是消除趋势变化中的随机干扰，适应增长量 $L_t - L_{t-1}$的变动。实际上，当 α 与 β 相等时，模型等价于 Brown 的二次平滑公式。

8.4.1 初始值的选取

假定有一定数量的历史数据，且趋势变化量 T_t的初始值 T_0可用原序列中前 m 期数据的平均增长量代替，即：

$$T_0 = \frac{y_m - y_1}{m-1} \tag{8-31}$$

则 Holt 指数平滑法预测模型的初始条件可设置为：

$$\begin{cases} L_0 = y_1 - T_0 \\ T_0 = \dfrac{y_m - y_1}{m - 1} \end{cases} \tag{8-32}$$

从而可得到等价的初始条件：

$$\begin{cases} L_1 = \alpha y_1 - (1-\alpha)(L_0 + T_0) = y_1 \\ T_1 = \beta(L_1 - L_0) + (1-\beta)\ T_0 = T_0 \end{cases} \tag{8-33}$$

8.4.2 平滑参数 α、β 的选取

应用 Holt 双参数指数平滑法的关键在于选择一对合适的平滑常数 α 和 β。一般它们的范围为［0.05，0.30］，且 $\alpha>\beta$。在实际应用时，应根据时间序列的特点和预测经验，先预选几对 α 和 β，然后根据 MSE 准则选择出预测误差最小的 α 和 β 的组合。

8.5 季节变化模型预测

在现实经济生活中，季节变动是一种极为普遍的现象。这里的季节是广义上的“季节”，可以是自然季节，也可以是销售季节等广义季节。许多商品的销售量受气候变化的影响表现出明显的季节性变动，例如，一些农副产品的产量因季节更替而有淡旺季之分。季节变化模型是一种较为简单的周期变化模型，便于应用，计算简便，但是预测精度难以估计。季节性变化的时间序列主要受到三个因素的影响，包括长期趋势、季节波动、不规则变化。季节变动预测法的基本思路：首先，找到描述整个时间序列总体发展趋势的数学方程，即分离曲线；其次，找出季节变动对预测对象的影响，即分离季节影响因素；最后，将趋势线与季节影响因素合并，得到能够描述时间序列总体发展规律的预测模型，并用于预测。

季节变化是以一年、一季度、一个月或一周为周期的反复波动。设有时间序列数据 y_1，y_2，…，y_n，它是由 N 年的数据构成的。一年季节周期分段量为 k（以季度为周期 $k=4$，以月为周期 $k=12$），则有 $kN=n$。季节变化预测的步骤如下：

（1）求出趋势直线方程。趋势直线方程可以用最小二乘法求得，设趋势直线方程为 $\hat{y}_t=a+tb$，则用最小二乘法即可估计出 a、b 值，然后可以得到时间序列的趋势值 $\hat{y}_t$（$t=1$，2，…，n）。

（2）计算季节系数 F_t，季节系数可以用季节波动值与趋势直线对应值的比求得，公式为：

$$F_t = \frac{y_t}{\hat{y}_t} \qquad (t = 1, 2, \cdots, n) \tag{8-34}$$

（3）计算平均季节系数 f_j，平均季节系数的计算公式为：

$$f_j = \frac{F_j + F_{j+k} + F_{j+2k} + \cdots + F_{j+(N-1)k}}{N} \qquad (j = 1, 2, \cdots, k) \tag{8-35}$$

（4）对平均季节系数 f_j 作正规化处理，计算 $g = \dfrac{1}{k}\sum_{j=1}^{k} f_j$，可得：

$$g_j = \frac{f_j}{g} \qquad (j = 1, 2, \cdots, k) \tag{8-36}$$

（5）进行季节变化预测。第 t 期季节变化的预测值为：

$$\tilde{\hat{y}}_t = \hat{y}_t \times g_{\mathrm{mod}(t,k)} \tag{8-37}$$

式中，$\tilde{\hat{y}}_t$ 为第 t 期季节变化的预测值；$\hat{y}_t$ 为第 t 期的趋势预测值；mod（t，k）表示用 t 除以 k 的余数。

例 8-7 现有某产品 6 年按季度的价格数据构成的时间序列（见表 8-7 的 1、2 两列），试进行季节变化预测。

表 8-7 某产品价格季节变化预测 （元）

时间 t	y_t	$\hat{y}_t$	F_t	时间 t	y_t	$\hat{y}_t$	F_t
1	25	27.78	0.90	13	35	36.31	0.96
2	30	28.49	1.05	14	40	37.02	1.08
3	35	29.20	1.20	15	42	37.74	1.11
4	30	29.92	1.00	16	38	38.45	0.99
5	26	30.63	0.85	17	35	39.16	0.89
6	32	31.34	1.02	18	42	39.87	1.05
7	38	32.05	1.19	19	45	40.58	1.11
8	31	32.76	0.95	20	38	41.29	0.92
9	28	33.47	0.84	21	36	42.00	0.86
10	33	34.18	0.97	22	46	42.71	1.08
11	36	34.89	1.03	23	50	43.42	1.15
12	32	35.60	0.90	24	40	44.13	0.91

解：表 8-7 反映的时间序列数据为 y_1，y_2，…，y_n，$N=6$，$k=4$，$n=kN=24$。

（1）求出趋势直线方程。由最小二乘法可估计出 $a=27.072$，$b=0.7109$。

因此，趋势直线方程为 $\hat{y}_t=27.072+0.7109t$，

由趋势方程可以得到趋势值 $\hat{y}_t$（$t=1$，2，…，24），见表中第 3 列。

数据点与趋势直线如图 8-2 所示。

（2）计算季节系数 F_t。

$F_t=\dfrac{y_t}{\hat{y}_t}$（$t=1$，2，…，$n$），结果见表 8-7 中第 4 列。

（3）计算平均季节系数。

$$f_j = \frac{F_j + F_{j+k} + F_{j+2k} + \cdots + F_{j+(N-1)k}}{N} \qquad (j = 1, 2, \cdots, k)$$

实际结果为：

$$f_1 = 0.883353,\quad f_2 = 1.041712,\quad f_3 = 1.131551,\quad f_4 = 0.943829$$

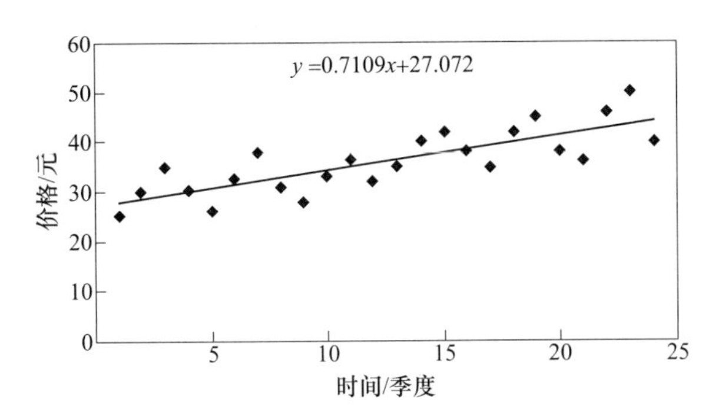

图 8-2 某产品价格季节变化预测趋势直线

对平均季节系数 f_j 作正规化处理：

$$g = \frac{1}{k}\sum_{j=1}^{k} f_j$$

由此可得 $$g_j = \frac{f_j}{g} \quad (j = 1, 2, \cdots, k)$$

实际结果为：

$g_1 = 0.883254$， $g_2 = 1.041596$， $g_3 = 1.131429$， $g_4 = 0.943823$

（4）进行季节变化预测。利用公式 $\tilde{\hat{y}}_t = \hat{y}_t \times g_{\mathrm{mod}(t,k)}$ 进行预测，有

$t = 25$ 时， $\hat{y}_t = 44.84$， $\mathrm{mod}(25,4) = 1$， $\tilde{\hat{y}}_t = 39.61$

$t = 26$ 时， $\hat{y}_t = 45.66$， $\mathrm{mod}(26,4) = 2$， $\tilde{\hat{y}}_t = 47.45$

$t = 27$ 时， $\hat{y}_t = 446.27$， $\mathrm{mod}(27,4) = 3$， $\tilde{\hat{y}}_t = 52.35$

$t = 28$ 时， $\hat{y}_t = 46.98$， $\mathrm{mod}(28,4) = 4$， $\tilde{\hat{y}}_t = 44.33$

由上述例子可见，季节变化模型预测是一种较为简单的利用周期变化模型进行预测的办法，其特点为便于应用、计算简便；其缺点是预测精度难以估计。

8.6 自回归移动平均模型

时间序列时域分析方法的产生最早可以追溯到 1927 年英国统计学家 G. U. Yule 提出的自回归（autoregressive，AR）模型，不久之后，英国数学家、天文学家 G. T. Walker 在分析印度大气规律时使用了滑动平均（moving average，MA）模型和自回归滑动平均（autoregressive moving average，ARMA）模型。这些模型奠定了时间序列时域分析方法的基础。1970 年 Box 和 Jenkins 在《时间序列分析：预测与控制》中提出 ARMA 模型及建模方法，为时间序列分析开启了新的篇章——利用模型对时间序列进行分析。自此，时间序列分析进入了模型时代。

对于一组平稳的观测数据，要建立一个时间序列模型预测，首先要选择适当的模型，

然后再确定模型的阶数和估计模型中的参数，之后通过检验后，最后使用所建立的模型进行预测。为了方便讨论，本章研究的平稳序列都是中心化的，即为零均值的平稳序列。若不是如此，可以先对观测的数据进行零均值化处理，就是把平稳序列中的每一项都减去该时间序列的平均数，这样就可以得到一个新的零均值的平稳时间序列。这样处理可以少求一个未知变量，减少计算量，尤其是减少对参数估计中的非线性方程求解的计算量。

8.6.1 ARMA 模型的识别

所谓模型识别，就是对于观测到的平稳序列选择适当的模型。关于模型识别有很多的方法，这里主要介绍的是 Box-Jenkins 模型识别方法。这个识别方法是利用自相关函数和偏自相关函数的性质，分析时间序列的随机性、平稳性，利用截尾和拖尾的性质选定一个特定的模型以拟合时间序列数据。

自相关函数可提供时间序列及其模式构成的重要信息。对于纯随机序列，即一个完全由随机数字构成的时间序列，其各阶的自相关函数接近于零或等于零；而具有明显的上升或下降趋势的时间序列或具有强烈的周期性波动的序列，将会有高度的自相关性。这些信息可以帮助我们在对现有的时间序列数据的特征无任何了解的情况下，能够通过求得其样本的自相关函数，来揭示数据的特性并选定一个合适的模型。在 Box-Jenkins 法中，偏自相关函数也被用来配合自相关函数，共同用于 ARMA 模型的识别。在自回归模型的识别中，可以用偏自相关函数来初步判定模型的阶数。在滑动平均模型中，可以用自相关函数来识别模型并判定阶数。

8.6.2 ARMA 模型的参数估计与检验

8.6.2.1 MA（q）模型参数估计

已知样本值 Y_1，Y_2，…，Y_n来自中心化的 MA（q）模型：

$$Y_t = \varepsilon_t + \theta_1\varepsilon_{t-1} + \theta_2\varepsilon_{t-2} + \cdots + \theta_q\varepsilon_{t-q} \tag{8-38}$$

式中，$\{\varepsilon_t\}$ 为独立同分布的序列，满足 $E(\varepsilon_t)=0$，$E(\varepsilon_t^2)=\delta^2$；要估计的参数为 $\theta=[\theta_1, \theta_2, \cdots, \theta_q]$和 δ^2。

A 极大似然估计

假设 $\{\varepsilon_t\}$ 服从正态分布，即 $\varepsilon_t \sim N(0, \delta^2)$，则

$$Y_t = \varepsilon_t + \theta_1\varepsilon_{t-1} + \theta_2\varepsilon_{t-2} + \cdots + \theta_q\varepsilon_{t-q} \tag{8-39}$$

样本点 Y_1，Y_2，…，Y_n也是正态分布，所以有 $\boldsymbol{Y}=(Y_1,Y_2,\cdots,Y_n)^{\mathrm{T}} \sim N(0,\boldsymbol{\Omega})$。

似然函数：

$$L(\theta,\delta^2) = f_Y(Y;\theta,\delta^2) = (2\pi)^{-n/2}|\boldsymbol{\Omega}|^{-1/2}\exp(-1/2\boldsymbol{Y}^{\mathrm{T}}\boldsymbol{\Omega}^{-1}\boldsymbol{Y}) \tag{8-40}$$

式中，$\boldsymbol{\Omega}$ 为 MA(q)过程的协方差矩阵，其中 $\boldsymbol{\Omega}$ 的第 i 行、第 j 列的元素为$\gamma_{|i-j|}$；γ_k 为 MA(q)过程的第 k 阶自协方差函数。

似然函数取对数后得

$$\ln L(\theta) = \ln f_Y(Y;\theta) = -n/2\ln(2\pi) - 1/2\ln|\boldsymbol{\Omega}| - 1/2\boldsymbol{Y}^{\mathrm{T}}\boldsymbol{\Omega}^{-1}\boldsymbol{Y} \tag{8-41}$$

求满足上式取到极大值时的参数向量 $\boldsymbol{\theta}=[\hat{\theta}_1,\hat{\theta}_2,\cdots,\hat{\theta}_q]$，$\hat{\delta}^2$为 $\boldsymbol{\theta}$ 的极大似然估计。

B 矩估计

对样本点 Y_1，Y_2，…，Y_n计算其样本的自相关函数$\hat{\gamma}_k$，代入 MA(q)的自协方差函数公式，得：

$$\begin{cases}\hat{\gamma}_0 = (1 + \hat{\theta}_1^2 + \hat{\theta}_2^2 + \cdots + \hat{\theta}_q^2)\,\hat{\delta}^2 \\ \hat{\gamma}_j = (\hat{\theta}_j + \hat{\theta}_{j+1}\,\hat{\theta}_1 + \hat{\theta}_{j+2}\,\hat{\theta}_2 + \cdots + \hat{\theta}_q\,\hat{\theta}_{q-j})\,\hat{\delta}^2, \quad j = 1,2,\cdots,q\end{cases} \tag{8-42}$$

从上面的由 q+1 个非线性方程组成的方程组可以求解出$\hat{\boldsymbol{\theta}} = [\hat{\theta}_1, \hat{\theta}_2, \cdots, \hat{\theta}_q]$和$\hat{\delta}^2$。为了求解上式，往往需要运用数值计算的方法，如牛顿迭代法。

8.6.2.2 AR（p）模型参数估计

对于零均值化的 AR（p）模型：

$$Y_t = \Phi_1 Y_{t-1} + \Phi_1 Y_{t-1} + \cdots + \Phi_1 Y_{t-1} + \varepsilon_t \tag{8-43}$$

式中，$\{\varepsilon_t\}$ 为白噪声过程，且 $E(\varepsilon_t^2) = \delta^2$，$\varepsilon_t$和 $\{Y_t, s<t\}$ 相互独立；需要估计的参数为 $\boldsymbol{\Phi} = [\Phi_1, \Phi_2, \cdots, \Phi_q]$和$\hat{\delta}^2$。

A 极大似然估计

设样本值为 Y_1，Y_2，…，Y_n。若序列 $\{\varepsilon_t\}$ 为相互对立的正态分布，则 $\{Y_t\}$ 也满足正态分布，可设 $\boldsymbol{Y} = (Y_1, Y_2, \cdots, Y_n)^{\mathrm{T}} \sim N(0, \boldsymbol{\Omega})$，其中 $\boldsymbol{\Omega}$ 为（Y_1，Y_2，…，Y_n）的协方差矩阵：

$$\boldsymbol{\Omega} = \begin{bmatrix}\gamma_0 & \gamma_1 & \cdots & \gamma_{n-1} \\ \gamma_1 & \gamma_0 & \cdots & \gamma_{n-2} \\ \vdots & \vdots & \ddots & \vdots \\ \gamma_{n-1} & \gamma_{n-2} & \cdots & \gamma_0\end{bmatrix} \tag{8-44}$$

然后通过下面的递推式

$$\gamma_j = \Phi_1\gamma_{j-1} + \Phi_2\gamma_{j-2} + \cdots + \Phi_p\gamma_{j-p}, \qquad j = p+1, p+2, \cdots, n-1 \tag{8-45}$$

即可得出用 Φ_1，Φ_2，…，Φ_p和 δ^2表示出的协方差矩阵 $\boldsymbol{\Omega}$。

似然函数为：

$$L(\Phi, \delta^2) = f_Y(Y; \Phi, \delta^2) = (2\pi)^{-n/2} |\boldsymbol{\Omega}|^{-1/2} \exp(-1/2\boldsymbol{Y}^{\mathrm{T}}\boldsymbol{\Omega}^{-1}\boldsymbol{Y}) \tag{8-46}$$

取对数后得：

$$\ln L(\Phi, \delta^2) = \ln f_Y(Y; \Phi, \delta^2) = -n/2\ln(2\pi) - 1/2\ln|\boldsymbol{\Omega}| - 1/22\boldsymbol{Y}^{\mathrm{T}}\boldsymbol{\Omega}^{-1}\boldsymbol{Y} \tag{8-47}$$

最后求出使上式达到最大值的（$\hat{\Phi}$，$\hat{\delta}^2$），即为极大似然估计。

B Yule-Walker 矩估计法

已知 AR（p）模型的自协方差函数 γ_1，γ_2，…，γ_p时，AR(p) 模型的自回归系数 $\boldsymbol{\Phi} = [\Phi_1, \Phi_2, \cdots, \Phi_p]$和 δ^2可以通过 Yule-Walker 方程求解，即

$$\begin{bmatrix}\gamma_1 \\ \gamma_2 \\ \vdots \\ \gamma_p\end{bmatrix} = \begin{bmatrix}\gamma_0 & \gamma_1 & \cdots & \gamma_{p-1} \\ \gamma_1 & \gamma_0 & \cdots & \gamma_{p-2} \\ \vdots & \vdots & \ddots & \vdots \\ \gamma_{p-1} & \gamma_{p-2} & \cdots & \gamma_0\end{bmatrix}\begin{bmatrix}\Phi_1 \\ \Phi_2 \\ \vdots \\ \Phi_p\end{bmatrix}$$

$$\delta^2 = \gamma_0 - (\Phi_1\gamma_1 + \Phi_2\gamma_2 + \cdots + \Phi_p\gamma_p) \tag{8-48}$$

从样本观测值 Y_1，Y_2，…，Y_n 可以构造出样本自协方差函数 $\hat{\gamma}_1$，$\hat{\gamma}_2$，…，$\hat{\gamma}_p$（样本矩）的估计值：

$$\hat{\gamma}_k = \frac{1}{N}\sum_{j=1}^{N-k} Y_j Y_{j+k}, \qquad k = 0,1,\cdots,p \tag{8-49}$$

因此可以得到

$$\begin{bmatrix} \hat{\gamma}_1 \\ \hat{\gamma}_2 \\ \vdots \\ \hat{\gamma}_p \end{bmatrix} = \begin{bmatrix} \hat{\gamma}_0 & \hat{\gamma}_1 & \cdots & \hat{\gamma}_{p-1} \\ \hat{\gamma}_1 & \hat{\gamma}_0 & \cdots & \hat{\gamma}_{p-2} \\ \vdots & \vdots & \ddots & \vdots \\ \hat{\gamma}_{p-1} & \hat{\gamma}_{p-2} & \cdots & \hat{\gamma}_0 \end{bmatrix} \begin{bmatrix} \hat{\Phi}_1 \\ \hat{\Phi}_2 \\ \vdots \\ \hat{\Phi}_p \end{bmatrix}$$

$$\hat{\delta}^2 = \hat{\gamma}_0 - (\hat{\Phi}_1\hat{\gamma}_1 + \hat{\Phi}_2\hat{\gamma}_2 + \cdots + \hat{\Phi}_p\hat{\gamma}_p) \tag{8-50}$$

求解上述的方程，即可得到参数的矩估计值（$\hat{\Phi}$，$\hat{\delta}^2$）。

C 最小二乘估计

设样本值为 Y_1，Y_2，…，Y_n，AR 模型可以写成矩阵的形式

$$\boldsymbol{y} = \boldsymbol{X}_{\boldsymbol{\Phi}} + \boldsymbol{\varepsilon}$$

其中

$$\boldsymbol{y} = \begin{bmatrix} Y_{p+1} \\ Y_{p+2} \\ \vdots \\ Y_n \end{bmatrix}, \boldsymbol{X} = \begin{bmatrix} Y_p & Y_{p+1} & \cdots & Y_1 \\ Y_{p+1} & Y_p & \cdots & Y_2 \\ \vdots & \vdots & \ddots & \vdots \\ Y_{n-1} & Y_{n-2} & \cdots & Y_{n-p} \end{bmatrix}, \boldsymbol{\Phi} = \begin{bmatrix} \Phi_1 \\ \Phi_2 \\ \vdots \\ \Phi_p \end{bmatrix}, \boldsymbol{\varepsilon} = \begin{bmatrix} \varepsilon_{p+1} \\ \varepsilon_{p+2} \\ \vdots \\ \varepsilon_n \end{bmatrix} \tag{8-51}$$

对于

$$S(\Phi) = \sum_{t=p+1}^{n} (Y_t - \Phi_1 Y_{t-1} - \Phi_2 Y_{t-2} - \cdots - \Phi_p Y_{t-p}\Phi_p)^2 \tag{8-52}$$

称使得上式取得最小值的 $\hat{\Phi}$ 为最小二乘估计，则 $\boldsymbol{\Phi}$ 和 δ^2 的最小二乘估计为

$$\hat{\Phi} = (\boldsymbol{X}^{\mathrm{T}}\boldsymbol{X})^{-1}\boldsymbol{X}^{\mathrm{T}}\boldsymbol{y}, \qquad \hat{\delta}^2 = \frac{1}{n-p}S(\hat{\Phi}) \tag{8-53}$$

8.6.2.3 ARMA（p，q）模型的参数估计

对于零均值化的 ARMA（p，q）模型：

$$Y_t = \Phi_1 Y_{t-1} + \Phi_2 Y_{t-2} + \cdots + \Phi_p Y_{t-p} + \varepsilon_t + \theta_1\varepsilon_{t-1} + \cdots + \theta_1\varepsilon_{t-q} \tag{8-54}$$

已知，观测的样本 Y_1，Y_2，…，Y_n，先计算样本的自协方差函数，得：

$$\begin{bmatrix} \hat{\gamma}_{q+1} \\ \hat{\gamma}_{q+2} \\ \vdots \\ \hat{\gamma}_{q+p} \end{bmatrix} = \begin{bmatrix} \hat{\gamma}_q & \hat{\gamma}_{q-1} & \cdots & \hat{\gamma}_{q-p+1} \\ \hat{\gamma}_{q+1} & \hat{\gamma}_q & \cdots & \hat{\gamma}_{q-p+2} \\ \vdots & \vdots & \ddots & \vdots \\ \hat{\gamma}_{q+p-1} & \hat{\gamma}_{q+p-2} & \cdots & \hat{\gamma}_q \end{bmatrix} \begin{bmatrix} \hat{\Phi}_1 \\ \hat{\Phi}_2 \\ \vdots \\ \hat{\Phi}_p \end{bmatrix} \tag{8-55}$$

可以求出 $\hat{\boldsymbol{\Phi}} = [\hat{\Phi}_1, \hat{\Phi}_2, \cdots, \hat{\Phi}_q]^{\mathrm{T}}$ 作为回归系数的估计值。再把 $\hat{\boldsymbol{\Phi}}$ 回代入模型中，有

$$Y_t - (\Phi_1 Y_{t-1} + \Phi_2 Y_{t-2} + \cdots + \Phi_p Y_{t-p}) = \varepsilon_t + \theta_1 \varepsilon_{t-1} + \cdots + \theta_1 \varepsilon_{t-q} \tag{8-56}$$

令

$$X_t = Y_t - (\Phi_1 Y_{t-1} + \Phi_2 Y_{t-2} + \cdots + \Phi_p Y_{t-p}), \qquad t = p+1, p+2, \cdots, n \tag{8-57}$$

显然有 $X_t = \varepsilon_t + \theta_1 \varepsilon_{t-1} + \cdots + \theta_1 \varepsilon_{t-q}$满足 MA($q$)模型，再求 X_t的样本子协方差函数$\hat{\gamma}_j$，利用 MA(q)的矩估计式

$$\begin{cases} \hat{\gamma}_0 = (1 + \hat{\theta}_1^2 + \hat{\theta}_2^2 + \cdots + \hat{\theta}_q^2)\hat{\delta}^2 \\ \hat{\gamma}_j = (\hat{\theta}_j + \hat{\theta}_{j+1}\hat{\theta}_1 + \hat{\theta}_{j+2}\hat{\theta}_2 + \cdots + \hat{\theta}_q\hat{\theta}_{q-j})\hat{\delta}^2, \quad j = 1,2,\cdots,q \end{cases} \tag{8-58}$$

可以解得 $\boldsymbol{\theta} = [\theta_1, \theta_2, \cdots, \theta_q]$和 δ^2。这样就可以估计出所有的参数取值。

8.6.3 ARMA 预测模型的构建

8.6.3.1 MA(q) 序列预测

对于 MA(q) 模型，有 $Y_t = \mu + \varepsilon_t + \theta_1 \varepsilon_{t-1} + \cdots + \theta_1 \varepsilon_{t-q}$。由模型的逆转形式可知，若已知 Y_t，Y_{t-1}，Y_{t-2}，…就相当于知道 ε_t，ε_{t-1}，ε_{t-2}，…，所以当预测的步长不大于模型的阶数时（$l \leqslant q$），有

$$\begin{aligned} Y_{t+l} &= \mu + \varepsilon_{t+l} + \theta_1 \varepsilon_t + \theta_2 \varepsilon_{t+l-2} + \cdots + \theta_q \varepsilon_{t+l-q} \\ &= (\varepsilon_{t+l} + \theta_1 \varepsilon_{t+l-1} + \cdots + \theta_{l-1}\varepsilon_{t+1}) + (\mu + \theta_l \varepsilon_t + \cdots + \theta_q \varepsilon_{t+l-q}) \\ &= e_t(l) + \hat{Y}_t(l) \end{aligned} \tag{8-59}$$

即$\hat{Y}_t(l) = \mu + \varepsilon_{t+l} + \theta_1 \varepsilon_{t+l-1} + \theta_2 \varepsilon_{t+l-2} + \cdots + \theta_q \varepsilon_{t+l-q}$

当预测的步长大于模型的阶数时，即 $l > q$，有

$$\begin{aligned} Y_{t+l} &= \mu + \varepsilon_{t+l} + \theta_1 \varepsilon_t + \theta_2 \varepsilon_{t+l-2} + \cdots + \theta_q \varepsilon_{t+l-q} \\ &= (\varepsilon_{t+l} + \theta_1 \varepsilon_{t+l-1} + \cdots + \theta_{l-1}\varepsilon_{t+1}) + \mu \\ &= e_t(l) + \hat{Y}_t(l) \end{aligned} \tag{8-60}$$

即$\hat{Y}_t(l) = \mu$。

由上面的分析可以看出 MA(q)只能进行 q 步之内的预测，否则预测值就是均值，MA(q)预测的方差为

$$\operatorname{var}[e_t(l)] = \begin{cases} (1 + \hat{\theta}_1^2 + \hat{\theta}_2^2 + \cdots + \hat{\theta}_{l-1}^2)\hat{\delta}^2, & l \leqslant q \\ (1 + \hat{\theta}_1^2 + \hat{\theta}_2^2 + \cdots + \hat{\theta}_q^2)\hat{\delta}^2, & l > q \end{cases} \tag{8-61}$$

8.6.3.2 AR（q） 序列预测

对于 $Y_t = \Phi_1 Y_{t-1} + \Phi_2 Y_{t-2} + \cdots + \Phi_p Y_{t-p} + \varepsilon_t$，$Y_{t+l}$的预测值$\hat{Y}_t(l)$为

$$\begin{aligned} \hat{Y}_t(l) &= E(Y_{t+l} \mid Y_t, Y_{t-1}, \cdots) \\ &= E(\Phi_1 Y_{t+l-1} + \Phi_2 Y_{t+l-2} + \cdots + \Phi_p Y_{t+l-p} + \varepsilon_{t+l} \mid Y_t, Y_{t-1}, Y_{t-2}, \cdots) \\ &= \Phi_1 E(Y_{t+l-1} \mid Y_t, Y_{t-1}, Y_{t-2} \cdots) + \cdots + \Phi_p E(Y_{t+l-p} \mid Y_t, Y_{t-1}, Y_{t-2}, \cdots) \\ &= \Phi_1 \hat{Y}_t(l-1) + \Phi_2 \hat{Y}_t(l-2) + \cdots + \Phi_p \hat{Y}_t(l-p) \end{aligned} \tag{8-62}$$

式中

$$\hat{Y}_t(k)=\begin{cases}\hat{Y}_t(k), & k>0\\ Y_{t+k}, & k\leqslant 0\end{cases} \tag{8-63}$$

预测误差的方差为

$$\mathrm{Var}[e_t(l)]=(G_0^2+G_0^2+\cdots+G_{l-1}^2)\delta^2 \tag{8-64}$$

8.6.3.3　ARMA(p, q) 序列预测

对于模型

$$Y_t=\Phi_1Y_{t-1}+\Phi_2Y_{t-2}+\cdots+\Phi_pY_{t-p}+\varepsilon_t+\theta_1\varepsilon_{t-1}+\theta_2\varepsilon_{t-2}+\cdots+\theta_q\varepsilon_{t-q}$$

有

$$\begin{aligned}\hat{Y}_t(l)&=E(Y_{t+l}\mid Y_t,Y_{t-1},\cdots) \qquad (8\text{-}65)\\ &=E(\Phi_1Y_{t+l-1}+\Phi_2Y_{t+l-2}+\cdots+\Phi_pY_{t+l-p}+\varepsilon_{t+l}+\theta_1\varepsilon_{t+l-1}+\cdots+\theta_q\varepsilon_{t+l-q}\mid Y_t,Y_{t-1},Y_{t-2},\cdots)\\ &=\Phi_1E(Y_{t+l-1}\mid Y_t,Y_{t-1},Y_{t-2},\cdots)+\cdots+\Phi_pE(Y_{t+l-p}\mid Y_t,Y_{t-1},Y_{t-2},\cdots)+E(\varepsilon_{t+l}+\\ &\quad\theta_1\varepsilon_{t+l-1}+\cdots+\theta_q\varepsilon_{t+l-q}\mid Y_t,Y_{t-1},Y_{t-2},\cdots)\\ &=\Phi_1\hat{Y}_t(l-1)+\Phi_2\hat{Y}_t(l-2)+\cdots+\Phi_p\hat{Y}_t(l-p)+E(\varepsilon_{t+l}+\theta_1\varepsilon_{t+l-1}+\cdots+\theta_q\varepsilon_{t+l-q}\mid\\ &\quad Y_t,Y_{t-1},Y_{t-2},\cdots)\end{aligned}$$

所以

$$\hat{Y}_t(l)=\begin{cases}\Phi_1\hat{Y}_t(l-1)+\Phi_2\hat{Y}_t(l-2)+\cdots+\Phi_p\hat{Y}_t(l-p)+\sum\limits_{k=l}^{q}\theta_k\varepsilon_{t+l-k}, & l\leqslant q\\ \Phi_1\hat{Y}_t(l-1)+\Phi_2\hat{Y}_t(l-2)+\cdots+\Phi_p\hat{Y}_t(l-p), & l>q\end{cases} \tag{8-66}$$

式中

$$\hat{Y}_t(k)=\begin{cases}\hat{Y}_t(k), & k>0\\ Y_{t+k}, & k\leqslant 0\end{cases}$$

预测误差的方差为:

$$\mathrm{var}[e_t(l)]=(G_0^2+G_0^2+\cdots+G_{l-1}^2)\delta^2 \tag{8-67}$$

8.6.4　系统安全的 ARMA 预测模型应用分析

8.6.4.1　数据分析

根据中华人民共和国国家统计局网站以及相关文献资料，选取 2003~2015 年全国道路交通事故发生起数共 13 个数据作为原始样本，并运用 Eviews7.0 建立我国 2003~2015 年道路交通事故起数时间序列，如图 8-3 所示。

8.6.4.2　平稳性检验

数据平稳性的考察，首先要考察时间序列趋势图；其次要观察序列的自身特性，同时要结合数据的自相关图和偏自相关图以及单位根进行考察。我国 2003~2015 年交通事故起数自相关图和偏自相关图和相关参数见表 8-8，检验结果见表 8-9。

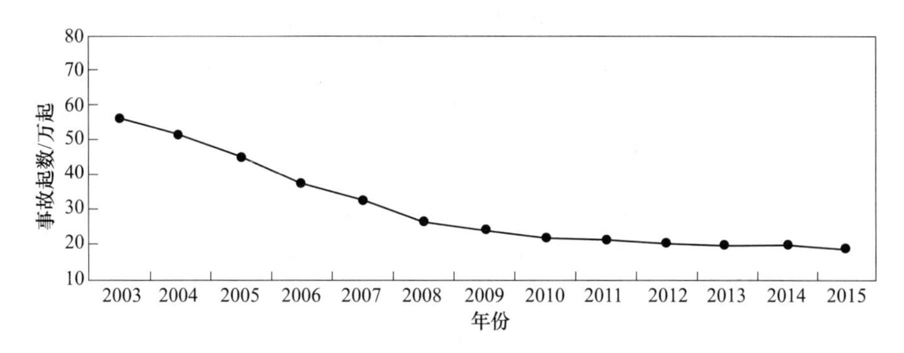

图 8-3　2003~2015 年中国道路交通事故起数时间序列

表 8-8　2003~2015 年中国道路交通事故起数自相关图、偏自相关图及相关参数

自相关图	偏自相关图	事故起数序列	自相关系数	偏自相关系数	Q 统计量	概率值（P 值）
		1	0.667	0.667	7.223	0.007
		2	0.443	−0.002	10.708	0.005
		3	0.230	−0.118	11.735	0.008
		4	0.054	−0.100	11.798	0.019
		5	−0.101	−0.123	12.048	0.034
		6	−0.197	−0.067	13.127	0.041
		7	−0.265	−0.088	15.412	0.031
		8	−0.307	−0.094	19.088	0.014
		9	−0.316	−0.074	23.964	0.004
		10	−0.299	−0.067	29.785	0.001
		11	−0.245	−0.025	35.637	0.000
		12	−0.163	−0.002	40.797	0.000

表 8-9　ADF 检验结果

参数		t 统计量	概率值（P 值）
ADF 统计量		−11.67037	0.0000
显著性水平	1%	−4.121990	
	5%	−3.144920	
	10%	−2.713751	

由 ADF 检验结果可知 t 值为−11.67037，小于 1%、5%、10%三个检验水平的临界值，判定该时间序列不存在单位根，为平稳序列。另由图 8-3 可知，自相关和偏相关图都拖尾，表明适用 ARMA 模型。

回归阶数 p、q 的确定一般是用 ARMA 模型的 AIC 准则进行定阶，AIC 值越小越好，所以要探求取得最小 AIC 值得 p、q。初步建立 ARMA（1，1）进行模型估计，计算结果见表 8-10 和表 8-11。

表 8-10 ARMA（1，1）模型计算结果

变量	系数	标准误差	t 统计量	概率值（P 值）
C	223315. 2	4603. 59	4. 812456	0. 0010
AR（1）	0. 746156	0. 085486	8. 728360	0. 0000
MA（1）	0. 999985	1.13×10^{-6}	886581. 0	0. 0000

表 8-11 ARMA（1，1）模型变量系数

变量	系数	变量	系数	变量	系数
可决系数	0. 980300	F 分布下的统计量	223. 9229	施瓦兹准则	22. 68071
校正决定系数	0. 975922	F 统计量的 P 值	0. 000000	H-Q 信息准则	22. 51460
回归标准差	17234. 08	被解释标量的均值	282933. 7	D-W 统计量	2. 501623
残差平方和	2.67×10^{9}	被解释标量的标准差	111064. 8		
对数似然函数值	−132. 3569	赤池信息准则	22. 55948		

多次测算后确定 $p=2$，$q=1$ 时 AIC 值最小，根据信息准则，最终建立的模型为 ARMA（2，1），结果见表 8-12 和表 8-13。

表 8-12 ARMA（2，1）模型计算结果

变量	系数	标准误差	t 统计量	概率值（P 值）
C	175502. 0	28864. 96	6. 080105	0. 0003
AR（1）	0. 720108	0. 074196	9. 705511	0. 0000
MA（1）	1. 027686	0. 282180	3. 641948	0. 0066
MA（2）	0. 999958	0. 067715	14. 76711	0. 0000

表 8-13 ARMA（2，1）模型变量系数

变量	系数	变量	系数	变量	系数
可决系数	0. 995495	F 分布下的统计量	589. 2406	施瓦兹准则	21. 41239
校正决定系数	0. 993805	F 统计量的 P 值	0. 000000	H-Q 信息准则	21. 19091
回归标准差	8741. 488	被解释标量的均值	282933. 7	D-W 统计量	2. 966410
残差平方和	6.11×10^{8}	被解释标量的标准差	111064. 8		
对数似然函数值	−132. 5045	赤池信息准则	21. 25075		

ARMA（2，1）模型拟合之后对残差序列进行检验，根据 Q 统计量的检验，得到 $Q=9.3780$，$P=0.311$，可以认为在极显著情况下残差序列为白噪声。

利用 ARMA（2，1）模型对 2011~2015 事故起数进行预测，预测结果见表 8-14。

表 8-14 2011~2015 年事故起数 ARMA（2，1）模型预测值

年份	实际值/起	预测值/起	绝对误差	误差率/%
2011	210812	213712	2900	1. 376
2012	204196	196222	7974	3. 905
2013	198394	201459	3065	1. 545
2014	196812	196810	2	0. 001
2015	187781	187784	3	0. 002

8.7 时间序列分解预测法

时间序列的变化受许多因素的影响，概括地讲，可以将影响时间序列变化的因素分为四种，即长期趋势因素、季节变动因素、周期变动因素和不规则变动因素。

（1）长期趋势因素。长期趋势因素反映了经济现象在一个较长时间内的发展趋势，它可以在一个相当长的时间内表现为一种近似直线的持续向上或持续向下或平稳的趋势。在某种情况下，它也可以表现为某种类似指数趋势或其他曲线趋势的形式。

（2）季节变动因素。季节变动因素是经济现象受季节变动影响所形成的一种长度和幅度固定的周期波动。

（3）周期变动因素。周期变动因素也称循环变动因素，它是受各种经济因素影响形成的上下起伏不定的波动。

（4）不规则变动因素。不规则变动因素又称随机变动，它是受各种偶然因素影响所形成的不规则波动。

8.7.1 时间序列分解预测模型

将时间序列分解成长期趋势（T）、季节变动（S）、周期变动（C）和不规则变动（I）四个因素后，可以认为时间序列 Y 是这四个因素的函数，即：

$$Y_t = f(T_t, S_t, C_t, I_t) \tag{8-68}$$

时间序列分解的方法有很多，较常用的模型有加法模型和乘法模型。

加法模型为：

$$Y_t = T_t + S_t + C_t + I_t \tag{8-69}$$

乘法模型为：

$$Y_t = T_t \times S_t \times C_t \times I_t \tag{8-70}$$

相对而言，加法模型更容易分解和处理。

8.7.2 系统安全的时间序列分解预测模型应用

对于矿业系统事故起数表现出的季节性，较为直观的方法是运用季节变动预测法对其进行预测，季节变动预测的基本思路是先找出描述整个时间序列总体发展趋势的数学方程；然后找出季节变动对预测对象的影响，即分离季节影响因素；最后将趋势因素与季节影响因素合并，得到能描述时间序列总体发展规律的预测模型。季节变动预测法从季节周期的变动与否可分为不变季节指数预测法和可变季节指数预测法，前者是指季节周期长度固定，而后者是指季节影响因素随着时间的推移有逐渐加大（或减小）的趋势，季节指数与时间有关。

我国矿业系统事故起数的数据特点有较为明显的固定周期，即以 6 个时段（即 1 年）为一个周期，所以应选择不变季节指数预测模型进行建模。判断数列变动存在的方法主要有直观判断法、自相关系数判断法、方差分析判断法。根据图 8-4（见后文）中直观判断数列的周期长度为 6，再用方差分析判断法对直观法观测的周期长度 6 进行检验。判断周期长度之前，应该先确定数列的趋势方程。

对于不同的预测对象应根据其自身的特点选择趋势方程，在建模之前应先讨论我国矿业系统事故起数数列的趋势方程的问题，这是建立季节指数预测的前提。

常见的趋势方程及其各自的基本形式如下：

（1）直线方程

$$T_t = \hat{a} + \hat{b}t \tag{8-71}$$

（2）指数方程

$$T_t = \hat{b}e^{\hat{a}t} \tag{8-72}$$

（3）对数方程

$$T_t = \hat{a}\ln t + \hat{b} \tag{8-73}$$

（4）幂方程

$$T_t = \hat{b}\, x^{\hat{a}} \tag{8-74}$$

式中，$\hat{a}$、$\hat{b}$分别表示用最小二乘法逼近原始数列的参数。

为了更直观的观测各趋势方程拟合原始序列的情况，绘制原始数列曲线与各趋势线的拟合曲线图 8-4。

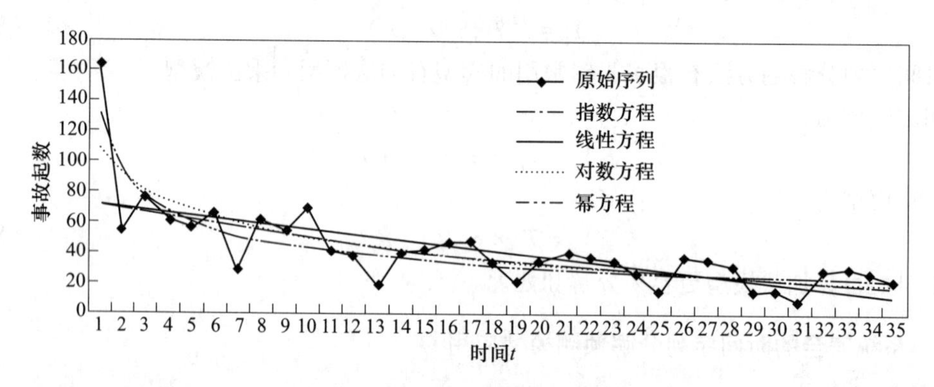

图 8-4 各趋势方程拟合曲线图

由图 8-4 可以看出，四种趋势线基本能反映出数据的大致走势，在季节指数的应用中，使用较为广泛的是以直线方程作为趋势方程，但在本书研究中，原始序列的趋势是下降的，当 t 取一定大时就可能出现负数随着时间的演变，直线方程和对数方程体现出负趋势，这在实际中是不可取的，因此应舍去。对于递增的曲线就不存在负数的问题，因此，下一步仅需对指数方程、幂方程的选取作进一步的探讨。

设建立的趋势方程为 T_t，此时的趋势方程可以为式（8-71）或式（8-72），根据趋势线方程计算各趋势值 T_1，T_2，…，T_n；剔除趋势，公式为：

$$\widetilde{S_t} = \frac{y_t}{T_t} \quad (t = 1,2,\cdots,n) \tag{8-75}$$

剔除趋势后应估计季节指数，即对同季节的$\widetilde{S_t}$求平均值，以消除随机干扰，将此平均值作为季节指数的初步估计值，即：

$$\bar{S}_i = \frac{\tilde{S}_i + \tilde{S}_{i+L} + \tilde{S}_{i+2L} + \cdots + \tilde{S}_{i+(m-1)L}}{m} \quad (i = 1,2,\cdots,L) \tag{8-76}$$

此时求出的一个周期内的各季节指数之和不等于 L，即 $\sum_{i=1}^{L} \bar{S}_i \neq L$，应加以调整，调整公式为 $S = \frac{1}{L}\sum_{i=1}^{L} \bar{S}_i$，季节指数的最终估计值为：

$$S_i = \frac{\bar{S}_i}{S} \quad (i = 1,2,\cdots,L) \tag{8-77}$$

预测模型为：

$$\hat{y}_t = (\hat{a} + \hat{b}t)\,S_i \quad (i = 1,2,\cdots,L) \tag{8-78}$$

式中，$\hat{y}_t$为第 t 期的预测值；S_i为第 t 期所在季节对应的季节指数。

预测结果与原始序列的拟合图如图 8-5 所示。

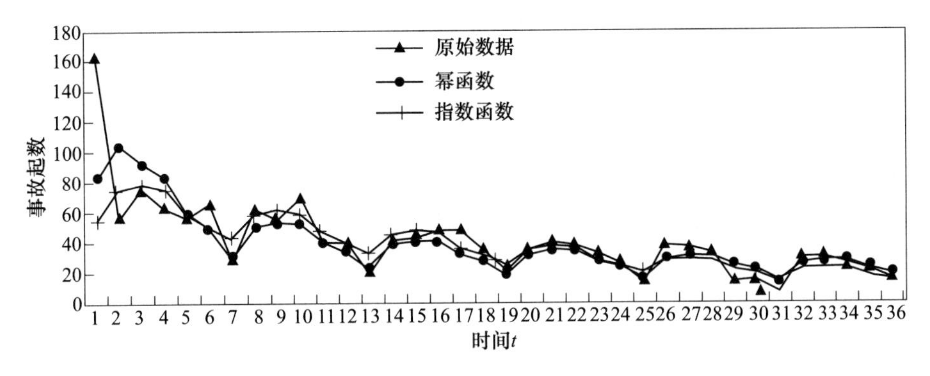

图 8-5 指数方程与幂方程对应的预测结果拟合图

8.7.3 时间序列分解预测模型结果分析

以指数方程和幂方程为趋势方程的预测结果需进行精度检验才能确定哪种方程最优。下面构建以残差与原始数据平均比值最小为目标函数的精度检验。残差检验的计算公式为：

$$e(i) = y_i - \hat{y}_i, \qquad \delta(i) = \left|\frac{e(i)}{y_i}\right| \times 100\% \tag{8-79}$$

式中，y_i为原始序列值；$\hat{y}_i$为季节指数预测拟合值。

指数方程的平均残差检验值为 17%，幂方程的平均残差检验值为 12.8%。根据平均残差检验值越小则越优的原则，判断出幂方程更适合作为我国矿业系统事故起数季节指数预测中的趋势方程。季节指数预测法预测下一周期的预测值与实际值见表 8-15。

表 8-15　季节指数预测值与实际值的对比

t	实际值	季节指数预测值	相对误差
37	11	13.04	0.19
38	14	23.21	0.66
39	18	25.12	0.39
40	22	25.49	0.14
41	22	20.33	0.08

虽然季节指数预测能较好地拟合我国矿业系统事故起数序列的周期性，但由于事故起数序列不仅表现出周期性，而且还表现一定的随机性，每个周期的数据并不是严格按照统一的模式波动，而季节指数预测不能体现出随机波动，因此就会损失其他不定因素表现出的信息。

其次，季节指数预测法对原始序列的要求是数据个数必须是周期长度的整数倍，若不够一个周期的数据一般的处理是不参与运算，这样就会丢失不参与运算的数据所体现的信息，而事实上这部分数据在预测中是有很重要的意义的，其体现了预测数据所在周期的基数。鉴于季节指数预测的以上两点缺陷，因此，还必须运用其他预测方法来弥补季节指数预测法在对该预测对象进行预测时的固有缺陷。

思考与练习

8-1　移动平均法有哪些不足？

8-2　什么是二次指数平滑法，它与一次指数平滑法相比有什么优势？

8-3　如何确定一次指数平滑法的初始值，如何选择平滑系数 α？

8-4　某市 2020 年 1~11 月某商品的销售额见表 8-16，n 分别取 3、5（个月），用一次移动平均法预测 12 月的销售额，并比较其优劣。

表 8-16　某市 2020 年 1~11 月某商品的销售额

月份	1	2	3	4	5	6	7	8	9	10	11	12
销售额/万元	400	270	380	396	620	350	310	260	440	540	470	

8-5　某公司 2020 年 1~6 月出口货物数量见表 8-17，一次给定权数为 0.5、1.0、1.5、2.0、2.5、3.0，试用加权平均法预测 12 月出口货物量。

表 8-17　某公司 2020 年 1~6 月出口货物数量

月份	1	2	3	4	5	6	7
出口量/t	19	18	19	21	20	22	

8-6　某码头 2009~2020 年吞吐量见表 8-18，用二次移动平均法预测（$n=4$）2021 年该码头的吞吐量。

表 8-18　某码头 2006~2017 年吞吐量

年份	2009	2010	2011	2012	2013	2014	2015	2016	2017	2018	2019	2020
吞吐量/万吨	192	224	188	198	206	203	238	228	231	221	259	273

8-7 某企业2014~2020年出口额见表8-19，用二次指数平滑法（$\alpha=0.8$）预测该企业2021年和2022年的出口额。

表 8-19 某企业 2014~2020 年出口额

年份	2014	2015	2016	2017	2018	2019	2020
出口额/万元	300	324	347	372	396	420	446

9 贝叶斯网络预测法

9.1 贝叶斯网络概述

9.1.1 贝叶斯网络简介

贝叶斯网络（Bayesian Network，BN）是图论与概率论的结合。BN 是变量间概率关系的图形化描述，提供了一种将知识图解可视化的方法，同时又是一种概率推理技术，使用概率理论来处理不同知识成分之间因条件相关而产生的不确定性。

贝叶斯网络最早是由 Judea Pearl 于 1988 年提出的。20 世纪 80 年代贝叶斯网络主要用于专家系统的知识表示，20 世纪 90 年代进一步发展出可学习的贝叶斯网络，用于数据挖掘和机器学习。近年来，贝叶斯网络的研究和应用涵盖了人工智能的大部分领域，包括因果推理、不确定知识表达、模式识别和聚类分析等。目前，贝叶斯网络以其独特的不确定性知识表达形式、丰富的概率表达能力、综合先验知识的增量学习特性，成为数据挖掘领域中最为引人注目的焦点之一。

贝叶斯网络主要用于解决不确定性问题，其优势主要体现在以下几个方面：

（1）贝叶斯网络将有向无环图与概率理论有机结合，不但具有正式的概率理论基础，同时也具有更加直观的知识表示形式，促进了知识和数据域之间的关联关系。由于贝叶斯网络具有语义的因果关系，可以直接地进行因果先验知识的分析，因此在贝叶斯网络中可以获得较全面的先验知识。

（2）贝叶斯网络可以对复杂系统进行建模，应用领域的广泛性可以说明这一点。贝叶斯网络还能够处理不完备数据集。因为贝叶斯网络反映的是整个数据域中数据间的概率关系，即使缺少某一数据变量，仍然可以建立精确的模型，不会产生偏差。

（3）贝叶斯网络与一般知识表示方法不同的是对于问题域的建模，当条件或行为等发生变化时，不用对模型进行修正。其特有的学习、更新能力可以不断吸取新信息，缩小与实际的偏差，适应周围环境的变化。

（4）贝叶斯网络没有确定的输入或输出节点，节点之间是相互影响的，任何节点观测值的获取或者对于任何节点的干涉，都会对其他节点造成影响，并可以利用贝叶斯网络推理来进行估计和预测。

9.1.2 系统安全的贝叶斯网络预测

综观前面几章介绍的常用事故预测方法，可以看出大多数的预测都是将事故的发生作为一时间序列，预测模型都是针对历年事故发生的次数、伤亡人数以及经济损失等统计指标来建模，以预测未来某年可能达到的指标值。

这些统计指标（事故次数、死亡人数、受伤人数及直接经济损失等）反映了事故发展的规律性，对其进行分析建立相应的预测模型，就可以较准确地预测出事故发生的趋势，对安全评价和事故预防具有一定的宏观指导意义。然而事故的微观预测也很重要，对危险隐患进行分析，就要研究事故的诱发因素及其形成原理，而前面的预测方法不再适用。

事故的发生是多种因素综合作用的结果，而且这些影响因素之间的关系相互关联，即其信息具有随机性、不确定性和相关性，由于贝叶斯网络能很好地表示变量之间的不确定性和相关性，并进行不确定性推理，因而保证了将贝叶斯网络用于事故预测的可行性。

贝叶斯网络是目前不确定知识和推理领域最有效的理论模型之一。通过专家经验判断和资料分析总结，确定安全系统的主要影响因素，并用图形结构描述这些因素（变量）之间的定性与定量关系，就构建了一个贝叶斯网络的框架，贝叶斯网络可以通过结构学习和参数学习训练不断修正，并且当新信息进入后能够更新网络，最后根据建立好的贝叶斯网络模型和已知证据进行推断，预测某一事件节点的概率。

贝叶斯网络适合于对该领域具有一定了解的情况，要清楚变量之间的关系，否则直接从数据中来学习贝叶斯网络具有较高的难度（随节点的增加呈指数级增长）。采用贝叶斯网络来进行预测的系统安全事故，往往能够从数据和相关经验中发现较为清晰的网络结构，因此，多利用贝叶斯网络来预测安全生产事故，如操作事故、设备事故、泄漏爆炸事故、建筑事故和交通事故等。为了更加有条理地研究某一事故，还可以考虑从多级指标的角度，从上到下找出关键的影响变量，再分析重复的变量、同级和跨级之间变量的相互关系。例如在路侧交通事故预测中，一级事故指标为道路线形、交通量、气候环境、历史事故和路侧特征等，每个一级事故指标又由若干个二级指标构成，如路侧特征中又分为路侧深度、离散危险物、连续危险物和净区状态等。

贝叶斯网络也产生了很多扩展模型。例如，如果知道变量之间的定性关系，或只需要得到一个描述性的结果，就可以应用定性贝叶斯网络；针对连续的变量，可以用高斯贝叶斯网络来构建预测模型；考虑到事故随着时间变化和发展，有动态贝叶斯网络；应用多模块或面向对象的贝叶斯网络可以解决大规模、复杂的安全问题。

当然，应用贝叶斯网络还有一些需要进一步研究的问题。如贝叶斯网络的模型取决于建模者，不同的建模者可能会有不同的建模结果，模型的准确性、完善与否没有客观统一的标准来衡量；先验密度的确定虽然已经有一些方法，但对具体问题，要合理确定许多变量的先验概率，仍然是一个比较困难的问题；数据的规模对于网络的结构也有较大的影响，随着数据规模的增大，节点之间的内在关系和长期关系也逐渐显露出来，产生一般性的规律变化模式，但是对数据库的规模比较敏感；贝叶斯网络需要多种假设为前提，如何判定某个实际问题是否满足这些假设，没有现成的规则，这也给实际应用带来困难。

9.1.3 贝叶斯网络的概念

贝叶斯网络是表示变量之间的概率依赖关系的有向无环图，网络中的每个节点对应于问题邻域中每个变量（或事件），节点之间的弧表示变量间的概率依赖关系，同时每个节点都对应着一个条件概率分布表（CPT），指明了该节点与父节点之间概率依赖的数量关系。

9.1.3.1　语义定义

设 $V=\{X_1, X_2, \cdots, X_n\}$ 是值域 U 上的 n 个随机变量，则值域 U 上的贝叶斯网络为 BN（BS，BP），其中：

（1）BS=（V，E）是一个定义在 V 上的有向无环图 Γ（direct acyclic graph，DAG），V 是该有向无环图 Γ 的节点集，E 是 Γ 的边集。如果存在一条节点 X_i 到节点 X_j 的有向边，则称 X_i 是 X_j 的父节点（parent），X_j 是 X_i 的子节点（child）。记 X_i 的所有父节点为 πX_i，或 PaX_i。

（2）$BP=\{P(X_i \mid \pi X_i)[0,1] \mid X_i \in V\}$。没有父节点的节点称为根节点（root node），没有子节点的节点称为叶节点（leaf node）。一个节点的祖先节点（ancestors）包括其父节点及父节点的祖先节点，一个节点的后代节点（descendants）包括其子节点及子节点的后代节点。对于 V 中的每个节点都附有一个概率分布，根节点 X_i 所附的是它的边缘分布 $P(X_i)$，而非根节点 X_j 所附的是条件概率分布函数 $P(X_i \mid \pi X_i)$。

联合概率分布就是各变量所附的概率分布相乘，表示为：

$$P(X_1, X_2, \cdots, X_n) = \prod_{i=1}^{p} P(X_i \mid X_{i-1}, \cdots, X_1) \tag{9-1}$$

在不确定信息领域，条件独立性是一种构造知识的重要的方法。在贝叶斯网中，每一节点在给定其父节点后都独立于它的前辈节点，故有：

$$P(X_1, X_2, \cdots, X_n) = \prod_{i=1}^{p} P(X_i \mid \pi X_i) \tag{9-2}$$

式中，πX_i 为 X_i 的直接祖先节点（父节点），当 $\pi X_i = \varphi$ 时，$P(X_i \mid \pi X_i)$ 就是边缘分布 $P(X_i)$。

例 9-1　图 9-1 所示的有向无环图就是贝叶斯网络，图中每一节点（X_1，…，X_5）可以说明两点：（1）网络中有向弧节点间存在一种依赖关系，如 $X_2 \rightarrow X_4$，表示因果关系。任一变量在给定它的父节点时条件独立于它的非后代节点集。（2）每一变量都有一个对应的条件概率表，它描述了这个变量在给定它的父节点值时的概率分布，在条件独立的前提下，条件概率表就能求出贝叶斯网络的联合概率。

$$P(X_1, \cdots, X_5) = P(X_1)P(X_2 \mid X_1)P(X_3 \mid X_1)P(X_4 \mid X_2, X_3)P(X_5 \mid X_3) \tag{9-3}$$

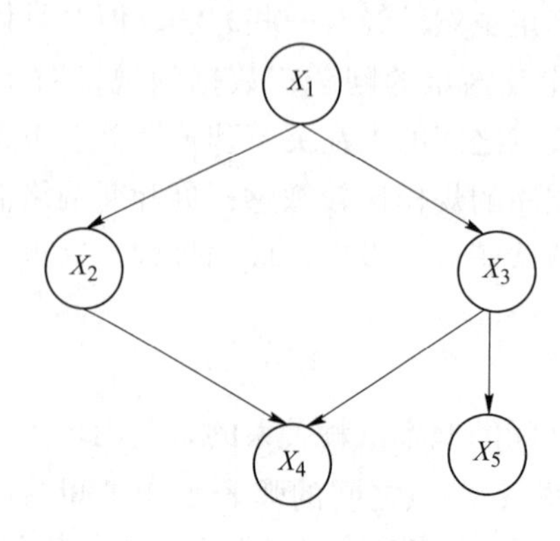

图 9-1　有向无环图

9.1.3.2 贝叶斯网络的描述

（1）在一个由随机变量集组成的网络节点图中，这些变量既可以是离散的，也可以是连续的。

（2）一个连接节点的有向边或箭头集合，如果存在从节点 X 到节点 Y 的有向边，则称 X 是 Y 的一个父节点，表示 X 对 Y 有直接影响，它们之间的关系并不局限于表示因果关系。

（3）每一个节点 X_i 都有一个条件概率分布（conditional probability distribution，CPD）用于量化其父节点对该节点的影响，对离散情况，可以用表格的形式来表示，这种表格称为条件概率表（conditional probability table，CPT）。

（4）贝叶斯网络是一个有向无环图，图中不存在有向环，即一个节点不可能同时为根节点和叶节点。

简而言之，贝叶斯网络的拓扑结构（节点和有向边的集合）定性地描述了域中各个随机变量之间的影响关系，而对应于节点的 CPD 或 CPT 则定量地刻画了其父节点对该节点的影响。

9.2 预 备 知 识

贝叶斯概率是观测者对某一事件的发生的相信程度。观测者根据先验知识和现有的统计数据，用概率的方法来预测未知事件发生的可能性。贝叶斯概率不同于世间的客观概率，客观概率为在多次重复实验中事件发生的频率的近似值，而贝叶斯概率则是利用现有的知识对未知事件的预测。

定义 9-1（贝叶斯定理） 贝叶斯公式，也叫后验概率公式。设先验概率为 $P(B_i)$，调查所获得的新附加信息为 $P(A \mid B_i)(i=1,2,\cdots,n)$，则后验概率为：

$$P(B_i \mid A) = \frac{P(A \mid B_i)P(B_i)}{\sum_{j=1}^{n} P(A \mid B_j)P(B_j)} \tag{9-4}$$

9.2.1 先验概率

先验概率是贝叶斯推理理论的基础和出发点。它是根据历史的资料或主观判断所确定的各种事件发生的概率，该概率没能经过实验证实，属于检验前的概率。先验概率大体上可以分为扩散先验分布和共轭先验分布。此处的扩散先验分布即一般文献中的无信息先验分布。目前还没有统一的先验分布构造方法。

共轭分布是贝叶斯网络推理中常用的一类分布，其思想基础是先验的规律和后验的规律具有一致性，这一要求的具体化就是先验分布和后验分布要属于同一类分布族。共轭分布计算后验只需要利用先验做乘法，其计算特别简单。它一般定义如下：

定义 9-2 设 θ 是总体分布中的参数（或参数向量），$\pi(\theta)$ 是 θ 的先验密度函数，假如由抽样信息算得的后验密度函数与 $\pi(\theta)$ 有相同的函数形式，则称 $\pi(\theta)$ 是 θ 的（自然）共轭先验分布。

设 $P=\{p(x \mid \theta)\}$ 是以 θ 为参数的密度函数族，$H=\{\pi(\theta)\}$ 是 θ 的先验分布族，假设对

任何 $p\in P$ 和 $\pi\in H$，得到的后验分布 $p(\theta\mid x)$ 仍然在 H 族中，则称 H 为 P 的共轭分布族。

注：共轭先验分布是对某一分布中的参数而言的，如正态均值、正态方差、泊松均值等。离开指定参数及其所在的分布去讨论共轭先验分布是没有意义的。

9.2.1.1　共轭先验分布的构造

对于每个具体的分布来说，都有共轭部分，下面利用似然函数的因子分解式和充分统计量等分析方法来构造所需的共轭先验分布。

定理 9-1　假设 Y_1，Y_2，…，Y_n 是来自分布密度函数为 $f(y\mid\theta)$（$\theta\in\Theta$）的总体的一个样本，$t_n=t(Y_1, Y_2, \cdots, Y_n)$ 是参数 θ 的充分统计量，即似然函数可作如下分解：

$$L(\theta)=\prod_{i-1}^{n}f(\theta\mid Y_i)=g_n(t_n,\theta)h(Y_1,Y_2,\cdots,Y_n) \tag{9-5}$$

式中，$h(Y_1,Y_2,\cdots,Y_n)$ 与参数 θ 无关。

如果存在 $q(\theta)$，满足如下两个条件：

(1) $q(\theta)\geqslant 0$，$\forall\theta\in\Theta$；

(2) $\int_{\Theta}g_n(t_n,\theta)q(\theta)\mathrm{d}\theta$ 有限，则

$$F=\{p(\theta)\mid p(\theta)=\frac{1}{\int_{\Theta}g_n(t_n,\theta)q(\theta)\mathrm{d}\theta}\cdot g_n(t_n,\theta)q(\theta),n\geqslant 1\} \tag{9-6}$$

为参数 θ 的共轭分布族。

推论 9-1　假设 Y_1，Y_2，…，Y_n 是来自正态分布总体 $N(\mu_0,\sigma^2)$ 的样本，μ_0 是一个已知常数，$\sigma^2>0$ 未知，则参数 σ 的共轭分布族为逆 Gamma 分布族。若 μ_0，$\sigma^2>0$ 均为未知的参数，则参数向量 $\boldsymbol{\theta}=(\mu,\sigma)^{\mathrm{T}}$ 的共轭分布族为正态-逆 Gamma 分布。

推论 9-2　假设 Y_1，Y_2，…，Y_n 是来自 m 维正态分布 $N_m(\mu_0, \Sigma)$ 的样本，此处 μ_0 为已知的常数向量，$\Sigma>0$ 为未知的参数阵，则精度阵 Σ^{-1} 的共轭分布族为逆 Wishart 分布。若 μ_0，Σ^{-1} 未知，则参数（μ_0，Σ^{-1}）的共轭分布族为正态-Wishart 分布，即对于给定的 Σ^{-1}，μ_0 服从正态分布，而 Σ^{-1} 的边缘分布为 Wishart 分布。

这里的 Wishart 分布定义为：如果 $\boldsymbol{Y}_{(1)}$，$\boldsymbol{Y}_{(2)}$，…，$\boldsymbol{Y}_{(n)}$ 是相互独立的 n 个 m 维随机向量，并且 $\boldsymbol{Y}_{(i)}\sim N_m(\mu_{(i)},V)$，$(V>0, i=1, 2, \cdots, n)$，则随机矩阵 $W\hat{=}\sum_{i=1}^{n}Y_{(i)}Y_{(i)}^{\mathrm{T}}$ 的分布称为非中心 Wishart 分布，记作 $\boldsymbol{W}\sim\boldsymbol{W}_m(n, \tau, V)$，其非中心参数 $\tau=\sum_{i=1}^{n}\mu_{(i)}\mu_{(i)}^{\mathrm{T}}$。当 $\tau=0$ 时称为中心 Wishart 分布，简称 Wishart 分布，将其记为 $\boldsymbol{W}\sim\boldsymbol{W}_m(n, V)$。

先验分布构造的其他途径包括相对似然函数法（relative likelihood approach）、积累函数法（cumulative distribution function）、Monte-Carlo 法、Bootstrap 法、随机加权法和 Harr 不变测度法等。

9.2.1.2　常用的共轭先验分布

当样本分布与先验分布的函数密度都是 θ 的指数函数时，它们相乘后指数相加结果仍是同一类型的指数函数，只相差一个常数比例因子。函数密度为指数分布的都属于共轭分

布族。指数函数族包括二项分布、多项分布、正态分布、Gamma 分布、Poisson 分布和多变量正态分布等。

在实际中常用的共轭先验分布见表 9-1。

表 9-1 常用的共轭先验分布

总体分布	参数	共轭先验分布
二项分布	成功概率	Be（α，β）
泊松分布	均值	Ga（α，λ）
指数分布	均值的倒数	Ga（α，λ）
正态分布（方差已知）	均值	N（μ，τ^2）
正态分布（方差已知）	方差	IGa（α，λ）

9.2.2 信息论基础

美国数学家 Shannon 于 1948 年提出了熵的概念。熵是一种信息度量工具，它反映了不确定性问题的平均不确定程度。随机变量 X 的熵越大，说明它的不确定性越大。

9.2.2.1 信息熵

定义 9-3 （信息熵）如果随机变量 X 的分布密度函数为 $f(x)$，则称

$$-\int f(x)\lg f(x)\,\mathrm{d}x \tag{9-7}$$

为随机变量 X 的熵。若信源 X 为离散随机变量，则用来度量 X 的不确定性的信息熵为：

$$H(X)=-\sum_{X}P(X)\lg P(X) \tag{9-8}$$

联合信息熵：设 X、Y 为离散随机变量，则用来度量二元随机变量的不确定性联合信息熵 $H(X,Y)$ 为

$$H(X,Y)=-\sum_{X,Y}P(X,Y)\lg P(X,Y) \tag{9-9}$$

条件信息熵：用来度量在得到随机变量 Y 的信息后，随机变量 X 仍然存在的不确定性。条件信息熵 $H(X|Y)$ 为

$$H(X|Y)=-\sum_{X}\sum_{Y}P(X,Y)\lg P(X|Y) \tag{9-10}$$

如果已知 $Y=y$，则式（9-10）可由 $H(X|Y)=\sum_{Y\in\Omega_Y}P(Y=y)H(X|Y=y)$ 来计算，其中

$$H(X|Y=y)=-\sum_{X}P(X|Y=y)\lg P(X|Y=y) \tag{9-11}$$

相对熵：对定义在随机变量 X 的状态空间 Ω_X 上的两个概率分布 $P(X)$ 和 $Q(X)$，可以用相对熵来度量它们之间的差异，即有

$$\mathrm{KL}(P,Q)=\sum_{X}P(X)\lg\frac{P(X)}{Q(X)} \tag{9-12}$$

$\mathrm{KL}(P,Q)$ 又称为之间的 Kullback-Leibler 距离。

注： $\mathrm{KL}(P,Q)\neq\mathrm{KL}(Q,P)$。

定理 9-2 （信息不等式）

$$\mathrm{KL}(P,Q) \geqslant 0 \tag{9-13}$$

其中，当且仅当 P 与 Q 相同，即 $P(X=x)=Q(X=x)$ 时等号成立。

推论 9-3 对于非负函数 $f(X)$，定义概率分布

$$P^* = \frac{f(X)}{\sum_X f(X)} \tag{9-14}$$

那么对于任意其他的概率分布 $P(X)$，有

$$\sum_X f(X)\lg P^*(X) \geqslant \sum_X f(X)\lg P(X) \tag{9-15}$$

其中当且仅当P^*与 P 相同时等号成立。

9.2.2.2 互信息与变量独立

定义 9-4（互信息） 在观测到 Y 之前，X 的不确定性为 $H(X)$；通过观测 Y，我们期望 X 的不确定性变为 $H(X|Y)$。因此，$H(X)$ 和 $H(X|Y)$ 之差

$$I(X|Y) = H(X) - H(X|Y) \tag{9-16}$$

就是对 Y 包含多少关于 X 的信息的一个度量，也就是随机变量 Y 提供的关于 X 的信息量的大小，称为 Y 关于 X 的信息。而且 $I(X|Y)=I(Y|X)$，因此它又称为 X 和 Y 之间的互信息。表示为

$$I(X|Y) = \sum_{X,Y} P(X,Y)\lg\frac{P(X,Y)}{P(X)P(Y)} \tag{9-17}$$

联合熵、条件熵和互信息之间的关系为

$$H(X|Y) = H(X) + H(X|Y) = H(Y) + H(X|Y) \tag{9-18}$$

$$I(X|Y) + H(X|Y) = H(X) + H(Y) \tag{9-19}$$

条件互信息：在已知 Y 的前提下，随机变量 X 和 Z 之间的条件互信息定义为

$$I(X,Y|Z) = \sum_X \sum_Y \sum_Z P(X,Y,Z)\lg\frac{P(X,Y,Z)P(Y)}{P(X,Y)P(Z,Y)} \tag{9-20}$$

当 $I(X,Y|Z)$ 小于某个极限值 ε 时，称 X 和 Z 为条件独立。X 和 Z 之间的条件互信息越大，说明在给定观测集的条件下，X 和 Z 之间概率依赖性越明显。反映在贝叶斯网络上，如果 Y 为 X 的父节点集合，则当 X 和 Z 之间的条件互信息较大时，说明 Z 也可能是 X 的父节点。

定理 9-3 对任意两个离散随机变量 X 和 Y，有

（1） $I(X,Y)\geqslant 0$；

（2） $H(X|Y)\leqslant H(X)$。

上面两个式子当且仅当 X 与 Y 相互独立时等号成立。

9.2.3 势函数理论

势函数用来表示某一结点簇或割集中包含的所有节点的联合分布。

定义 9-5（势 potentials） 一组变量 X 上的势定义为一个函数，每个变量对应的值称为它的实例（instantiation）。势函数可以把实例映射为一个非零实数，用 ϕ_X表示。势可以构成向量甚至矩阵。

边缘化（marginalization）：假设有一组变量 Y，它的势为 ϕ_X；另外有一组变量 X，

$X \subseteq Y$；则

$$\phi_X = \sum_{Y \setminus X} \phi_Y \tag{9-21}$$

乘法（multiplication）：给定两组变量 X 和 Y 以及他们的势 ϕ_X和 ϕ_Y；若 $Z = X \cup Y$，则

$$\phi_Z = \phi_X \phi_Y \tag{9-22}$$

例 9-2 给定两组变量 $X = \{a, b\}$ 和 $Y = \{a, b, c\}$，每个变量有两种状态 0 和 1，势 ϕ_X和 ϕ_Y见表 9-2：X 和 Y 的合集 $Z = \{a, b, c\}$，因此 C 的势可由下式计算：$\phi_Z = \phi_X \phi_Y$，共有 2×2×2 个状态，见表 9-2。

表 9-2 势的乘法运算实例

a	b	ϕ_X	a	b	c	ϕ_Y	a	b	c	ϕ_Z
0	0	0.11	0	0	0	0.02	0	0	0	0.0022
0		0.23	0	0	1	0.23	0	0	1	0.0253
1	0	0.56	0	1	0	0.11	0	1	0	0.0230
1	1	0.20	0	1	1	0.10	0	1	1	0.0504
			1	0	0	0.09	1	0	0	0.0728
			1	1	0	0.13	1	1	0	0.0620
			1	1	1	0.01	1	1	1	0.0020

9.3 贝叶斯网络学习

对于不同的问题和不同的应用领域构造贝叶斯网络的过程不尽相同，但概括起来包括以下几个步骤：

（1）标识影响该领域的变量和这些变量的所有可能取值，并以节点表示；

（2）判断节点间的依赖或独立关系，并以图形化的方式表示；

（3）学习变量间的分布参数，获得贝叶斯网络定量部分所需要的概率参数，对于根节点，要先确定其先验概率，对于其他节点，则要确定条件概率。

贝叶斯网络的构建往往是上述三个过程反复地交互过程。

构造贝叶斯网络的方式有三种：（1）完全由领域专家来指导和确定。这种方式由于人类获得知识的有限性，导致构建的网络与实践中积累下的数据具有很大的偏差。（2）由领域专家确定贝叶斯网络的节点，通过大量的训练数据，来学习贝叶斯网络的结构和参数。这种方式完全是一种数据驱动的方法，具有很强的适应性。而且随着人工智能、数据挖掘和机器学习的不断发展，使得这种方法成为可能。（3）由领域专家确定贝叶斯网络的节点，通过专家的知识来制定网络的结构，而且通过机器学习的方法从数据中学习网络的参数。这实际上是前两种方式的折中，当领域中变量之间的关系较明显的情况下，能大大提高学习的效率。

可以看出，在由领域专家确定贝叶斯网络的节点后，构造贝叶斯网络的主要任务就是学习它的结构和参数。贝叶斯网络学习，当模型结构已知时，称为参数学习；当模型结构未知时，称为结构学习。

9.3.1 参数学习

贝叶斯网络的参数就是各变量的概率分布。早期的概率分布表是由专家知识指定的，然而这种仅凭专家经验指定的方法，往往与观测数据产生较大的偏差，当前比较流行的方法是从数据中学习这些参数的概率分布。这种数据驱动的学习方法具有很强的适应性。数据指的是领域变量的一组观测值：

$$D = \{D_1, D_2, \cdots, D_m\}, \qquad D_i = (X_1^i, \cdots, X_n^i)\text{（}n\text{ 个变量的 }m\text{ 组观测值）} \tag{9-23}$$

参数学习在统计学中称为参数估计（parameter estimation），一般常用两种方法：最大似然估计和贝叶斯估计。根据数据的观测状况，可分为完备数据集和不完备数据集。完备数据就是数据集中的每一条记录都包含了所有变量的观测值。本节将讨论不同情况下的参数估计。

9.3.1.1　完备数据的参数估计

A　单参数的最大似然估计

给定参数 θ，数据 D 的条件概率 $P(D \mid \theta)$ 称为 θ 的似然度（likelihood），记为

$$L(\theta \mid D) = P(D \mid \theta) \tag{9-24}$$

如果固定 D 而让 θ 在其定义域上变动，那么 $L(\theta \mid D)$ 就是 θ 的一个函数，称为 θ 的最大似然函数（likelihood function）。参数 θ 的最大似然估计（maximum likelihood estimation, MLE），是令 $L(\theta \mid D)$ 达到最大的那个取值 θ^*，θ^* 即所求的参数。为了计算方便，常用对数似然函数 $l(\theta \mid D) = \lg L(\theta \mid D)$ 进行计算。

假设 $L(\theta \mid D)$ 满足统计学中的基本假设：独立同分布，简称 i. i. d 假设。

B　单参数的贝叶斯估计

最大似然估计视待估计的参数为一个未知但固定的量，把概率简单看作是频率的无限趋近，从而不考虑先验知识的影响。贝叶斯估计则视待估计参数为一个随机变量，它由两部分组成：观测前的先验知识和观测所得到的数据。这样的估计比最大似然估计法更加合理。

首先用一个概率分布 $P(\theta)$ 来总结关于 θ 的先验知识，然后把数据 D 的影响用似然函数 $L(\theta \mid D)$ 来归纳，最后使用贝叶斯公式将先验分布和似然函数结合，得到 θ 的后验分布，即

$$P(\theta \mid D) \propto p(\theta) L(\theta \mid D) \tag{9-25}$$

这就是贝叶斯估计（Bayesian estimate）。

$$\begin{aligned} P(D_{n+1} = h \mid D) &= \int P(D_{n+1} = h, \theta \mid D)\,\mathrm{d}\theta \\ &= \int P(D_{n+1} = h, \theta \mid D) p(\theta \mid D)\,\mathrm{d}\theta \\ &= \int \theta P(\theta \mid D)\,\mathrm{d}\theta \end{aligned} \tag{9-26}$$

称为完全贝叶斯估计。计算完全贝叶斯估计所需的积分运算往往比较困难，所以往往用 $P(\theta \mid D)$ 的最大点 θ^* 作为对 $P(D_{n+1} = h \mid D)$ 的估计。贝叶斯估计也是基于 i. i. d 假设前提。

$$P(D_{n+1} = h \mid D) \approx \theta^* = \mathrm{argsup}\,p(\theta \mid D) \tag{9-27}$$

C 一般网络的参数估计

考虑一个由多个变量 $X=\{X_1,X_2,\cdots,X_n\}$ 组成的贝叶斯网络，设其中节点 X_i 共有 r_i 个取值 1，2，…，r_i，其父节点共有 q_i 个组合 1，2，…，q_i，网络参数为

$$\theta_{ijk}=P(X_i=k\mid\pi(X_i)=j) \tag{9-28}$$

其中 i 的取值是 1，2，…，n，而对于一个固定的 i，j 和 k 的取值范围分别是 1，2，…，q_i 及 1，2，…，r_i。用 $\boldsymbol{\theta}$ 表示所有的 θ_{ijk} 组成的向量。

例 9-3 图 9-1 所示的贝叶斯网络中，所有的变量都只能取到两个值：1 和 2。例如，X_3 有一个父节点，取值可为 $X_1=1$，$X_1=2$，编号 1、2；X_4 有两个父节点 X_2 和 X_3，它们的取值共有 4 种组合，排序为（$X_2=1$，$X_3=1$）、（$X_2=1$，$X_3=2$）、（$X_2=2$，$X_3=1$）、（$X_2=2$，$X_3=2$），编号 1、2、3、4。根据式（9-28），这个网络的参数如下：

$$\begin{aligned}
&\theta_{311}=P(X_3=1\mid X_3=1), && \theta_{312}=P(X_3=2\mid X_1=1)\\
&\theta_{321}=P(X_3=1\mid X_1=2), && \theta_{322}=P(X_3=2\mid X_1=2)\\
&\theta_{411}=P(X_4=1\mid X_2=1,X_3=1), && \theta_{412}=P(X_4=2\mid X_2=1,X_3=1)\\
&\theta_{421}=P(X_4=1\mid X_2=1,X_3=2), && \theta_{422}=P(X_4=2\mid X_2=1,X_3=2)\\
&\theta_{431}=P(X_4=1\mid X_2=2,X_3=1), && \theta_{432}=P(X_4=2\mid X_2=2,X_3=1)\\
&\theta_{441}=P(X_4=1\mid X_2=2,X_3=2), && \theta_{442}=P(X_4=2\mid X_2=2,X_3=2)\\
&\qquad\vdots
\end{aligned}$$

对于一组完备数据 $D=\{D_1,D_2,\cdots,D_m\}$，θ 的对数似然函数为

$$l(\theta\mid D)=\lg\prod_{l=1}^{m}P(D_l\mid\theta)=\sum_{l=1}^{m}\lg P(D_l\mid\theta) \tag{9-29}$$

其中，

$$\lg P(D_l\mid\theta)=\sum_{i=1}^{n}\sum_{j=1}^{q_i}\sum_{k=1}^{r_i}\chi(i,j,k:D_l)\lg\theta_{ijk} \tag{9-30}$$

例 9-4 仍以图 9-1 为例，给定贝叶斯网络的样本为 $D_i=(1,1,2,2,1)$，于是有

$$\begin{aligned}
\lg P(D_i\mid\theta)&=\lg P(X_1=1,X_2=1,X_3=2,X_4=2,X_5=1\mid\theta)\\
&=\lg[P(X_1=1\mid\theta)P(X_2=1\mid X_1=1,\theta)P(X_3=2\mid X_1=1,\theta)P(X_4=\\
&\quad 2\mid X_2=1,X_3=2,\theta)P(X_5=1\mid X_3=2,\theta)]\\
&=\lg[\theta_{111}\,\theta_{211}\,\theta_{312}\,\theta_{422}\,\theta_{521}]
\end{aligned}$$

或者由样本已知

$$\chi(1,1,1:D_1)=\chi(2,1,1:D_1)=\chi(3,1,2:D_1)=\chi(4,2,2:D_1)=\chi(5,2,1:D_1)=1$$

对于其他的 i、j、k，则有 $\chi(i,j,k:D_1)=0$。就可以利用式（9-30），直接计算

$$\lg P(D_1\mid\theta)=\sum_{i=1}^{5}\sum_{j=1}^{q_i}\sum_{k=1}^{2}\chi(i,j,k:D_1)\lg\theta_{ijk}$$

结果是一样的。

定义 $m_{ijk}=\sum_{l=1}^{m}\chi(i,\ j,\ l:\ D_l)$，于是对于 $D=\{D_1,D_2,\cdots,D_m\}$，综合式（9-29）和式（9-30）对数似然函数就可以写成

$$l(\theta\mid D)=\sum_{l=1}^{m}\lg P(D_l\mid\theta)=\sum_{i=1}^{n}\sum_{j=1}^{q_i}\sum_{k=1}^{r_i}m_{ijk}\lg\theta_{ijk} \tag{9-31}$$

据此可知，θ 的似然函数为

$$L(\theta \mid D) = \prod_{i=1}^{n} \prod_{j=1}^{q_i} \prod_{k=1}^{r_i} \theta_{ijk}^{m_{ijk}} \tag{9-32}$$

根据贝叶斯公式，有

$$p(\theta \mid D) \propto p(\theta) \prod_{i=1}^{n} \prod_{j=1}^{q_i} \prod_{k=1}^{r_i} \theta_{ijk}^{m_{ijk}} \tag{9-33}$$

对于固定的 i 和 j，当 $\sum_{k=1}^{r_i} \theta_{ijk} = 1$ 时，容易得出 θ_{ijk} 取如下值时，表达式 $\sum_{k=1}^{r_i} m_{ijk} \lg\theta_{ijk}$ 的值最大，从而 $l(\theta \mid D)$ 达到最大。

$$\theta = \begin{cases} \dfrac{m_{ijk}}{\sum_{k=1}^{r_i} m_{ijk}}, & \sum_{k=1}^{r_i} m_{ijk} > 0 \\ 1/r_i, & \text{else} \end{cases} \tag{9-34}$$

直观上有

$$\theta_{ijk}^{*} = \frac{D\text{ 中满足 } X_i = k \text{ 和 } \pi X_i = j \text{ 的样本数目}}{D\text{ 中满足 } \pi X_i = j \text{ 的样本数目}} \tag{9-35}$$

式（9-35）得出的 θ_{ijk}^{*} 就是 θ_{ijk} 的最大似然估计。

为了简化计算，要求满足如下一些条件：

（1）数据集 D 是可交换的（exchangeable）。即 D 中记录的顺序不影响学习到的概率值。

（2）参数独立。就是对任何一个节点的先验概率分布的估计不会影响我们确定其他节点的先验概率分布。为了便于表述，先引入下列符号：

$$\theta_{ij\cdot} = \{\theta_{ijk} \mid k = 1,2,\cdots,r_i\},\ \theta_{i\cdot\cdot} = \{\theta_{ijk} \mid j = 1,2,\cdots,q_i, k = 1,2,\cdots,r_i\}$$

假设 9-1（全局独立）（global independence） 关于不同变量 X_i 的参数相互独立。即

$$p(\theta) = \prod_{i=1}^{n} P(\theta_{i\cdot\cdot}) \tag{9-36}$$

假设 9-2（局部独立）（local independence） 给定一个变量 X_I 对应于 πX_i 的不同取值的参数相互独立，即

$$p(\theta_{i\cdot\cdot}) = \prod_{j=1}^{q_i} p(\theta_{ij\cdot}) \tag{9-37}$$

（3）乘积狄利克雷分布。

假设 9-3 $p(\theta_{i\cdot})$ 是 Dirichlet 分布 $\boldsymbol{D}[\alpha_{ij1}, \alpha_{ij2}, \cdots, \alpha_{ijr_i}]$，于是

$$p(\theta) = \prod_{i=1}^{n} p(\theta_{i\cdot\cdot}) = \prod_{i=1}^{n} \prod_{j=1}^{q_i} p(\theta_{ij\cdot}) \propto \prod_{i=1}^{n} \prod_{j=1}^{q_i} \prod_{k=1}^{r_i} \theta_{ijk}^{\alpha_{ijk}-1} \tag{9-38}$$

称为乘积狄利克雷分布（product Dirichlet distribution）。

（4）参数模块化。如果 X_I 在不同的网络结构 S_1 和 S_2 中具有相同的父节点，则 $p(\theta_{ij\cdot})$ 相等。

在满足上述几个约束条件下，将式（9-38）代入式（9-33），有

$$p(\theta \mid D) \propto \prod_{i=1}^{n} \prod_{j=1}^{q_i} \prod_{k=1}^{r_i} \theta_{ijk}^{\alpha_{ijk}-1}$$

也就是说，后验分布也是一个乘积狄利克雷（Dirichlet）分布，具有全局和局部独立性。$p(\theta_{ij\cdot} \mid D)$是狄利克雷分布 $D[m_{ij1}+m_{ij2}, m_{ij2}+\alpha_{ij2}, \cdots, m_{ijr_i}+\alpha_{ijr_i}]$。

于是贝叶斯估计为

$$\theta_{ijk}' = \frac{m_{ijk} + \alpha_{ijk}}{\sum_{k=1}^{r_i} (m_{ijk} + \alpha_{ijk})} \tag{9-39}$$

9.3.1.2 缺失数据的参数估计

当数据完备时，可以用式（9-34）和式（9-39）进行贝叶斯估计，但对不完备数据（有数据丢失）的学习，无法直接用 MAP（最大后验概率）或 MLE（极大似然估计）进行计算，一般要借助于近似的方法，如 Monte-Carlo 方法、Gauss 逼近、EM 算法（expectation maximization）来求 MLE 或 MAP。缺点是计算开销比较大。

A 缺值数据的最大似然估计——EM 算法

EM 算法的主要思想是给出一个初始估计参数值 $\theta(0)$（可随机指派），然后不断地去修正它，使得 MLE 或 MAP 的值为最大，即最大化函数。从当前的估计 $\theta(t)$，到下一个估计 $\theta(t+1)$需要两个步骤：期望计算步骤（E-step）和最大化计算步骤（M-step）。

对于任一样本D_l，设X_l是D_l中所有缺值的变量的集合，$D(t)$是基于$\theta(t)$将 D 修补而得到的完整数据，由于X_l有多个可能取值，因此D_l有多种修补方式，EM 算法是考虑所有可能的修补结果，并给每一结果附加一个权重 ω_{x_l}，得到加权样本$(D_l, X_l=x_l)[\omega_{x_l}]$，又称碎权样本（fractional sample）。

与式（9-39）类似，*EM* 算法用式（9-40）计算基于后补数据的最大似然估计 $\theta(t+1)$：

$$\theta(t+1)_{ijk} = \begin{cases} \dfrac{m_{ijk}^t}{\sum_{k=1}^{r_i} m_{ijk}^t}, & \sum_{k=1}^{r_i} m_{ijk}^t > 0 \\ \dfrac{1}{r_i}, & \text{else} \end{cases} \tag{9-40}$$

其中，直观上m_{ijk}^t是后补数据中所有满足$X_i=k$ 和$\pi X_i=j$ 的样本权重之和。

可以证明通过以上步骤迭代的 EM 算法是收敛的，但是可能得到的结果不是全局最优的。为了得到更好的估计，需要尝试不同的初始值 $\theta(0)$，比较不同的结果，选择最好的作为其最终的估计值。

B 缺失数据的贝叶斯估计——碎权更新

碎权更新首先设先验概率分布 $p(\theta)$是乘积 Dirichlet 分布，然后按一定顺序逐个处理数据样本，最后用这些样本将 θ 的估计更新。在这个过程中，θ 始终是乘积 Dirichlet 分布。

假设已处理完的样本为D_1，D_2，…，D_l，得到 $p(\theta \mid D_1, D_2, \cdots, D_l)$的一个近似，基于这个估计计算下一个样本$D_{l+1}$的分布 $p(D_{l+1} \mid D_1, D_2, \cdots, D_l)$，其中

$$\theta_{ijk}^l = \frac{\alpha_{ijk}^l}{\sum_{k=1}^{r_i} \alpha_{ijk}^l} \tag{9-41}$$

设X_{l+1}为D_{l+1}中所有缺失变量的集合，$X_{l+1}=x_{l+1}$的概率记为$P^l=P(X_{l+1}=x_{l+1})$。我们用D_{l+1}进行修补，则得到碎权完整数据$(D_{l+1},X_{l+1}=x_{l+1})[P^l=P(X_{l+1}+x_{l+1})]$。之后用这样的补后数据对$p(\theta|D)$进行更新。

由于是乘积 Dirichlet 分布，更新后$p(\theta|D)$仍是一个乘积 Drichlet 分布，其α^{l+1}参数为：

$$\alpha_{ijk}^{l+1}=\alpha_{ijk}^{l}+P(X_i=k,\pi X_i=j|D_1,\cdots,D_{l+1}) \tag{9-42}$$

9.3.2 结构学习

构建贝叶斯网络的步骤：

（1）选定一组刻画问题的随机变量$\{X_1, X_2, \cdots, X_n\}$；

（2）选择一个变量顺序$\alpha=<X_1,X_2,\cdots,X_n>$；

（3）从一个空图出发，按照顺序逐个将变量加入，即在加入变量X_i时，图中的变量已经包括$X_1, X_2, \cdots, X_{n-1}$；

（4）利用问题的背景知识，对于每个变量X_i，在其他变量中选择尽可能小的子集$\{\pi X_i\}$，使得假设“给定πX_i，X_i与图中的其他变量条件独立”合理，再从$\{\pi X_i\}$中的每个节点添加一条指向X_i的有向边。

注：从不同的变量顺序出发，可能得到不同的网络结构。不同的网络结构表示了联合分布的不同分解，而不同的分解则意味着不同的复杂度。在实际应用中，人们往往利用因果关系来确定贝叶斯网络的结构。

结构学习的目标是找到和样本数据D匹配度最好的贝叶斯网络结构，也包括了 2 种情况：其一，数据集是完整的；其二，数据集是不完整的，在这种情况下，除了要进行模型空间搜索外，还要对丢失的数据进行 EM 估计。但是，无论在哪种情况下，P维变量组成的网络结构数目都相当大，从这么大的结构假设空间中搜索出一个好的结构，显然是一个 NP-hard 问题。一般情况下搜索算法找到的是具有某一特殊结构的网络。

在结构学习中，网络结构ξ和参数θ_ξ都是需要确定的对象。我们把关于结构ξ的先验知识概括为一个概率分布$P(\xi)$，称之为结构先验分布；对于一个给定的结构ξ，我们把参数θ_ξ概括为$p(\theta_\xi|\xi)$，称之为参数先验分布。这样，就有了一个关于二元组（θ_ξ，ξ）的先验分布

$$p(\xi|\theta_\xi)=P(\xi)p(\theta_\xi|\xi) \tag{9-43}$$

在观测到数据D后，计算的后验概率分布

$$p(\xi,\theta_\xi|D)\propto P(D|\xi,\theta_\xi)p(\xi,\theta_\xi) \tag{9-44}$$

式中，$p(\xi,\theta_\xi|D)$是（θ_ξ，ξ）的贝叶斯估计。基于这个估计，可以对下一个样本D_{m+1}进行预测，即计算其概率分布$P(D_{m+1}|D)$：

$$\begin{aligned}P(D_{m+1}|D)&=\sum_{\xi}\int P(D_{m+1}|\xi,\theta_\xi)p(\xi,\theta_\xi|D)\mathrm{d}\theta_\xi\\&=\sum_{\xi}\int P(D_{m+1}|\xi,\theta_\xi)p(\xi|D)p(\theta_\xi|\xi,D)\mathrm{d}\theta_\xi\\&=\sum_{\xi}p(\xi|D)\int P(D_{m+1}|\xi,\theta_\xi)p(\theta_\xi|\xi,D)\mathrm{d}\theta_\xi\end{aligned} \tag{9-45}$$

称为$P(D_{m+1} \mid D)$的完全贝叶斯估计。可以看出$\int P(D_{m+1} \mid \xi, \theta_\xi)p(\xi, \theta_\xi \mid D)\mathrm{d}\theta_\xi$是给定结构$\xi$的情况下对$D_{m+1}$进行的完全贝叶斯估计。

因此式（9-46）可以解读为，由于不知道贝叶斯网络的结构，逐一考虑每一个可能的结构；对每一个可能的结构ξ，用贝叶斯方法进行参数估计，得到一个贝叶斯网络；最后将获得的所有贝叶斯网络的联合概率加权平均，权重就是结构ξ的后验概率$p(\xi \mid D)$；加权平均的结构就是D_{m+1}的分布$P(D_{m+1} \mid D)$。

根据观察贝叶斯网络的视角不同，可以把学习贝叶斯网络结构的方法分成两类：基于评分的方法（based on scoring）和基于条件独立的方法（based on conditional independence）。

9.3.2.1 基于评分的方法

给定一组变量作为节点，可以组成很多不同结构的有向无环图，但这些有向无环图难以一一列举出来。所以，在实际中常常考虑对应后验概率$P(\zeta \mid D)$最大的那个模型，即

$$\zeta^* = \mathrm{argmax}P(\zeta \mid D) \tag{9-46}$$

基于评分方法的结构学习一般分两步讨论：模型选择（model selection）和模型优化（model optimization）。模型选择要回答的问题是用什么样的准则来评判不同模型结构之优劣，而模型优化则是把最优的模型结构找出来。

A 模型选择

一个贝叶斯网络相对于数据D的优劣可以用一个评分函数（scoring function）来度量。该评分描述了每个可能结构对于观察数据的拟合程度，从而发现评分最大的结构。下面具体介绍两种常用的评分函数。

a 贝叶斯评分

因为$P(\zeta \mid D) = \dfrac{P(\zeta \mid D)}{P(D)} = \dfrac{P(\zeta \mid D)P(\zeta)}{P(D)}$，而$P(D)$不依赖于$\zeta$，所以选择后验概率最大的结构也就是使得如下对数函数最大：

$$\lg P(\zeta \mid D) = \lg P(\zeta \mid D) + \lg P(\zeta) \tag{9-47}$$

$\lg P(\zeta \mid D)$称为结构ζ的贝叶斯评分（Bayesian score）。这里

$$P(\zeta \mid D) = \int P(D \mid \zeta, \theta_\zeta)P(\theta_\zeta \mid \zeta)\mathrm{d}\theta_\zeta \tag{9-48}$$

式中，$P(D \mid \zeta, \theta_\zeta)$为二元组（$\theta_\zeta$，$\zeta$）的似然函数，记为$L(\zeta, \theta_\zeta \mid D)$。因此$P(\zeta \mid D)$称为边缘似然函数，记为$L(\zeta \mid D)$。而式（9-47）第二项中的结构先验分布$P(\zeta)$一般假设为均匀分布。

例 9-5 如果参数先验分布$P(\theta_\zeta \mid \zeta)$假设为如下乘积 Dirichlet 分布：

$$P(\theta_\zeta \mid \zeta) \propto \prod_{i=1}^{n}\prod_{j=1}^{q_i}\prod_{k=1}^{r_i}\theta_{ijk}^{a_{ijk}-1} \tag{9-49}$$

那么，

$$L(\zeta \mid D) = \prod_{i=1}^{n}\prod_{j=1}^{q_i}\frac{\Gamma(a_{ij*})}{\Gamma(a_{ij*} + m_{ij*})}\prod_{k=1}^{r_i}\frac{\Gamma(a_{ijk} + m_{ijk})}{\Gamma(a_{ijk})} \tag{9-50}$$

其中$m_{ijk} = \sum_{i=1}^{m}\chi(i, j, k: D_l)$，即$D$中满足$X_i = k$，$\pi X_i = j$的样本个数。

两边取对数，得到：

$$l(\zeta \mid D) = \sum_{i=1}^{n} \sum_{j=1}^{q_i} \left[\lg \frac{\Gamma(a_{ij*})}{\Gamma(a_{ij*} + m_{ij*})} + \sum_{k=1}^{r_i} \lg \frac{\Gamma(a_{ijk} + m_{ijk})}{\Gamma(a_{ijk})} \right] \quad (9\text{-}51)$$

式（9-52）右边给出的量称为结构 ζ 的 Cooper-Herskovits 评分，简称 CH 评分。如果假设结构先验分布是均匀分布，那么用贝叶斯评分选择模型就等于是用 CH 评分来选择模型。

使用 CH 评分之前，超参数a_{ijk}的选定并非易事，实际上，人们往往规定一个等价样本量 α 和一个先验贝叶斯网络 ν，利用式（9-53）得到超参数a_{ijk}，

$$a_{ijk} = \alpha P_{\nu}(X_i = k \mid \pi_{\zeta} X_i = j) \quad (9\text{-}52)$$

b　BIC（Bayesian information criterion）评分

BIC 评分是在大样本前提下对边缘似然函数的一种近似，是实际中最常用的评分函数。

简记 $\lg P(D \mid \zeta, \boldsymbol{\theta})$ 为 $l(\boldsymbol{\theta})$，则由式（9-21）和式（9-22），有

$$\begin{aligned} l(\boldsymbol{\theta}) &= \sum_{i=1}^{n} \sum_{j=1}^{q_i} \sum_{k=1}^{r_i} m_{ijk} \lg \theta_{ijk} \\ &= \sum_{i=1}^{n} \sum_{j=1}^{q_i} m_{ij} \left(\sum_{k=1}^{r_i} \theta_{ijk}^{*} \lg \frac{\theta_{ijk}}{\theta_{ijk}^{*}} + \sum_{k=1}^{r_i} \theta_{ijk}^{*} \lg \theta_{ijk}^{*} \right) \end{aligned} \quad (9\text{-}53)$$

于是，

$$P(D \mid \zeta, \theta) = \prod_{i=1}^{n} \prod_{j=1}^{q_i} \left[\exp\left(\sum_{k=1}^{r_i} \theta_{ijk}^{*} \lg \frac{\theta_{ijk}}{\theta_{ijk}^{*}} + \sum_{k=1}^{r_i} \theta_{ijk}^{*} \lg \theta_{ijk}^{*} \right) \right]^{m_{ij*}} \quad (9\text{-}54)$$

式（9-54）作为一个 $\boldsymbol{\theta}$ 的函数，在 $\boldsymbol{\theta}^*$ 处达到唯一的最大值。在 $\boldsymbol{\theta}^*$ 周围将 $l(\boldsymbol{\theta})$ 进行泰勒展开，得到在邻域 $nb(\boldsymbol{\theta}^*)$ 内有

$$l(\boldsymbol{\theta}) \approx l(\boldsymbol{\theta}^*) + \frac{1}{2} (\boldsymbol{\theta} - \boldsymbol{\theta}^*)^{\mathrm{T}} l''(\boldsymbol{\theta}^*) (\boldsymbol{\theta} - \boldsymbol{\theta}^*) \quad (9\text{-}55)$$

记 $l''(\boldsymbol{\theta}^*) = \frac{\partial^2 l(\boldsymbol{\theta})}{\partial \theta_{ijk} \partial \theta_{i'j'k'}} \Big|_{\boldsymbol{\theta}=\boldsymbol{\theta}^*} = \boldsymbol{A}$。所以，

$$\begin{aligned} P(D \mid \zeta) &= \int P(D \mid \zeta, \boldsymbol{\theta}) p(\boldsymbol{\theta} \mid \zeta) \mathrm{d}\boldsymbol{\theta} \\ &\approx \int_{nb(\boldsymbol{\theta}^*)} P(D \mid \zeta, \boldsymbol{\theta}) p(\boldsymbol{\theta} \mid \zeta) \mathrm{d}\boldsymbol{\theta} \\ &= \int_{nb(\boldsymbol{\theta}^*)} \exp \left[l(\boldsymbol{\theta}^*) - \frac{1}{2} (\boldsymbol{\theta} - \boldsymbol{\theta}^*)^{\mathrm{T}} l'' \boldsymbol{A} (\boldsymbol{\theta} - \boldsymbol{\theta}^*) p(\boldsymbol{\theta}^* \mid \zeta) \mathrm{d}\boldsymbol{\theta} \right] \\ &\exp\{ l(\boldsymbol{\theta}^*) \} p(\boldsymbol{\theta}^* \mid \zeta) * \int_{nb(\boldsymbol{\theta}^*)} \exp \left[-\frac{1}{2} (\boldsymbol{\theta} - \boldsymbol{\theta}^*)^{\mathrm{T}} \boldsymbol{A} (\boldsymbol{\theta} - \boldsymbol{\theta}^*) \right] p(\boldsymbol{\theta}^* \mid \zeta) \mathrm{d}\boldsymbol{\theta} \} \end{aligned} \quad (9\text{-}56)$$

又因为以 $\boldsymbol{A}$ 为协方差矩阵，以 $\boldsymbol{\theta}^*$ 为均值的正态分布的密度函数是

$$\frac{1}{\sqrt{(2\pi)^d \mid A \mid^{-1}}} \exp \left[-\frac{1}{2} (\boldsymbol{\theta} - \boldsymbol{\theta}^*)^{\mathrm{T}} A (\boldsymbol{\theta} - \boldsymbol{\theta}^*) \right] \quad (9\text{-}57)$$

而且 $\exp\{ l(\boldsymbol{\theta}^*) \} = P(D \mid \zeta, \boldsymbol{\theta}^*)$，所以，

$$P(D \mid \zeta) \approx P(D \mid \zeta, \boldsymbol{\theta}^*) P(\boldsymbol{\theta}^* \mid \zeta) \sqrt{(2\pi)^d \mid \boldsymbol{A} \mid^{-1}} \quad (9\text{-}58)$$

于是有

$$
\begin{aligned}
\lg P(D \mid \zeta) &\approx \lg P(D \mid \zeta, \boldsymbol{\theta}^*) - \frac{1}{2}\left|\boldsymbol{A}\right| + \lg P(\boldsymbol{\theta}^* \mid \zeta) + \lg(2\pi) \\
&\approx \lg P(D \mid \zeta, \boldsymbol{\theta}^*) - \frac{d}{2}\lg m
\end{aligned}
\tag{9-59}
$$

这就是模型结构 ζ 的 BIC 评分，记为 $\mathrm{BIC}(\zeta \mid D)$。

除了上述两种方法之外，还有另外几个模型选择准则也被用于贝叶斯网络的结构学习，包括 MDL 评分（minimum description lenth）、AIC 评分（Akaike information criterion）、验证数据似然度以及交叉验证（cross validation）。

B 模型优化

模型优化就是在选定模型评分函数后，找出评分最高的贝叶斯网络结构。

大多数现有的学习方法应用标准的启发式搜索算法，如贪婪爬山法和模拟退火法，这些搜索算法没有应用关于要学习的网络结构的任何知识。最新技术考虑到了利用问题领域的知识来帮助结构学习，但是当遇到数据量大或属性多的情况，可能候选的数目会快速增长，对于庞大的搜索空间，每执行一组新的数据，计算时间的开销是很大的，而且搜索程序可能会花费大多数时间去检查极不合理的候选，于是有人提出了一种通过限制搜索空间实现快速学习的算法，并取得了好的效果。

在搜索过程中，每一步都会将当前的结构 ζ 略加修改，得到另一个结构 ζ'，之后进行比较，通常这两个结构的变化不会太大，只有一两个变量的父节点发生了变化，直到新模型的分数比老模型的分数低为止。可以将评分函数分解为各变量的家族评分之和，可以大大降低搜索过程中评分的运算复杂度。

a K2 算法

K2 算法是结合先验信息进行贝叶斯网络结构学习的一个有实际意义的重要算法。该搜索算法是在给定节点及其顺序这一先验信息的情况下，也就是已知一个包含所有节点但却没有边的无边图，通过不断向网络中增加能提高 CH 评价的边，来找出最佳网络结构的方法。

为了简化计算，K2 算法假设所有参数先验分布概率都是均匀分布。K2 算法用一个变量排序 ρ 和任一变量的父节点最大个数 u 来限制搜索空间。在搜索过程中，K2 按顺序 ρ 逐个考察每个变量确定其父节点，添加相应的边。对某一变量 X_j，如果已经找到的父节点 πX_j 个数小于 u，那么就继续为它寻找父节点。具体做法是：考虑那些排在 X_j 之前但还不是 πX_j 的变量，从这些变量中选出 X_i，使得 CH 评分 V_{new} 达到最大；然后将 V_{new} 和 V_{old} 比较，如果 $V_{new} > V_{old}$，则把 X_i 添加为 X_j 的父节点；否则停止为 X_j 寻找父节点。

b 爬山法

爬山法首先选择一个无边的初始网络。在搜索的每一步，它先用搜索算子（search operator）对当前模型进行局部修改，得到一系列候选模型；然后计算每个候选模型的评分，并将最优模型与当前模型进行比较；若最优候选模型的评分大，则以它为下一个当前模型，继续搜索；否则就停止搜索，返回当前模型再修改。

搜索算子有 3 个：加边（edge addition）、减边（edge deletion）和转边（edge reversal）。如图 9-2 所示。

爬山法一个众所周知的缺点是它可能因为陷入局部最优或是越不过坪区（plateau）而

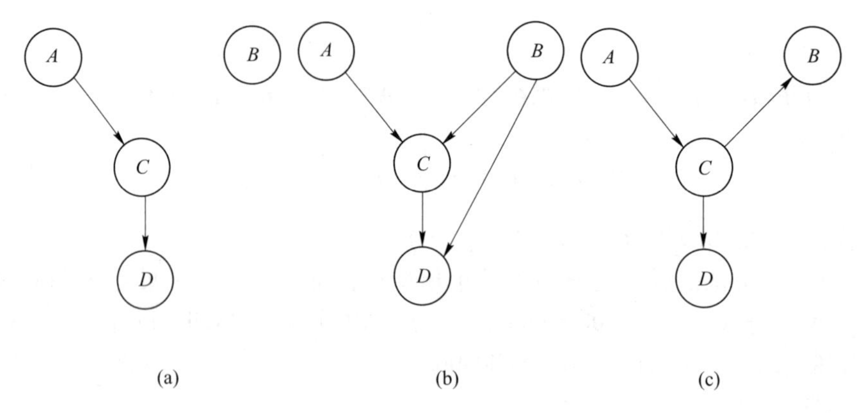

图 9-2 爬山法所用的 3 个搜索算子

（a）减边 B→C；（b）加边 B→D；（c）转边 B→C

找不到全局最优。克服此缺点的一个方法是多次运行爬山法，每次都从一个随机产生的新结构开始，最后取各次运行结果中最优的那个作为最后结果，这叫作随机重复爬山法（random restart hill-climbing）。其他启发式搜索算法还包括禁忌搜索（tabu search）和模拟退火等。

9.3.2.2 基于条件独立性的方法

贝叶斯网络可以看作是编码了变量间独立性关系的图结构，因此学习网络结构的目的是找到具有独立性关系的变量组。这类方法从数据出发，首先做一些关于变量之间独立性关系的假设检验，获得一些独立性关系，然后寻找与这些关系（约束）相容的网络结构。常用的诊断独立性关系的方法是卡方检验。

Cheng jie 等人提出了一种以互信息为 CI（条件独立）测试手段，通过相关性分析进行结构学习的算法，可将 CI 测试次数降低到 $O(N^2)$ 次，并且学习效果很好。

A 相关概念

定义 9-6 对于有向图中的一无向路径 $\varphi=(X_0,X_1,\cdots,X_{n-1})$，如果对于其中任意的 X_i，存在边 $X_{i-1}\rightarrow X_i$ 和 $X_i\leftarrow X_{i+1}$，则称节点 X_i 处于非激活状态；否则处于激活状态。应注意的是节点的状态是和特定路径相关的。当 φ 上的所有节点都处于激活状态时，则称 φ 是通路（opened-path）。而无向路径 φ 被节点集 C 阻塞是指存在 $X_i\in\varphi$ 满足下面两个条件之一：

（1）$X_i\in C$ 且 X_i 处于激活状态；（2）$(\mathrm{Descent}(X_i)\cup X_j)\cap C=\varnothing$ 且 X_i 处于非激活状态。

定义 9-7（有向分割） 设 A、B、C 为有向无环图 G 中两两不相交的结点集，且 A、B 间的任意路径都被 C 阻塞，则称 A、B 在给定 C 时条件独立，记为 $I(A,B\mid C)$。D-sep 是贝叶斯网络中一个很重要的概念，利用 D-sep 可以找出网络中蕴涵的所有的条件独立性关系。

定义 9-8（独立性关系映射） 贝叶斯网络 G 是概率模型 M 的图形表示，如果 $I(A,B\mid C)_G\rightarrow(A,B\mid C)_M$，则称 G 为概率模型 M 的独立性关系映射（I-Map）。其中 I 表示网络 G 或 M 的任一条件独立性关系。如果 $D(A,B\mid C)_G$，则称 G 为概率模型 M 的相关性关系映射（D-Map），其中 D 表示网络 G 或 M 的任一相关性关系。如果 G 既是 M 的 I-Map 又是 M 的 D-Map，则称 G 为 P-MAP（perfect map）。

贝叶斯网络学习的最终目的便是构造出概率模型 M 的 P-MAP，遗憾的是并不是所有概率模型都存在 P-MAP，因此贝叶斯网络学习算法要力求尽可能多地表达出 M 中蕴涵的条件独立性。条件独立性概念贯穿于整个贝叶斯网络的理论研究始末。

B 基于相关性分析的学习算法

在贝叶斯网络中，如果两个随机变量是相关的，则当我们知道一个变量的取值后，就可以获得另一变量取值的信息。获得的信息量多少可以使用互信息来描述，它表示了变量间的相关程度。因此通过计算节点间的互信息可以知道变量间的相关性程度，当互信息小于某一阈值时，我们就认为变量相互独立，从而可推导出网络的结构。

互信息：$I(X,Y) = \sum_{x,y} P(x,y)\lg\left(P(x,y)/P(x)P(y)\right)$

条件互信息：$I(X,Y \mid C) = \sum_{x,y} P(x,y,c)\lg(P(x,y \mid c)/P(x \mid c)P(y \mid c))$

该算法分为三个阶段：第一阶段通过计算每一节点的互信息来测量它们的相关程度，并以此来构造一个初始网络；第二阶段通过计算条件互信息来决定两个节点是否条件独立，如不是，则添加相应的边，该阶段完成后得到的网络是 I-Map；第三阶段检查当前网络中的每一条边 e，如果暂时移开 e 后，连接 e 的两个节点条件独立，则永久删除 e；否则保留；该阶段结束后，所得网络是 P-Map。

和已有算法比较，基于相关性分析的边删除算法具有以下优点：（1）整个算法依赖分析，不需要评分函数对网络进行选择，也不需要运用局部搜索算法反复搜索；（2）不需要给出一个节点顺序；（3）算法基于相关性分析，不容易对数据产生过度拟合；（4）算法发现的是一个 Markov 网，比发现 Bayesian 网效率要高。它的缺点主要是独立性检验比较容易出错，而一旦前面出错，会影响到后面的计算，另外它也不适用于缺值数据。

C 马尔科夫网转换为贝叶斯网

基于相关性分析算法得到的是一个 Markov 网，Markov 网是一个无向图，将其表示的联合概率函数变为一组条件概率的乘积，可以得到等价的 Bayesian 网。由于发现 Markov 网不需要发现边的方向，要比发现 Bayesian 网容易得多，因此可以首先发现 Markov 网，再由发现的 Markov 网设计出等价的 Bayesian 网。

一个弦化的 Markov 网所表示的联合概率函数可以写成图中各个圈（最大完全子图）对应的边缘概率的乘积除以各个圈的交集对应的边缘概率的乘积。由于弦化的 Markov 存在多个等价的 Bayesian 网，因此还需要根据常识选择一个较为合乎常理的 Bayesian 网。

为了衡量发现的 Markov 网的好坏，用到了 I-Map 的概念，希望得到的 Markov 网是尽可能多地反映样本所蕴含的依赖关系（条件独立）的无向图，即最小 I-Map。算法从一个完全图开始（n 个结点的无向完全图含有 $n(n-1)/2$ 条无向边），对每条无向边（A，B），测试 $I(A,U-A-B,B)$，若 $I(A,U-A-B,B)$ 成立，则保持（A，B），继续测试下一条边；否则，删去边（A，B）。测试完所有的无向边，即可求出样本的 I 图。

9.4 贝叶斯网络预测模型

BN 具有坚实的概率论理论基础、图形化网络结构的自然表达方式以及强大的推理功能。从系统结构状态和推理机制上来看，BN 与事故树有很大的相似性，都能够使用图形演绎系统中的逻辑关系。

贝叶斯公式是BN模型的基础，设A、B是两个事件，且$P(A)>0$，则有贝叶斯公式：

$$P(B_i \mid A) = \frac{P(A \mid B_i)P(B)}{\sum_{j=1}^{n} P(A \mid B_j)P(B_j)}, \qquad i = 1,2,\cdots,n \tag{9-60}$$

一般可用联合概率分布来描述N个变量X_1，X_2，…，X_n之间的相互关系。为了简化计算，在推理过程中，这种相互关系是以变量之间的相关性和条件相关性表现的，即可以用条件概率表示：

$$P(X_1,X_2,\cdots,X_n) = P(X_n \mid X_{n-1},\cdots,X_1) \times P(X_{n-1} \mid X_{n-2},\cdots,X_1) \times \cdots \times P(X_2 \mid X_1) \times P(X_1) \tag{9-61}$$

BN图是一个有向无环图，由节点和有向弧段组成，不构成回路。网络的拓扑结构一般是根据具体的研究问题和对象来确定的。一个BN主要由三个部分构成：代表随机变量的节点；具有概率分布特征的有向弧段，代表了节点之间的因果关系或概率关系；与每个节点相关的条件概率表。

BN推理实际上是使用条件概率表中的先验概率和已知的证据节点来计算所查询的目标节点的后验概率的过程。对BN中的一个节点，如果输入节点已知，则其条件独立于它的所有非后代节点；条件概率表是所有节点的条件概率的集合。条件概率表既可以由某方面的专家总结以往的经验给出，也可以通过条件概率公式在大样本数据当中统计求得。BN图建立的方法为：

（1）BN图中无输入节点对应事故树中的基本事件。

（2）如果节点X没有输入，即基本事件，则表中节点概率为其先验概率$P(X)$。

（3）如果节点X只有一个输入节点，则具有条件概率$P(X \mid Y)$。

（4）如果节点X有多个输入节点$\{Y_1, Y_2, \cdots, Y_n\}$，则具有条件概率$P(X \mid Y_1, Y_2,\cdots,Y_n)$。

（5）事故树在向BN图转化时遵循：“与”——所有输入节点都发生，此节点发生的概率为1，否则为0；“或”——所有输入节点都不发生，此节点发生的概率为0，否则为1；“非”——输入节点不发生，此节点发生的概率为1，否则为0。

以条件独立性为前提，根据各节点的条件概率值，可以进行BN推理预测。BN推理算法大致也可以分为精确算法和近似算法两大类。精确推理，即通过BN精确地计算出假设变量的后验概率；近似推理，即在不影响推理正确性的前提下，通过适当降低推理精度来达到提高计算效率的目的。精确推理一般用于结构简单的BN推理，而对于结点数量大、结构复杂的BN图，精确推理的复杂性会很高，因此常采用近似推理。

9.5　贝叶斯网络扩展模型

9.5.1　定性贝叶斯网络

9.5.1.1　概念描述

建立贝叶斯网络最大的困难在于获取节点的条件概率分布，在实际应用中，有时候并不需要精确的概率结果，只要一个定性的结果。Wellman 等人提出了定性贝叶斯网络（Qualitative Bayesian Networks，QBN）模型，是贝叶斯网络的定性抽象，两者具有相同的拓扑结构，但在描述变量（节点）之间的影响关系时，QBN 使用定性的影响标记代替定量的概率分布，简化了建模过程。图 9-3（a）所示为一个贝叶斯网，图 9-3（b）所示为对应的 QBN。

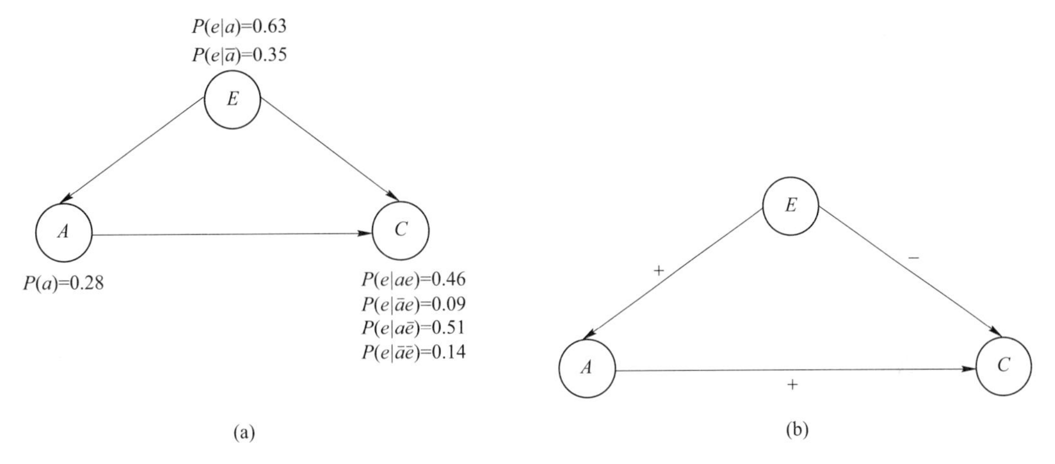

图 9-3 贝叶斯网与定性贝叶斯网

QBN 要求节点的取值是能够排序的，并定义了变量之间的四种影响关系，其中“+”代表正影响（positive influence），即一个变量取值的正向变化能够导致另一节点取值的正向变化；“-”代表负影响（negative influence）；“0”表示无影响（zero influence）；“?”表示非单调的影响（non-monotonic）或不确定状态（ambiguous）。QBN 中的这些定性关系均由本领域专家经验确定。

定义 9-9 设 A，$B\in V(G)$，$A\rightarrow B\in E(G)$，A 对 B 有正影响，记作 $S^{+}(A,B)$，当且仅当对 B 的所有取值 b 时，下式成立。

$$p(b_i \mid a_j x) \geqslant p(b_i \mid a_k x) \tag{9-62}$$

式中，a_j、a_k 是 A 的任意两个满足 $a_j>a_k$ 的取值；$X=(\prod B)\backslash A$；x 是 X 的任意取值。

同理，用≤和=代替≥来定义 S^{-}（A，B）和 S^{0}（A，B）。

如果 $p(b_i \mid a_j x)>p(b_i \mid a_k x)$ 且 $p(b_i \mid a_j x')<p(b_i \mid a_k x')$，则定性影响是非单调的；如果无法获得关于概率分布的完整信息，可以认为定性影响是不确定的，记为 $S^{?}(A,B)$。

如图 9-3 所示，因为 $p(c \mid ae)>p(c \mid \bar{a}e)$，$p(c \mid a\bar{e})>p(c \mid \bar{a}\,\bar{e})$，所以 $S^{+}(A,C)$。同理可得 $S^{+}(A,E)$，$S^{-}(E,C)$。

9.5.1.2 推理运算

定性影响具有对称性、传递性和归并性，这些特性可用于推理算法当中。QBN 的推理就是各种影响关系沿着网络路径的相互运算过程，有两种运算方式：⊗运算（乘运算）和⊕运算（加运算），见表 9-3 和表 9-4。

表 9-3 乘运算

⊗运算	运算符				
运算符	⊗	+	−	0	?
	+	+	−	0	?
	−	−	+	0	?
	0	0	0	0	0
	?	?	?	0	?

表 9-4 加运算

⊕运算	运算符				
运算符	⊕	+	−	0	?
	+	+	?	+	?
	−	?	−	−	?
	0	+	−	0	?
	?	?	?	?	?

定性影响具有以下一些性质：

对称性（symmetry）：如果存在 $S^{+}(A,B)$，则同样有 $S^{+}(B,A)$。

传递性（transitivity）：用⊗运算计算影响力的传递，如图 9-4（a）所示。

叠加性（composition）：用⊕运算计算影响力的叠加，如图 9-4（b）所示。

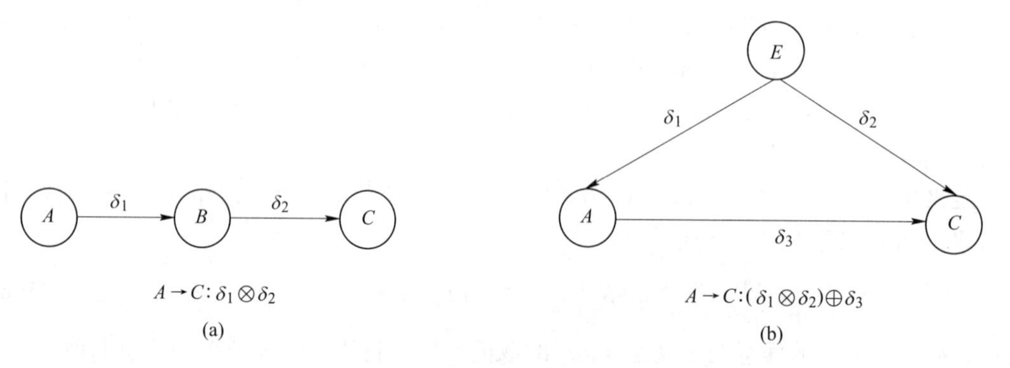

图 9-4 定性贝叶斯网的运算

（a）⊗运算实例；（b）⊕运算实例

协合作用（synergy）：表示两个变量的值共同影响第三个变量的概率值。例如 A 和 B 对 C 的加法协和协合作用为正，表示为 $Y^{+}(\{A,B\},C)$，意思是在 C 不受其他影响的情况下，A 和 B 对 C 的共同作用比它们单个作用的和要大，

$$P(c \mid a,b,x) + P(c \mid \bar{a},\bar{b},x) \geqslant P(c \mid a,\bar{b},x) + P(c \mid \bar{a},b,x) \tag{9-63}$$

乘法协合作用表示了在第三个变量的值已知的情况下，一个变量的值怎样影响另外一个变量的概率值。例如，给定 A、B 对 C 的共同影响力 T，则 A 对 B 的负乘法协合作用表示为 $X^{-}(\{A,B\},C)$，意思是在 C 不受其他影响的情况下，A 对 C 的 T 值不太可能会增强 B 对 C 的 T 值，

$$P(c \mid a,b,c) \times P(c \mid \bar{a},\bar{b},x) \leqslant P(c \mid a,\bar{b},x) \times P(c \mid \bar{a},b,x) \tag{9-64}$$

“-，0,?”加法和乘法协合作用的定义类似。

9.5.1.3 模型改进

A 半贝叶斯网络

在咨询多个专家以构建贝叶斯网络模型的多次反复过程中，通常是请专家一次量化网络的一个局部。由于专家知识背景不同，对于网络中某个局部（若干节点间的关系），有的专家可以明确给出定量信息，有的专家只能给出定性信息。因此，在与专家多次反复交互的过程中，势必形成一种半定性贝叶斯网络，其中既包括以 C、P、T 表示的定量信息，也包括以定性符号表示的定性信息。即对于网络上每一个节点 A，既可以指定 $P(A \mid \pi A)$，也可以对于每一条有向边 $C \to A$，$C \in \pi A$，指定 C 对 A 的定性影响关系：$S^{\delta}(C,A),(\delta \in \{+,-,0,?\})$。

B 权重贝叶斯网络

QBN 用四种标记来体现变量之间的影响关系，但不能体现影响力强弱，在进行推理时经常会出现不确定的结果。有学者将影响力分为“弱影响力”和“强影响力”两级，但是没有明确的分级标准。在此基础上，提出了带权重的定性贝叶斯网络，通过权重来体现影响力的强弱，权重越大影响力越强，反之影响力越弱。

设 A，$B \in V(G)$，$A \to B \in E(G)$，则 A 对 B 有 ξ 程度上的正影响，记作 $S^{\xi+}(B,A)$，当且仅当对 B 的所有取值 b_i 式（9-66）成立：

$$p(b_i \mid a_j x) - p(b_i \mid a_k x) = \xi, \qquad 0 < \xi \leqslant 1 \tag{9-65}$$

式中，ξ 是影响力权重。随着 a_j、a_k 的不同，$P(b_i \mid a_j x) - P(b_i \mid a_k x)$ 的值可能是不同的，这里我们将 ξ 理解为它们的均值。

假定所有的节点都是二值型，则可将式（9-66）简化为

$$p(b \mid ax) - p(b \mid \bar{a}\,\bar{x}) = \xi \tag{9-66}$$

$S^{\xi-}(B, A)$的定义类似，需满足

$$p(B \geqslant b_i \mid a_j x) - p(B \geqslant b_i \mid a_k x) = -\xi, \qquad 0 < \xi \leqslant 1 \tag{9-67}$$

修正后的推理运算规则见表 9-5 和表 9-6，与表 9-3、表 9-4 相比，不再只是符号之间的运算，而是权重和符合共同运算的结果。从中可以看出：（1）经过运算，⊗影响力会变弱（因为权重都小于 1）。（2）两个相同的影响关系经过⊕运算，影响力会加强；两个反向的影响关系经过⊕运算，影响力会相互抵消。

表 9-5 带权重的 QBN 乘运算规则

⊗运算	运算符				
运算符	⊗	ξ^+	ξ^-	0	?
	ω^+	$\xi\omega^+$	$\xi\omega^-$	0	?
	ω^-	$\xi\omega^-$	$\xi\omega^+$	0	?
	0	0	0	0	0
	?	?	?	0	?

表 9-6 带权重的 QBN 加运算规则

⊕运算	运算符				
运算符	⊕	ξ^+	ξ^-	0	?
	ω^+	$(\xi+\omega)^+$	②	ω^+	?
	ω^-	①	$(\xi+\omega)^-$	ω^-	?
	0	ξ^+	ξ^-	0	?
	?	?	?	?	?

（1）若 $\xi \geqslant \omega$，则 $(\xi-\omega)^+$；否则 $(\xi-\omega)^-$。

（2）若 $\xi \geqslant \omega$，则 $(\xi-\omega)^-$；否则 $(\xi-\omega)^+$。

9.5.2 高斯贝叶斯网络

在事故预测中，还存在变量是连续的情况，这时可以用连续贝叶斯网络来处理，下面介绍高斯贝叶斯网络（Gaussian Bayesian networks），其表示的是多变量正态分布。

9.5.2.1 *表示方法*

设变量集 $\boldsymbol{X}=\{X_1,X_2,\cdots,X_n\}$ 服从正态分布 $N(\boldsymbol{\mu},\boldsymbol{\Sigma})$，则联合概率分布为

$$f(x_1,x_2,\cdots,x_n)=(2\pi)^{-n/2}\,|\boldsymbol{\Sigma}|^{-1/2}\exp\{-1/2\,(\boldsymbol{X}-\boldsymbol{\mu})^{\mathrm{T}}\boldsymbol{\Sigma}^{-1}(\boldsymbol{X}-\boldsymbol{\mu})\} \tag{9-68}$$

式中，$\boldsymbol{\mu}$ 为变量集 X 的 n 维均值向量；$\boldsymbol{\Sigma}$ 为 $n\times n$ 维协方差矩阵。

计算高斯贝叶斯网络的联合概率分布 JPD 有两种方法。

A *通过条件概率分布 CPD 来确定 JPD*

根据条件独立性，联合概率分布 $f(x_1,x_2,\cdots,x_n)$ 可以表示为

$$f(x_1,x_2,\cdots,x_n)=\prod_{i=1}^{n}f_i(x_i\mid x_1,x_2,\cdots,x_n)=\prod_{i=1}^{n}f_i(x_i\mid\pi(x_i)) \tag{9-69}$$

其中

$$f_i(x_i\mid\pi(x_i))\ \sim N\Big[\mu_i+\sum_{j=1}^{i-1}\beta_{ij}(x_j-\mu_j),v_i\Big] \tag{9-70}$$

式中，μ_i 为 X_i 的均值；v_i 为给定 X_i 的父节点 $\pi(X_i)=\pi(x_i)$ 时 X_i 的条件方差，$v_i=\sum_i-\sum_{i\pi_i}\sum_{\pi_i}^{-1}\sum_{i\pi_i}^{\mathrm{T}}$；$\beta_{ij}$ 为 $X_i=x_i$ 时 X_j 的退化系数，表示了 X_i 和 X_j 之间关系的强度。

因此有

$$\beta_{ij}=\frac{\sigma_i}{\sigma_j}\rho_{ij} \tag{9-71}$$

式中，σ_i 为 X_i 的均方差；ρ_{ij} 为 X_i 和 X_j 的相关系数。当 $\sigma_i=\sigma_j$ 时，$\beta_{ij}=\rho_{ij}$，当且仅当 X_i 和 X_j 相互独立，即 X_j 不是 X_i 的父节点时，$\beta_{ij}=0$。

因此，高斯贝叶斯网络的条件概率分布 CPD 和联合概率分布 JPD 就由参数 $\{\mu_1,\mu_2,\cdots,\mu_n\}$、$\{v_1,v_2,\cdots,v_n\}$ 和 $\{\beta_{ij}\mid j<i\}$ 来确定。

B *通过 JPD 的表达式直接确定*

在高斯贝叶斯网络中，直接确定联合概率分布 $f(x_1,x_2,\cdots,x_n)$ 的协方差矩阵 $\boldsymbol{\Sigma}$ 比较困难，而确定其逆矩阵 $\boldsymbol{W}$ 则相对容易。Shachter 和 Kenley 提供了由上述参数求联合分布 $N(\boldsymbol{\mu},\boldsymbol{\Sigma})$ 的方法，即协方差矩阵 $\boldsymbol{\Sigma}$ 的逆矩阵 $\boldsymbol{W}$ 求解表示为

$$W(i+1)=\begin{bmatrix} W(i)+\dfrac{\boldsymbol{\beta}_{i+1}\boldsymbol{\beta}_{i+1}^{\mathrm{T}}}{v_{i+1}} & -\dfrac{\boldsymbol{\beta}_{i+1}}{v_{i+1}} \\ -\dfrac{\boldsymbol{\beta}_{i+1}^{\mathrm{T}}}{v_{i+1}} & \dfrac{1}{v_{i+1}} \end{bmatrix} \tag{9-72}$$

式中，$W(i)$表示 W 的 $i\times i$ 左上子矩阵；$\boldsymbol{\beta}_i$ 表示 $\{\beta_i^j \mid j<i\}$ 的列向量；$W(1)=\dfrac{1}{v_i}$。

可以看出，具体计算时，

$$W(i+1)_{[i,i]}=W(i)+\frac{\boldsymbol{\beta}_{i+1}\boldsymbol{\beta}_{i+1}^{\mathrm{T}}}{v_{i+1}} \tag{9-73}$$

$$\omega(i+1)_{[i+1,i+1]}=\frac{1}{v_{i+1}} \tag{9-74}$$

$$\omega(i+1)_{[j,i+1]}=\omega(i+1)_{(i+1,j)}=-\frac{\beta_{i+1}^j}{v_{i+1}},\qquad j=1,2,\cdots,i \tag{9-75}$$

式中，$\omega(i+1)_{[j,i+1]}$是 $W(i+1)$的第 j 行第 $i+1$ 列的元素；$W(i+1)_{[i,i]}$是 $W(i+1)$的 $i\times i$ 左上子矩阵，$i=1$，2，…，n。

假定各变量的初始均值为零，则条件方差可按如下原则取定：

$$v_i=\begin{cases}10^{-4}, & X_i\text{ 不可观测} \\ 1, & \text{其他}\end{cases} \tag{9-76}$$

意义是当与隐含因素 X_i 有关的全部表层变量被确定后，隐含因素即成为确定性因素，其条件方差极小。

已知 $\boldsymbol{v}_i$ 和 β_{ij}就可以通过式（9-72）计算矩阵 $W=\boldsymbol{\Sigma}^{-1}$。进而通过式（9-68）计算联合概率分布。

例 9-6 在图 9-5 所示的高斯贝叶斯网络中，假设变量（A，B，C，D）都服从正态分布 $N(\boldsymbol{\mu},\boldsymbol{\Sigma})$，求其联合概率分布。

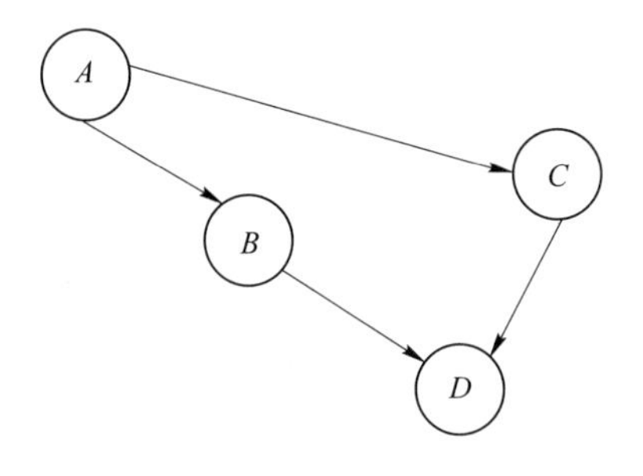

图 9-5 高斯贝叶斯网络结构图

联合概率分布的因子分解为

$$f(a,b,c,d)=f(a)f(b\mid a)f(c\mid a)f(d\mid b,c)$$

其中，

$$f(a)\sim N(\mu_A,v_A)$$

$$f(b\mid a)\sim N(\mu_B+\beta_{BA}(a-\mu_A),v_B)$$

$$f(c \mid a) \sim N(\mu_C + \beta_{CA}(a - \mu_A), v_C)$$

$$f(d \mid b, c) \sim N(\mu_D + \beta_{DB}(b - \mu_B) + \beta_{DC}(c - \mu_C), v_D)$$

涉及的参数有 $\{\mu_A, \mu_B, \mu_C, \mu_D\}$、$\{v_A, v_B, v_C, v_D\}$ 和 $\{\beta_{BA}, \beta_{CA}, \beta_{DB}, \beta_{DC}\}$。

例如，已知

$$\mu_A = 3, \mu_B = 4, \mu_C = 9, \mu_D = 14; v_A = 4, v_B = 1, v_C = 4, v_D = 1$$

$$\beta_{BA} = 1, \beta_{CA} = 2, \beta_{DB} = 1, \beta_{DC} = 1$$

可以计算出

$$\boldsymbol{W}(2) = \begin{bmatrix} \dfrac{1}{v_A} + \dfrac{\boldsymbol{\beta}_{BA}^2}{v_B} & -\dfrac{\boldsymbol{\beta}_{BA}}{v_B} \\ -\dfrac{\boldsymbol{\beta}_{BA}^{\mathrm{T}}}{v_B} & \dfrac{1}{v_B} \end{bmatrix} = \begin{bmatrix} \dfrac{5}{4} & -1 \\ -1 & 1 \end{bmatrix}$$

$$\boldsymbol{W}(3) = \begin{bmatrix} \boldsymbol{W}(2) + \dfrac{[\boldsymbol{\beta}_{CA}, 0]^{\mathrm{T}}[\boldsymbol{\beta}_{CA}, 0]}{v_C} & -\dfrac{[\boldsymbol{\beta}_{CA}, 0]^{\mathrm{T}}}{v_C} \\ -\dfrac{[\boldsymbol{\beta}_{CA}, 0]}{v_C} & \dfrac{1}{v_C} \end{bmatrix} = \begin{bmatrix} \dfrac{9}{4} & -1 & -\dfrac{1}{2} \\ -1 & 1 & 0 \\ -\dfrac{1}{2} & 0 & \dfrac{1}{4} \end{bmatrix}$$

$$\boldsymbol{W}(4) = \begin{bmatrix} \boldsymbol{W}(3) + \dfrac{[0, \boldsymbol{\beta}_{DB}, \boldsymbol{\beta}_{DC}]^{\mathrm{T}}[0, \boldsymbol{\beta}_{DB}, \boldsymbol{\beta}_{DC}]}{v_D} & -\dfrac{[0, \boldsymbol{\beta}_{DB}, \boldsymbol{\beta}_{DC}]^{\mathrm{T}}}{v_D} \\ -\dfrac{[0, \boldsymbol{\beta}_{DB}, \boldsymbol{\beta}_{DC}]}{v_D} & \dfrac{1}{v_D} \end{bmatrix}$$

$$= \begin{bmatrix} \dfrac{9}{4} & -1 & -\dfrac{1}{2} & 0 \\ -1 & 2 & 1 & -1 \\ -\dfrac{1}{2} & 1 & \dfrac{5}{4} & -1 \\ 0 & -1 & -1 & 1 \end{bmatrix}$$

9.5.2.2 信息更新和推理

对于 n 维变量集 $X=\{X_1, X_2, \cdots, X_n\}$，在获得包含所有变量的高斯正态分布 $N(\boldsymbol{\mu}, \boldsymbol{\Sigma})$ 后，考虑将 $X\sim N(\boldsymbol{\mu}, \boldsymbol{\Sigma})$ 分成 Y 和 Z 两部分子集，其中 $Y\sim N(\mu_Y, \boldsymbol{\Sigma}_Y)$ 为隐含的变量子集，$Z\sim N(\mu_Z, \boldsymbol{\Sigma}_Z)$ 为表层的变量子集，则联合多元高斯分布的均值和协方差就表示为

$$\boldsymbol{\mu} = \begin{pmatrix} \mu_Y \\ \mu_Z \end{pmatrix}, \qquad \boldsymbol{\Sigma} = \begin{pmatrix} \boldsymbol{\Sigma}_{YY} & \boldsymbol{\Sigma}_{YZ} \\ \boldsymbol{\Sigma}_{ZY} & \boldsymbol{\Sigma}_{ZZ} \end{pmatrix} \tag{9-77}$$

式中，$\boldsymbol{\Sigma}_{YZ} = \boldsymbol{\Sigma}_{ZY}^{\mathrm{T}}$ 为 Y 和 Z 两部分子集。

于是，$Z=z$ 条件下 Y 的条件概率的均值和方差分别为

$$E(Y \mid Z = z) = \mu_y + \boldsymbol{\Sigma}_{yz}\boldsymbol{\Sigma}_z^{-1}(z - \mu_z)$$

$$V(Y \mid Z = z) = \boldsymbol{\Sigma}_y - \boldsymbol{\Sigma}_{yz}\boldsymbol{\Sigma}_z^{-1}\boldsymbol{\Sigma}_{yz}^{\mathrm{T}} \tag{9-78}$$

式（9-78）表示当 Z 子集在获得观察数据 $Z=z$ 时，Y 子集的均值和方差将发生改变。特别地，当观察数据 Z 为逐一获得时，z、μ_z 和 $\boldsymbol{\Sigma}_z^{-1}$ 均为标量，则无须对矩阵 $\boldsymbol{\Sigma}_z^{-1}$ 求逆。

例 9-7

解：表 9-7 为航空事故的致灾因素，可以分为两类：一类为可以直接被观测到的表层因素，另外一类为隐含因素，隐含因素更具不确定性（见表 9-7）。通过机务维修专家致灾因素之间相互关系的分析意见，绘出贝叶斯网络结构如图 9-6 所示。应用高斯贝叶斯网络方法，对航空灾害的成因机理进行分析并进行事故预测。

表 9-7 航空事故的致灾因素分类表

变量名	隐含因素	变量名	表层因素
X_2	人为致灾因素	X_1	航空事故
X_3	机和设备致灾因素	X_{13}	照明度低
X_4	维修失误	X_{14}	作业空间受限
X_5	地面人员失误	X_{15}	午夜时段维修
X_6	机组人员失误	X_{16}	工作压力大
X_7	维修未按程序操作	X_{17}	风挡损坏
X_8	环境致灾因素	X_{18}	维修计划不合理
X_9	维修人员疲劳	X_{19}	安全监督薄弱
X_{10}	组织管理致灾因素	X_{20}	检验不到位
X_{11}	维修质控缺陷	X_{21}	工具校准不规范
X_{12}	维修未核对零件号	X_{22}	机组操作有误
		X_{23}	机组配合不当

图 9-6 中弧上标的数字为与变量 X_i 和 X_j 的相关系数和均方差有关的退化系数 β_{ij}（见式（9-71）），可从分析因素的不确定性和两随机因素的相互关系，结合经验获得。

随着各表层因素逐一被观测到，各隐含因素的均值发生变化，同时不确定性逐渐减少。均值的变化则反映了隐含因素程度的变化，从中还可以看出各表层因素与隐含因素的关系。根据式（9-79）计算隐含因素的均值和均方差。

例 9-8 仍以图 9-5 为例，求其隐含因素的均值和协方差。

由 $\boldsymbol{\Sigma}^{-1}=\boldsymbol{W}$（4），可知

$$\boldsymbol{\Sigma}=\begin{bmatrix}4 & 4 & 8 & 12\\ 4 & 5 & 8 & 13\\ 8 & 8 & 20 & 28\\ 12 & 13 & 28 & 42\end{bmatrix}$$

又已知证据为 $\{A=7,\ C=17,\ B=8\}$，根据式（9-78）得到：

（1）证据 $\{A=7\}$，剩余节点 $Y=\{B,C,D\}$ 的均值和协方差矩阵为

$$\boldsymbol{E}(Y\mid A=7)=\begin{pmatrix}4\\9\\14\end{pmatrix}+\begin{pmatrix}4\\8\\12\end{pmatrix}\times\frac{1}{4}\times(7-3)=\begin{pmatrix}8\\17\\26\end{pmatrix}$$

$$\boldsymbol{V}(Y\mid A=7)=\begin{pmatrix}5 & 8 & 13\\ 8 & 20 & 28\\ 13 & 28 & 42\end{pmatrix}-\begin{pmatrix}4\\8\\12\end{pmatrix}\times\frac{1}{4}\times(4\quad 8\quad 12)=\begin{pmatrix}1 & 0 & 1\\ 0 & 4 & 4\\ 1 & 4 & 6\end{pmatrix}$$

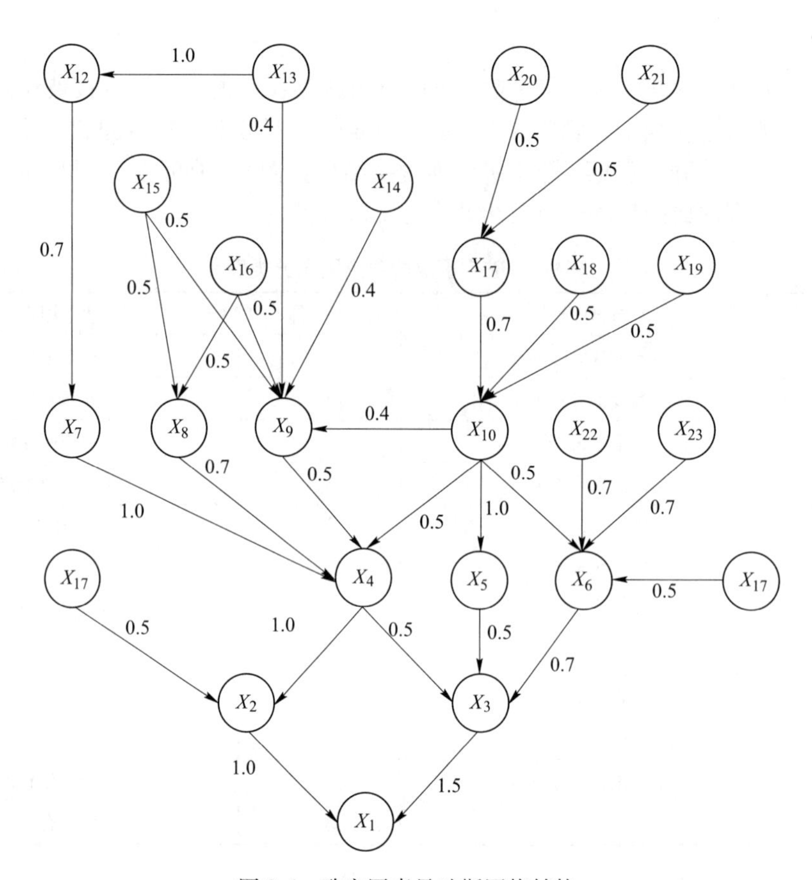

图 9-6　致灾因素贝叶斯网络结构

（2）证据 $\{A=7,\ C=17\}$，加入证据 $C=17$，则剩余节点 $Y=\{B,D\}$ 的均值和协方差矩阵为

$$\boldsymbol{E}(Y \mid A=7, C=17)=\begin{pmatrix}4\\14\end{pmatrix}+\begin{pmatrix}4 & 8\\12 & 28\end{pmatrix}\times\begin{pmatrix}4 & 8\\8 & 20\end{pmatrix}^{-1}\times\begin{pmatrix}7-3\\17-9\end{pmatrix}=\begin{pmatrix}8\\26\end{pmatrix}$$

$$\boldsymbol{V}(Y \mid A=7, C=17)=\begin{pmatrix}5 & 13\\13 & 42\end{pmatrix}+\begin{pmatrix}4 & 8\\12 & 28\end{pmatrix}\times\begin{pmatrix}4 & 8\\8 & 20\end{pmatrix}^{-1}\times\begin{pmatrix}4 & 12\\8 & 28\end{pmatrix}=\begin{pmatrix}1 & 1\\1 & 2\end{pmatrix}$$

（3）证据 $\{A=7,\ C=17,\ B=8\}$，加入证据 $B=8$，则得到 D 的均值和协方差矩阵为

$$E(D \mid A=7, C=17, B=8)=14+(12\quad 28\quad 13)\begin{pmatrix}4 & 8 & 4\\8 & 20 & 8\\4 & 8 & 5\end{pmatrix}^{-1}\begin{pmatrix}7-3\\17-9\\8-4\end{pmatrix}=26$$

$$V(D \mid A=7, C=17, B=8)=42-(12\quad 28\quad 13)\begin{pmatrix}4 & 8 & 4\\8 & 20 & 8\\4 & 8 & 5\end{pmatrix}^{-1}\begin{pmatrix}12\\28\\13\end{pmatrix}=1$$

通过高斯贝叶斯网络在事故预测中的应用，可以发现隐含的内部因素对系统的影响程度，以及隐含因素从不确定性状态的演变过程。该方法有助于表层因素与隐含因素的相关分析，不失为分析事故致灾因素的有效方法。根据对事故成因机理的分析，可有针对地采用预警和预控管理对策，从而降低事故率和灾害损失。

9.5.3　动态贝叶斯网络

为了能够处理动态的不确定性问题，需要将贝叶斯网络扩展成带有时间参数的动态贝叶斯网络（Dynamic/temporal Bayesian Networks，DBNs）。动态贝叶斯网络是建立在静态贝叶斯网络和隐马尔科夫模型的基础上的图形结构。

离散动态贝叶斯网络是离散静态贝叶斯网络随时间的重复和发展。它的动态并不是说网络结构随着时间的变化而发生变化，而是样本数据，或者说观测数据，随着时间的变化而变化。即每一时间片是一个结构和参数完全相同的离散静态贝叶斯网络。

9.5.3.1　基本表示

动态贝叶斯网络的基本结构如图 9-7 所示。这里的 DBNs 是初始网络在事件上的一种扩展，由初始网络和转移网络构成，其中每个时间片对应一个静态 BNs，可看作由一系列静态贝叶斯网络链接而成。且设整个网络含有有限个时间片 T，每个片由一个有向无环图 $G(t)=(V(t),E(t))$ 和满足条件独立性的条件概率表组成。各个片断之间通过有向无边连接，这些有向边称为转移网络，时间片 t 的转移网络用 $E^{\text{tmp}}(t)$ 表示

$$E^{\text{tmp}}(t)=\{(a,b)\mid(a,b)\in E,a\in V(t-1),b\in V(t)\},\qquad t'\leqslant t\leqslant t'+T-1 \tag{9-79}$$

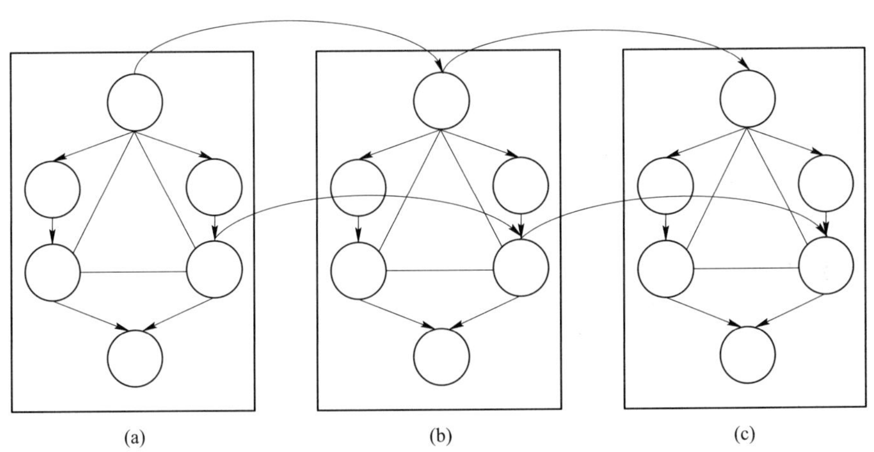

图 9-7　动态贝叶斯网络示意图

（a）时间片 1；（b）时间片 2；（c）时间片 3

DBNs 满足一阶马尔科夫假设：在 T 时间片的状态仅与 $t-1$ 时间片的状态有关，而和 $t-1$ 以前的时间片的状态无关。即

$$P(G_T\mid G_{t-1},G_{t-2},\cdots,G_1)=P(G_T\mid G_{t-1}) \tag{9-80}$$

设整个网络的初始时间片是 t'，则整个动态贝叶斯网络 $G=(V,E)$：

$$\begin{cases} V=V(t',T)=\bigcup\limits_{t=t'}^{t'+T-1}V(t) \\ E=E(t',T)=E(t')\ \cup\bigcup\limits_{t=t'+1}^{t'+T-1}E^*(t) \end{cases} \tag{9-81}$$

式中，$E^*(t)=E(t)\cup E^{\text{tmp}}(t)$。

9.5.3.2 概率表示

DBN还可以表示为（G_1，$G_{\rightarrow}$），G_1是初始时间片的网络，它的联合概率可以表示成$P(V_1)$，而$G_{\rightarrow}$是一个双帧的概率网（two-slice temporal bayesian network，2TBN），概率表达如下：

$$P(V_t \mid V_{t-1}) = \prod_{i=1}^{N} P(V_t^i \mid \pi V_t^i) \tag{9-82}$$

式中，V_t^i为第t个时间片中第i个节点；πV_t^i为V_t^i的父节点，一个节点的父节点可以是当前时间片中的节点，也可以是当前时间片中的节点，也可以是前一个时间片中的节点。

帧间的弧表示因果关系随着时间的变化进行了推移。如果V_{t-1}^i到V_t^i之间有弧连接，那么这个节点i就被称作持久点（persistent）。相对于帧间的关系，帧内的点之间可以任意的进行连接，这种连接代表的是瞬时的因果关系。

9.5.3.3 推理算法

对于一个包含T个事件片的离散动态贝叶斯网络，假定每个时间片有n个隐藏节点，有m个观测节点，分别为（X_1，X_2，…，X_n）和（Y_1，Y_2，…，Y_n），则离散动态贝叶斯网络的推理的个根本目的是计算

$$P(x_{11},x_{12},\cdots,x_{1n};\cdots;x_{T1},x_{T2},\cdots,x_{Tn} \mid y_{11},y_{12},\cdots,y_{1n};\cdots;y_{T1},y_{T2},\cdots,y_{Tn}) \tag{9-83}$$

式中，x_{ij}或y_{ij}表示第j个时间片的第i个隐藏节点（或观测节点）处的某个状态。

目前应用最广泛的离散动态贝叶斯网络的推理算法有边界算法和接口推理算法。本书介绍的是接口推理算法。

接口算法是对边界算法的改进，它把向下一个时间片发出弧的所有隐藏节点作为一个分离集单独表示出来。包含一个时间片内所有向下一个时间片发出弧的节点的集合构成的分离集，就称为接口，是两个时间片通信的界面和接口，即为I。推理的目的是计算$P(I_t \mid y_{t+:T})$。将$y_{1:T}$分为两个部分：一部分是$y_{1:t}$，另一部分是$y_{t-1:T}$，因此可以将$P(I_t \mid y_{t+1:T})$分成两步进行，先计算$P(I_t \mid y_{1:t})$，然后再从最后的时间片逐级吸收$P(I_t \mid y_{t+1:T})$。这样就形成前向和后向两个计算过程，称为前向通道和后向通道。

9.6 系统安全的贝叶斯网络预测模型应用

本节以金属矿山冒顶片帮事故为例介绍，金属矿山冒顶片帮事故是多个不安全因素共同作用的结果，这些因素之间有着一定的因果和逻辑关系，冒顶片帮事故的发生具有随机不确定性且无规律可循。目前，冒顶片帮事故的预测方法可以分为两种：一种是监测技术预报，如声发射探测技术、压力探测方法等；另一种是采用预测技术，如时间序列预测、灰色GM（1，1）预测、模糊综合评判方法、事故树分析等进行评价分析。

采用监测技术预报，需要在监测点设计和安装相应的监测仪器，花费比较大，且监测过程容易受环境因素影响，如受噪声、岩体的不均质性和裂隙性等，一旦监测技术预报结果出现误差，将很难修正或剔除。预测技术的应用相对来说比较方便，但也有不足之处，如传统的时间序列、灰色GM（1，1）等预测模型对随机性变化处理能力较弱且无法表达系统中各因素的相关关系；模糊综合评判、事故树等评价方法较难解决系统中某些事件的

变化对整体的影响。贝叶斯网络预测法具有综合先验信息和样本信息的能力，能通过大量数据学习，揭示隐藏在不确定信息中的概率关联，从而可以准确推理网络节点变量之间的因果和条件相关关系，并定量化表达。因此，利用贝叶斯网络的强大推理功能，预测和评价金属矿山冒顶片帮事故系统，可以为矿业系统金属矿山冒顶片帮事故预防和安全管理提供科学的决策理论。

9.6.1 BN 推理预测和重要度分析

在 BN 图中，基本事件先验概率即为其发生概率，每个非基本事件将对应一个条件概率表，当某个节点的状态已确定（即有证据输入）时，信息会通过 BN 的有向弧向前传播，从而可以得出非基本事件的发生概率。由此原理，根据基本事件的发生状况可以对前向事件进行分析，这种推理称为前向推理。利用联合概率分布可以容易地求解非基本事件 X 的发生概率 $P(X)$：

$$P(X) = \prod_{i=1}^{n} P(X_i \mid Pa_i) \tag{9-84}$$

式中，Pa_i表示某个节点 X_i的输入节点集，即对 X_i施加影响作用的那些节点。

通过联合概率求解顶上事件 T 发生的概率为

$$P(T=1) = \sum_{i=1}^{n} P(X_1 = e_1, X_2 = e_2, \cdots, X_n = e_n, T = 1) \tag{9-85}$$

式中，X_i为对应于 BN 的非顶上事件；n 为非顶上事件的数目；e_i表示非顶上事件 X_i发生与否，$e_i \in \{0,1\}$。

后验概率是以先验概率为基础，依据贝叶斯公式重新修正得到的比较符合实际情况的概率。使用后验概率预测评价冒顶片帮事故系统，可以避免残缺值带来的预测不变以及单一先验信息可能带来的主观偏见。顶上事件 T 发生的状态下，基本事件 X_k发生的后验概率为

$$P(X_k = 1 \mid T = 1) = \frac{\sum_{i=1}^{n} P(X_i = e_i, X_k = 1, T = 1, 1 \leqslant i \leqslant N, i \neq k)}{P(T=1)} \tag{9-86}$$

9.6.2 重要度分析

重要度是指某个基本事件的概率重要性，即此基本事件发生概率的微小变化导致顶上事件发生概率的变化率。重要度分析是分析基本事件对事故发生概率的影响程度，在安全预测、评价中具有重大意义。利用贝叶斯网络可以直接分析基本事件对冒顶片帮事故发生的影响程度。

概率重要度：

$$I_i^{\mathrm{Pr}} = P(T=1 \mid E_i = 1) - P(T=1 \mid E_i = 0) \tag{9-87}$$

结构重要度：

$$\begin{aligned} I_i^{\mathrm{st}} = & P(T=1 \mid E_i = 1, P(E_j = 1) = 0.5, 1 \leqslant j \neq i \leqslant N) - \\ & P(T=1 \mid E_i = 0, P(E_j = 1) = 0.5, 1 \leqslant j \neq i \leqslant N) \end{aligned} \tag{9-88}$$

关键重要度：

$$I_i^{\mathrm{Cr}} = \frac{P(T=1 \mid E_i=1) - P(T=1 \mid E_i=0)}{P(T=1)} \tag{9-89}$$

9.6.3 冒顶偏帮事故BN模型的建立

针对具体研究对象（如采区），可建立金属矿山冒顶片帮事故树，其基本时间和非基本事件分别见表9-8和表9-9，采用基于时间统计的专家预测定量分析方法，可确定基本事件的先验概率（见表9-8）。

表9-8 冒顶片帮事故树基本事件

编号	名称	代号	先验概率
1	规章制度不健全	X_1	0.0625
2	执行规章制度欠佳	X_2	0.0625
3	未敲帮问顶	X_3	0.0625
4	安全检查欠佳	X_4	0.0625
5	未掌握顶板活动规律	X_5	0.0625
6	工作面无支护	X_6	0.0078
7	工作面正常推进	X_7	0.0078
8	安全意识差	X_8	0.0117
9	未执行作业规程	X_9	0.0117
10	培训无效	X_{10}	0.0117
11	有冒顶预兆不及时采取措施	X_{11}	0.0117
12	救护欠佳	X_{12}	0.0117
13	隐患整改失误	X_{13}	0.0117
14	预防失误	X_{14}	0.0117
15	矿岩不稳定	X_{15}	0.125
16	结构面造成矿岩不稳固	X_{16}	0.125
17	支护方式不当	X_{17}	0.125
18	支护质量差	X_{18}	0.125

金属矿山冒顶片帮事故系统非基本事件的概率计算结果见表9-9。

表9-9 非基本事件概率

代号	名称	发生概率	代号	名称	发生概率
A_1	管理缺陷	0.0217	C_1	危险认识欠佳	0.1760
A_2	已存在的危险	0.4138	C_2	支护管理不善	0.0461
B_1	管理系统不健全	0.2758	C_3	处理失误	0.0348
B_2	管理失误	0.0793	D_1	空顶作用	0.0001
B_3	围岩不稳固	0.2344	D_2	作业人员无知	0.0348
B_4	支护无效	0.2344	D_3	冒顶片帮	0.0090

按照建立贝叶斯网络图的方法，根据已建立的冒顶片帮事故树，可转化成金属矿山冒顶片帮事故BN图，如图9-8所示。

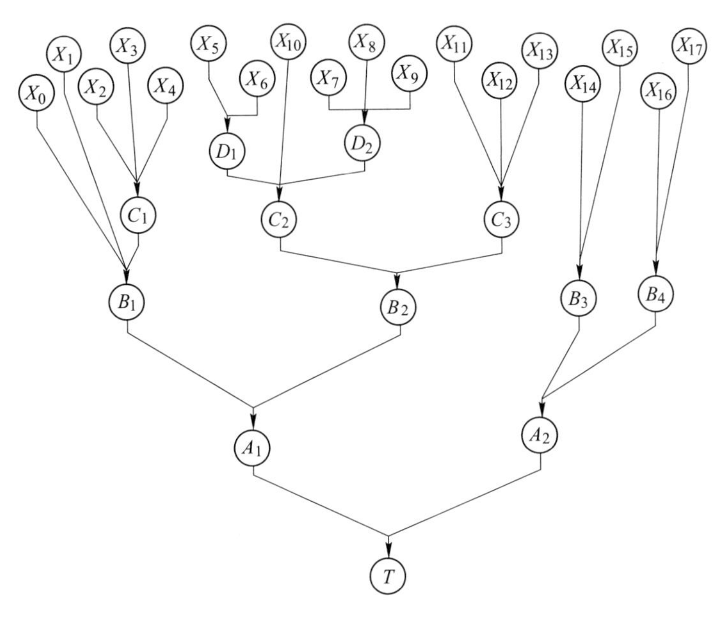

图 9-8 金属矿山冒顶片帮事故 BN 图

各节点对应的条件概率表可以遵循 9.4 节中 BN 图建立方法建立。如 D_1、C_2 两个节点的逻辑式分别为：$D_1=X_5\cap X_6$；$C_2=D_1\cup D_2\cup X_{10}$。则 D_1、C_2 节点的条件概率表分别见表 9-10 和表 9-11。

表 9-10 D_1 节点的条件概率

输入节点	X_5	发生		不发生	
	X_6	发生	不发生	发生	不发生
D_1 节点	发生	1	0	0	0
	不发生	0	1	1	1

表 9-11 C_2 节点的条件概率

输入节点	D_1	发生				不发生			
	D_2	发生		不发生		发生		不发生	
	X_{10}	发生	不发生	发生	不发生	发生	不发生	发生	不发生
C_2 节点	发生	1		0		0		0	
	不发生	0		1		1		1	

从图 9-8 可以看出，金属矿山冒顶片帮事故 BN 图中节点少，比较简单，因此可以采用精确推理。遵循 BN 推理原则，根据表 9-8 中各基本事件 X_i 的先验概率，由式（9-85）可得金属矿山冒顶片帮顶事故发生的概率为：

$$P(T=1)=\sum_{i=1}^{n}P(X_1=e_1,X_2=e_2,\cdots,X_n=e_n,T=1)=0.0091,\qquad e_i\in\{0,1\}$$

即根据金属矿山冒顶片帮基本事件的先验概率所预测事故发生概率较低，为 0.0091。由式（9-84）~式(9-86)可预测各非基本事件的发生概率以及基本事件的发生与否对顶上事件的影响。例如：基本事件 X_3发生，X_9不发生的情况下，顶上事件发生的概率为：

$$P(T=1 \mid X_3=1, X_9=0)=0.0283$$

根据式（9-86）~式(9-89)，可得出基本事件的后验概率、概率重要度I_i^{Pr}、结构重要度I_i^{st}和关键重要度I_i^{Cr}，如基本事件 X_0的后验概率和重要度分别如下。

后验概率：

$$P(X_k=1 \mid T=1)=\frac{\sum_{i=1}^{n} P(X_i=e_i, X_k=1, T=1, 1 \leqslant i \leqslant N, i \neq k)}{P(T=1)}=0.2266$$

概率重要度：

$$I_i^{Pr}=P(T=1 \mid E_i=1)-P(T=1 \mid E_i=0)=0.0253$$

结构重要度：

$$\begin{aligned} I_i^{st}= & P(T=1 \mid E_i=1, P(E_j=1)=0.5, 1 \leqslant j \neq i \leqslant N)- \\ & P(T=1 \mid E_i=0, P(E_j=1)=0.5, 1 \leqslant j \neq i \leqslant N)=0.0583 \end{aligned}$$

关键重要度：

$$I_i^{Cr}=\frac{P(T=1 \mid E_i=1)-P(T=1 \mid E_i=0)}{P(T=1)}=0.1750$$

金属矿山冒顶片帮事故系统预测评价计算结果见表 9-12。

表 9-12　金属矿山冒顶片帮事故系统预测评价计算结果

代号	先验概率	后验概率	I_i^{Pr}	I_i^{st}	I_i^{Cr}
X_0	0.0625	0.2266	0.0253	0.0583	0.1750
X_1	0.0625	0.2266	0.0253	0.0583	0.1750
X_2	0.0625	0.2266	0.0253	0.0583	0.1750
X_3	0.0625	0.2266	0.0253	0.0583	0.1750
X_4	0.0625	0.2266	0.0253	0.0583	0.1750
X_5	0.0078	0.0085	0.0008	0.0036	0.0007
X_6	0.0078	0.0085	0.0008	0.0036	0.0007
X_7	0.0117	0.1479	0.1063	0.0106	0.1377
X_8	0.0117	0.1479	0.1063	0.0106	0.1377
X_9	0.0117	0.1479	0.1063	0.0106	0.1377
X_{10}	0.0117	0.1479	0.1063	0.0106	0.1377
X_{11}	0.0117	0.1479	0.1063	0.0106	0.1377
X_{12}	0.0117	0.1479	0.1063	0.0106	0.1377
X_{13}	0.0117	0.1479	0.1063	0.0106	0.1377
X_{14}	0.1250	0.3021	0.0146	0.1204	0.2022
X_{15}	0.1250	0.3021	0.0146	0.1204	0.2022
X_{16}	0.1250	0.3021	0.0146	0.1204	0.2022
X_{17}	0.1250	0.3021	0.0146	0.1204	0.2022

9.6.4 贝叶斯网络预测模型应用结果分析

（1）在金属矿山冒顶片帮事故BN预测评价模型中，利用BN对不确定性问题的强大处理能力，以及表达各个信息要素之间相关关系的条件概率，能够较好地对矿业系统冒顶片帮事故有限的、不完整的、确定的信息进行学习和推理。

（2）事故的发生是具有多个因果关系的事件的连锁反应过程。金属矿山冒顶片帮事故系统中，各因素之间具有层次性、相关性以及不确定性，通过建立冒顶片帮BN模型，可以清楚地表达出各事件的相关关系，同时由式（9-84）和式（9-85）可以实现前向推理，即由金属矿山冒顶片帮事故基本事件状态推理事故状态。在已知某些危险因素发生的状态下，可以预测冒顶片帮系统各非基本事件所发生的概率（见表9-10中发生概率），为矿业安全预防管理提供重要依据。

（3）一般在BN推理中，先验概率和后验概率之间会存在一定的差异，后验概率是根据贝叶斯网络对先验概率进行修正后得到的比较符合实际情况的概率，可以避免只使用先验信息可能带来的主观偏见。金属矿山冒顶片帮事故系统通常由多个因素共同相互作用和影响，因此在故障分析的时候需要花费大量时间寻找危险源所在。通过BN后向推理，在式（9-86）可以预测顶上事件发生的情况下各危险因素的发生概率，如表9-12中的后验概率，从而找出矿业冒顶片帮系统的薄弱环节，判断最有可能的致因物，对事故危险源进行排查，以提高矿业系统的安全性。

（4）金属矿山冒顶片帮事故基本事件的重要性可以体现其在系统中的薄弱性。通过*BN*的重要度计算——式（9-86）~式(9-89)，可以评价以及指导如何安排对危险因素的控制，尽量提高薄弱环节因素的可靠性，为进一步提高矿业系统可靠性提供科学依据，从而加强相关矿业系统安全预防管理。根据表9-12中重要度计算结果，概率重要度是衡量基本事件发生概率的变化对顶上事件发生概率的影响程度，X_7、X_8、X_9、X_{10}、X_{11}、X_{12}、X_{13}事件占主导地位；结构重要度是从结构上分析各基本事件的重要程度，X_{14}、X_{15}、X_{16}、X_{17}事件占主导地位；关键重要度反映基本事件发生概率的变化率引起顶上事件发生概率的变化率，X_{14}、X_{15}、X_{16}、X_{17}事件占主导地位。

在金属矿山冒顶片帮事故的BN应用过程中有两点需要注意和改进的地方：

（1）本节中的金属矿山冒顶片帮事故BN图是一个简单的有向图结构，节点数目少且关系比较简单，采用精确推理计算较为简单合理。但是，对结构复杂且节点数目多的贝叶斯网络，精确推理算法就较为复杂，应当采用近似推理算法研究，在具体实施过程中最好能简化复杂庞大的网络体系，然后再与精确推理相结合进行预测，减少计算量。

（2）独立性假设使BN的计算效率较高，但要求各个属性完全独立，即每个事件之间应该是相互独立的，而在实际操作中不可能完全满足上述要求。因此，在以后的实践中需要作出相应的研究和改进。

思考与练习

9-1 请写出贝叶斯公式。

9-2 请描述朴素贝叶斯预测方法的原理和步骤。

9-3 已知事件 A 与事件 B 同时发生或同时不发生，根据贝叶斯公式可得到 $P(B \mid A)=P(A \mid B)\times MP(A)$，则 M 表示什么？

9-4 设有 A、B、C 三个车间生产同一种产品，已知各车间产量分别占全厂产量的 25%、35%、40%，而且各车间的次品率以此为 5%、4%、2%。现从待出厂的产品中检查出一个次品，试判断它是由 A 车间生产的概率。

9-5 已知甲袋中有 6 只红球、4 只白球，乙袋中有 8 只红球、6 只白球，随机取一只袋，再从袋中任取一球，发现是红球，则此球来自甲袋的概率是多少？

10 组合预测法

10.1 概　　述

组合预测法就是采用适当的方法组合多个单项预测模型，对各种单项预测模型的预测效果进行综合处理，生成一个含有多个预测模型预测信息的总预测模型。

实际中预测问题往往是比较复杂的，因为预测问题受到众多因素的影响，而且这些因素可能是不确定的。这样就无法从问题发生的机理来确定一个准确的单项预测方法，有时可以通过比较各个单项方法的精度，选择精度最好的一种方法来预测。但是有很多的试验研究表明，单项方法在预测精度及预测结果的稳定性上要劣于组合预测法。

所谓组合预测方法就是设法把不同的预测模型组合起来，综合利用各种预测方法所提供的信息，以适当的加权平均形式得出组合预测模型。组合预测中最主要的问题就是如何求出加权平均系数，使得组合预测模型更加有效地提高预测精度。组合预测在国外称为 combination forecasting 或 combined forecasting，在国内也称为综合预测等。

10.1.1 组合预测法简介

事故预测问题往往比较复杂，到目前为止，单一预测模型的预测性能还达不到用户的期望值，这是因为现阶段所提出的模型在预测性能上不可能在所有领域都表现良好。由于事故的发生受到众多因素的影响，而且这些因素可能是不确定的，这样就无法从事故发生机理来确定一个准确的单一预测方法。有时可以通过比较各个单一方法的精度，选择精度最好的一种方法来预测，但是有很多的实验研究表明单一方法在预测精度上要劣于组合预测法。

对于某一具体的问题，不同的单项预测方法会因为每种方法反映的信息特征以及适用条件不同，产生不同的预测效果，其预测精度也往往不同。单项预测方法在数据处理上均有其独到之处，它们反映的信息是可以互补的，所以如果可以把可行的单项预测方法有机地联合起来，便可以更加充分地挖掘观测数据所携带的信息，进而得到更加理想的预测结果。组合预测（combind forecasting 或 combination forecasting）的本质就是根据各种预测方法提供的有用信息，进行有效的分类和组合，发挥各种预测方法的优点，避免单一模型的缺点，有效地提高预测精度。

1969 年，Bates 和 Granger 首次对组合预测方法进行研究，其研究成果引起了一些预测学者的高度重视。20 世纪 70 年代以后，组合预测方法的研究进一步得到了重视。1989 年，国际预测领域的权威学术刊物《Journal of Forecasting》还出版了组合预测方法专辑，这充分说明了组合预测方法在预测学中的重要地位。

总结国内外的文献，组合预测技术包括两类：

（1）利用建模机制中的优势互补，将两个或多个预测模型或方法结合起来产生一个新的模型或改进模型，组合后的模型具有新的结构，再输入原始数据得到预测结果，这样的方法称为模型组合法。

（2）对几种不同的预测方法得到的预测结果，选取适当的权重进行加权平均，计算出它们的组合结果，以此作为最终的预测结果。这样的组合方法称为结果组合法。

这两类的区别在于一个是对模型内部的组合，一个是对结果的组合。而一般文献中提到的组合预测问题大多是指对结果的组合，模型的组合可以有具体的命名。

组合模型的预测模式如图 10-1 和图 10-2 所示。

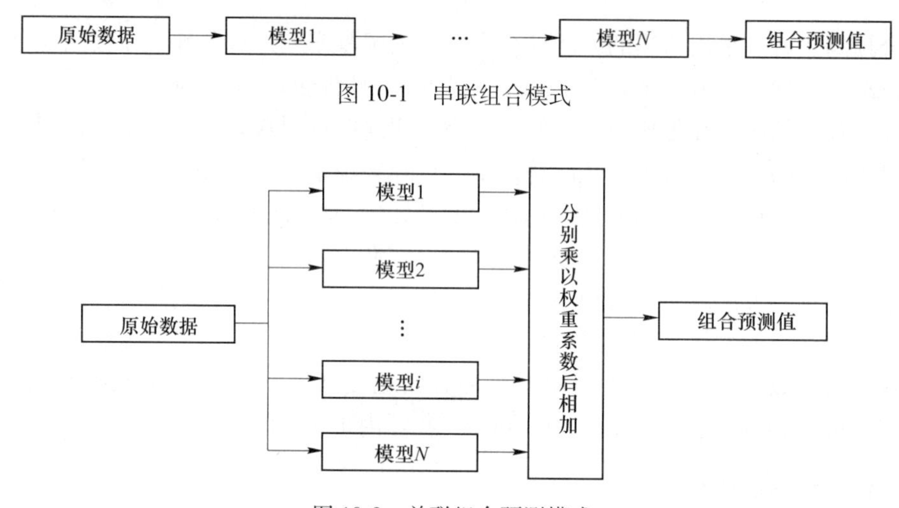

图 10-1　串联组合模式

图 10-2　并联组合预测模式

组合模型不仅研究相同或者不同单独模型之间的组合，还可以将数据的前期处理、模型的结构优化及每个模型的参数选择、预测数据的后期处理技术构建到组合预测模型当中。

每种组合模型都有其适用的范围，比如基于权重的组合方法，对于数据有较强的适应性并具有稳定的预测性能，但是对权重的分配不能保证模型获得最佳的性能，需要额外的运算来优化权重；再比如基于数据预处理的组合方法，通过数据预处理过程可以帮助模型获得更高的预测精度，然而，对新的数据进行分解时，需要完善数学理论作为基础并且会耗费更多的时间。相对于权重组合模型，基于模型结构与参数优化的组合方法应用比较广泛，通常该类方法的性能可以获得显著提高；但模型结构和参数的优化方法对其最终的预测性能会产生很大影响，且训练模型阶段的实践性能比较低。相应地，基于误差修正技术的组合方法可以降低模型的整体误差，然而，由于该类方法要耗费大量时间进行误差修正，因此相对于其他预测方法，该方法的时间效率没有优势。目前还没有统一的组合方法在所有应用领域的预测度量中都表现出最好的预测性能，为了对特定领域内的数据进行更好的分析，应避免选择不确定性的组合模型，而是根据特定的应用领域研究并建立模型。

用单项模型进行预测时，必须要结合预测对象的模式和特点，谨慎地对模型做出选择。对于一组实际观测数据，虽然可以有多种模型和方法来预测，但是预测模型选择的正确与否也直接关系到预测的准确程度。所以使用单项模型进行预测的风险是比较大的，而组合预测法恰恰可以降低这些预测的风险。即使在一些特殊的情况下，组合预测没有某一单项方法的预测精度高，但是从预测结果的稳定性和精度等因素进行综合考虑，组合预测的方法是优于各种单项方法的。

10.1.2 系统安全的组合预测概述

系统安全问题是各行各业都关注的一个重大课题，准确地预测将有利于提高安全性，避免或减少人员伤亡和各种事故的发生。组合预测方法综合了各个单项预测的优点，能够在一定程度上提高预测的精度。

从文献的总结分析来看，组合预测主要包括模型组合法和结果组合法两类。基于模型组合法的事故预测主要有灰色与马尔科夫链的组合、灰色与回归的组合、灰色与时间序列的组合、灰色与神经网络的组合、神经网络与时间序列的组合等，主要用于交通、煤炭行业、火灾以及各种自然灾害等的预测预防。基于结果组合法的事故预测主要是通过将各个单项预测结果组合，包括将各个单项结果加权处理以及将各单项结果作为神经网络输入的神经网络组合法。

10.2 结果组合法

10.2.1 非最优组合赋权预测模型

常用的正权组合预测模型权系数的确定方法有：算术平均方法、预测误差平方和倒数方法、均方误差倒数方法、简单加权平均方法。

10.2.1.1 算术平均方法

算术平均方法即等权平均方法，就是将 m 种单项预测方法的加权系数平均分配，即把各个单项预测模型同等看待。算术平均方法一般用于对各个单项预测模型的预测精度缺乏一定了解以及无法评价各单项预测模型精度的情况，但当各个单项预测模型的预测精度能通过计算得知时，一般应采用加权平均的方式。

10.2.1.2 预测误差平方和倒数方法

预测误差平方和倒数方法也称为方差倒数方法，用预测误差平方和反映预测精度，预测误差平方和越大，表明该项预测模型的预测精度就越低，从而其在组合预测中的重要度就越低，即表明其在组合预测中的加权系数就越小。计算公式为

$$l_i = \frac{E_{ii}^{-1}}{\sum_{i=1}^{m} E_{ii}^{-1}}, \qquad i = 1,2,\cdots,m \tag{10-1}$$

式中，$\sum_{i=1}^{m} l_i = 1(i=1,\ 2,\ \cdots,\ m)$；$E_{ii}$为第 i 种单项预测模型的预测误差平方和，$E_{ii} = \sum_{i=1}^{N} e_{ii}^2 = \sum_{i=1}^{N}(x_t - x_{it})^2$；$x_{it}$ 为第 i 种单项预测方法在第 t 时刻的预测值；x_t为同一预测对象的某个指标序列 $\{x_t,\ t=1,\ 2,\ \cdots,\ N\}$ 第 t 时刻的观测值。

10.2.1.3 均方误差倒数方法

均方误差倒数方法的思想是单项预测模型的误差平方和越大，其在组合预测模型中的

加权系数就应越小。其具体计算式如下：

$$l_i = \frac{E_{ii}^{-1/2}}{\sum_{i=1}^{m} E_{ii}^{-1/2}}, \qquad i = 1,2,\cdots,m \tag{10-2}$$

式中各符号的意义与预测误差平方和倒数方法相同。

10.2.1.4　简单加权平均方法

简单加权平均方法即先把各个单项预测模型预测误差的方差和 E_{ii}（$i=1，2，\cdots，m$）进行排序，然后根据各个单项预测模型预测误差方差和的权系数成反比的基本思想，认为排序越在前的单项预测模型在组合预测中的加权系数就越小，计算式为

$$l_i = \frac{i}{\sum_{i=1}^{m} i} = \frac{2i}{m(m+1)}, \qquad i = 1,2,\cdots,m \tag{10-3}$$

式中各符号的意义同上。

例 10-1　对某地 2005~2018 年的某类事故频数进行预测，分别采用 3 种不同的单项预测方法：回归分析预测、灰色预测、指数平滑预测法，预测的结果与实际观测值见表 10-1。

表 10-1　三种单项模型的预测结果

年份编号	年份	回归（x_1）	灰色（x_2）	指数平滑（x_3）	实际值（x_4）
1	2005	466. 52	350	380. 2	350
2	2006	394. 03	399. 4	328. 26	347
3	2007	332. 79	340. 9	283. 96	437
4	2008	281. 08	290. 97	248. 16	260
5	2009	237. 4	248. 35	215. 91	211
6	2010	200. 5	211. 98	187. 68	215
7	2011	169. 35	180. 93	163. 65	214
8	2012	143. 03	154. 43	143. 37	191
9	2013	120. 8	131. 81	126. 05	109
10	2014	102. 03	112. 51	110. 16	109
11	2015	86. 173	96. 029	96. 383	112
12	2016	72. 782	81. 964	84. 61	63
13	2017	61. 471	69. 96	73. 776	57
14	2018	51. 918	59. 713	64. 202	40

解：（1）算数平均法：简单的设置各项系数为

$$w_1 = 1/3, \quad w_2 = 1/3, \quad w_3 = 1/3$$

（2）误差平方和倒数法：

由 $E_{ii} = \sum_{t=1}^{14} (e_t^{(i)})^2 = \sum_{i=1}^{14} (x_t - \hat{x}^{(i)})^2 (i = 1，2，3)$ 可得：

$$E_{11} = 33407, \quad E_{22} = 18479, \quad E_{33} = 32269$$

误差平方和倒数法的组合系数为

$$w_1 = 0.2602,\quad w_2 = 0.4704,\quad w_3 = 0.2694$$

由式（10-2），均方误差倒数法的组合系数为

$$w_1 = 0.2974,\quad w_2 = 0.3999,\quad w_3 = 0.3027$$

由算数平均法、误差平方和倒数法和误差标准差倒数法得到的权系数见表10-2。单项方法和组合方法的精度比较见表10-3。

表10-2　权系数

算数平均方法	1/3	1/3	1/3
误差平方和倒数法	0.2602	0.4704	0.2694
误差标准差倒数法	0.2974	0.3999	0.3027

表10-3　单项方法和组合方法的精度比较

方　法	MAE	MAPE	MSE
回　归	35.2230	16.9629	2386.2
灰色预测	27.3862	17.3741	1319.9
指数平滑	31.4604	19.4279	2304.9
算数平均组合	29.6781	17.2437	1650.0
误差平方和倒数法	29.0869	17.1995	1530.8
误差标准差倒数法	29.3775	17.2131	1588.8

从表10-3可以看出，灰色预测法作为单项的方法有其独特的优势，但是在预测模型不能首先确定的情况下，选用组合预测的方法是最保险的，而且组合预测的精度也比较高。在组合预测的方法中，利用误差信息确定权值的方法比简单的算术平均组合法的精度略高。

10.2.2　最优组合预测模型

10.2.2.1　基于预测误差指标的优化组合预测模型

非最优组合赋权方法主要是基于不同的思想直接给出组合预测权系数，关于最优权系数的确定方法是现阶段研究最多的一种方法。目前国内外学者提出的各种不同的组合预测方法中，实际应用和理论研究最多的是以预测误差作为最优准则计算组合预测方法的系数向量。以预测误差平方和达到最小的线性组合预测模型的构建如下。

A　组合预测模型的建立

设 y_t（$t=1, 2, \cdots, N$）为对某种现象的某个指标在第 t 期的观测值，假设共有 m 种单项预测方法对其进行预测，第 i 种单项预测方法在第 t 期的预测值为f_{it}（$i=1, 2\cdots, m$），则称$C_{it}=(y_t-f_{it})$为第 i 种单项预测方法在第 t 时刻的预测误差。

设$w_1, w_2, \cdots, w_m$分别为 m 种单项预测方法的加权系数，为了使组合预测保持无偏性，加权系数应该满足：

$$w_1 + w_2 + \cdots + w_m = 1 \tag{10-4}$$

设$f_t = w_1 f_{1t} + w_2 f_{2t} + \cdots + w_m f_{mt}$为$f_t$的组合预测值，设$e_t$为组合预测在第 t 时刻的组合预测误

差，则有

$$e_t = y_t - f_t = \sum_{i=1}^{m} w_i e_{it} \tag{10-5}$$

设J_1表示组合预测的误差平方和，则有

$$J_1 = \sum_{t=1}^{N} e_t^2 = \sum_{t=1}^{N}\sum_{i=1}^{m}\sum_{j=1}^{m} w_i w_j e_{it} e_{jt} \tag{10-6}$$

于是以预测误差平方和为准则的线性组合预测模型变为下列最优化问题：

$$\min J_1 = \sum_{t=1}^{N} e_t^2 = \sum_{t=1}^{N}\sum_{i=1}^{m}\sum_{j=1}^{m} w_i w_j e_{it} e_{jt}$$

$$\text{s. t.} \sum_{i=1}^{m} w_i = 1 \tag{10-7}$$

B　模型的解

记

$$\boldsymbol{W} = (w_1, w_2, \cdots, w_m)^{\mathrm{T}}, \quad \boldsymbol{1} = (1, 1, \cdots, 1), \quad \boldsymbol{e}_i = (e_{i1}, e_{i2}, \cdots, e_{iN})^{\mathrm{T}} \tag{10-8}$$

式中，$\boldsymbol{W}$为组合预测加权系数列向量；$\boldsymbol{1}$为元素全为1的m维列向量；$\boldsymbol{e}_i$为第i种单项预测方法的预测误差列向量，再令

$$E_{ij} = \boldsymbol{e}_i^{\mathrm{T}} \boldsymbol{e}_j = \sum_{t=1}^{N} e_{it} e_{jt}, \quad i,j = 1,2,\cdots,m, \quad \boldsymbol{E} = (E_{ij})_{m\times m} \tag{10-9}$$

则当$i\neq j$时，E_{ij}表示第i种单项预测方法和第j种单项预测方法的预测误差的协方差；当$i=j$时，E_{ij}表示第i种单项预测方法的预测误差的平方和；E为$m\times m$的方阵，称为组合预测误差信息矩阵。因为$\boldsymbol{E}$为正定矩阵，所以$\boldsymbol{E}$是可逆的。

则在上述记号下，模型（10-7）可以表示成矩阵形式

$$\min J_1 = \boldsymbol{W}^{\mathrm{T}}\boldsymbol{E}\boldsymbol{W}$$

$$\text{s. t } \boldsymbol{1}^{\mathrm{T}}\boldsymbol{W} = 1 \tag{10-10}$$

利用 Langrange 乘数法易得上述最优化模型的最优解和目标函数最优值分别为：

$$\boldsymbol{W}^* = \frac{\boldsymbol{E}^{-1}\boldsymbol{1}}{\boldsymbol{1}^{\mathrm{T}}\boldsymbol{E}^{-1}\boldsymbol{1}}, \qquad J_1^* = \frac{\boldsymbol{1}}{\boldsymbol{1}^{\mathrm{T}}\boldsymbol{E}^{-1}\boldsymbol{1}} \tag{10-11}$$

例 10-2　以例 10-1 所示的数据，使用上述方法确定权系数。

解：计算这三种单项模型的预测误差，结果见表 10-4。计算误差信息矩阵。

表 10-4　三种模型预测的误差

年份编号	回归（$e_t^{(1)}$）	灰色（$e_t^{(2)}$）	指数平滑（$e_t^{(3)}$）
1	-116.52	0	-30.2
2	-47.025	-52.397	18.74
3	104.21	96.1	153.04
4	-21.076	-30.97	11.84
5	-26.396	-37.354	-4.91
6	14.496	3.0211	27.32
7	44.655	33.068	50.35

续表 10-4

年份编号	回归（$e_t^{(1)}$）	灰色（$e_t^{(2)}$）	指数平滑（$e_t^{(3)}$）
8	47.972	36.568	47.63
9	-11.801	-22.813	-17.05
10	6.9714	-3.5074	-1.16
11	25.827	15.971	15.617
12	-9.7816	-18.964	-21.61
13	-4.4712	-12.96	-16.776
14	-11.918	-19.713	-24.202

$$\boldsymbol{E} = \sum_{t=1}^{14} \boldsymbol{e}_t^{\mathrm{T}} \boldsymbol{e}_t$$

$$= \begin{bmatrix} \sum_{t=1}^{14} e_t^{(1)} e_1^{(1)} & \sum_{t=1}^{14} e_t^{(1)} e_1^{(2)} & \sum_{t=1}^{14} e_t^{(1)} e_1^{(3)} \\ \sum_{t=1}^{14} e_t^{(2)} e_1^{(1)} & \sum_{t=1}^{14} e_t^{(2)} e_1^{(2)} & \sum_{t=1}^{14} e_t^{(2)} e_1^{(3)} \\ \sum_{t=1}^{14} e_t^{(3)} e_1^{(1)} & \sum_{t=1}^{14} e_t^{(3)} e_1^{(2)} & \sum_{t=1}^{14} e_t^{(3)} e_1^{(3)} \end{bmatrix}$$

$$= \begin{bmatrix} 33407 & 18527 & 24566 \\ 18527 & 18479 & 18778 \\ 24566 & 18778 & 32269 \end{bmatrix}$$

由此可得：

$$\boldsymbol{w}^* = \frac{\boldsymbol{E}^{-1}\mathbf{1}}{\mathbf{1}^{\mathrm{T}}\boldsymbol{E}^{-1}\mathbf{1}} = [0.0066, 1.0189, -0.0256]$$

即为其最优组合系数。

在表 10-4 中发现加权系数中含有负数，对于负的权系数无法解释其表示的实际意义，所以有必要限定权系数的非负性。

在式（10-7）中增加一个非负性的约束条件：

$$\min \boldsymbol{Q} = \boldsymbol{w}^{\mathrm{T}}\boldsymbol{E}\boldsymbol{w}$$

$$\text{s.t.} \begin{cases} 1^{\mathrm{T}}\boldsymbol{w} \\ \boldsymbol{w} \geqslant 0 \end{cases}$$

则上式为一个二次凸规划问题。可利用 Kuhn-Tucker 条件将其转为线性方程，即

$$\begin{cases} 2\boldsymbol{E}\boldsymbol{w} - \lambda \times \mathbf{1} - \boldsymbol{u} = 0, \\ \mathbf{1}^{\mathrm{T}}\boldsymbol{w} = 1, \\ \boldsymbol{u}^{\mathrm{T}}\boldsymbol{w} = 0, \end{cases} \quad w \geqslant 0, u \geqslant 0 \tag{10-12}$$

其中 $\boldsymbol{u} = (u_1, u_2, u_3, \cdots, u_m)$ 是与 $w \geqslant 0$ 相对应的 Kuhn-Tucke 乘子。

若令 $\lambda = \lambda_1 - \lambda_2$，其中 λ_1、$\lambda_2 \geqslant 0$，则可以引入人工变量 v，使其转化为线性规划问题，则有：

$$\min v$$

$$\begin{cases} 2\boldsymbol{E}w-(\lambda_1-\lambda_2)\times\boldsymbol{1}-\boldsymbol{u}=0, & \lambda_1,\lambda_2,v\geqslant 0 \\ \boldsymbol{1}^{\mathrm{T}}\boldsymbol{w}+\boldsymbol{v}=1, & w\geqslant 0,u\geqslant 0 \end{cases} \tag{10-13}$$

解此线性规划模型即可得到非负组合预测的权系数。

10.2.2.2 基于预测有效度的优化组合预测模型

目前，常见的组合预测模型多建立在以误差的平方和或离差绝对值之和达到最小的准则上。但是，这样的准则和假定有时不能真实地反映预测方法的有效性，究其原因在于不同的指标数列有时量纲不同，所以误差的平方和或离差绝对值之和也不具有相同的量纲。不具有可比性。即使相同的指标序列有相同的量纲，但由于同期指标的数值不同，等量的误差平方和或离差绝对值之和也不能代表预测方法同等有效。若以预测精度来反映预测方法的有效性，可以克服上述指标的不足之处。因此，有必要建立基于预测有效度的组合预测模型。

预测方法的有效性应该是平均的、全面的或典型的精确性，所以预测方法的有效性可以用平均的、全面的精度来表达。也就是说，某种预测方法在某个时期有较高的预测精度，但是该预测方法不一定有较高的预测有效度，只有在所有时期都有较高的预测精度时，该方法才能有较高的预测有效度。而平均的、全面的精度可以用预测精度的均值及反映其离散程度的标准差来描述。很显然，在预测区间内预测精度的均值越大，预测方法的有效度越高。

设 y_t（$t=1$，2，…，N，$N+1$，…，$N+T$）为对某种现象的某个指标在第 t 期的观测值，其中样本区间为［1，N］，预测区间为［$N+1$，$N+T$］；假设共有 m 种单项预测方法对其进行预测，则第 i 种单项预测方法在第 t 期的预测值为 f_{it}（$i=1$，2，…，m）。

定义 10-1 称 $e_{it}=\dfrac{y_{t-f_{it}}}{y_t}$ 为第 i 种单项预测方法在第 t 时刻的预测相对误差（$i=1$，2，…，m，$t=1$，2，…，N）。称矩阵 $\boldsymbol{E}=|e_{it}|_{m\times N}$ 为组合预测模型的相对误差矩阵。

显然，矩阵 $\boldsymbol{E}$ 的第 i 行为第 i 种预测方法在各个 t 时刻的预测相对误差序列，$\boldsymbol{E}$ 的第 t 列为各种预测方法在第 t 时刻的预测相对误差序列。

定义 10-2 设 $A_{it}=\begin{cases}1-|e_{it}|, & |e_{it}|\leqslant 1 \\ 0, & |e_{it}|>1\end{cases}$，则称 A_{it} 为第 i 种预测方法在第 t 时刻的预测精度（$i=1$，2，…，m，$t=1$，2，…，N）。

显然，$0\leqslant A_{it}\leqslant 1$，$A_{it}=0$ 表示第 i 种预测方法在 t 时刻的预测为无效预测。由于各种因素的影响，e_{it} 具有随机性，从而 A_{it} 具有随机变量的性质。

定义 10-3 称 $M_{ic}=\sum\limits_{t=1}^{N}Q_{it}A_{it}$ 为预测区间为［1，$N+T$］上第 i 种预测方法的预测有效度，其中 Q_{it} 为预测区间［$N+1$，$N+T$］上第 i 种预测方法在第 t 时刻预测精度 A_{it} 的权重系数，且满足

$$\sum_{t=N+1}^{N+T}Q_{it}=1,\qquad Q_{it}>0,t=N+1,N+2,\cdots,N+T \tag{10-14}$$

定义 10-4 称 $M_i=\alpha M_{ie}+(1-\alpha)M_{if}$ 为整个区间［1，$N+T$］上第 i 种预测方法综合预测

有效度（$0\leqslant\alpha\leqslant1$，$\alpha$ 越大，表示越重视拟合有效度；α 越小，表示越重视预测有效度）。

在上述定义中，M_{ie}反映了预测模型对样本数据的拟合情况，M_{if}反映了预测模型的预测结果的有效性，M_i既能反映预测模型对样本数据的拟合情况，又能反映预测模型的预测情况，因而是反映预测方法好坏的综合性指标。

通常，令

$$M_i = E(A_i)(1-\delta(A_i)) \tag{10-15}$$

式中

$$E(A_i)=\frac{1}{N}\sum_{t=1}^{N}A_{it},\quad \delta(A_i)=\sqrt{\frac{1}{N}\sum_{t=1}^{N}(A_{it}-E(A_{it}))^2},\qquad i=1,\ 2,\ \cdots,\ m$$

即 $E(A_i)$为第 i 种预测方法的预测精度序列的数学期望，$\delta(A_i)$为其标准差。

由于 $E(A_i)$反映第 i 种预测方法在不同时刻的平均预测精度，它越大越好；$\delta(A_i)$反映预测精度序列的不稳定性，它越小越好，所以 M_i越大表示第 i 种预测方法越有效。

A　样本区间上组合预测模型权系数的确定

设具有 m 种单项预测方法的组合预测模型为：$f_t=w_1f_{1t}+w_2f_{2t}+\cdots+w_mf_{mt}$，其中 f_{it}为单项预测值序列，w_i为组合预测的权重系数，且 w_i满足：$\sum_{i=1}^{m}w_i=1$，$w_i\geqslant0$；设 y_t表示 t 时刻的实际观测值序列，则组合预测模型在第 t 时刻的拟合精度为：

$$A_t = 1-\left|\frac{y_t-f_{it}}{y_t}\right| = 1-\left|\sum_{i=1}^{m}w_i e_{it}\right| \tag{10-16}$$

由定义 10.2.2 知，组合预测模型在第 t 时刻的拟合有效度为 $M_1=\sum_{t=1}^{m}w_ie_{it}$，其中 Q_t表示 A_t的权重系数，且 $\sum_{t=1}^{N}Q_tA_t$，$Q_t>0$。显然，M_1越大，表示组合预测方法越有效，因此，以组合预测模型拟合有效度为准则的组合预测模型可以表示成如下最优化模型：

$$\begin{aligned}&\max M_1=\sum_{t=1}^{N}Q_tA_t,\\&\text{s.t. } A_t=1-\left|\sum_{i=1}^{m}w_ie_{it}\right|,\qquad t=1,2,\cdots,N\\&\sum_{i=1}^{m}w_i=1,\qquad i=1,2,\cdots,m\end{aligned} \tag{10-17}$$

令

$$|\varepsilon_t|=\varepsilon_t^++\varepsilon_t^-,\qquad \varepsilon_t=\varepsilon_t^++\varepsilon_t^-,\qquad \varepsilon_t^+\varepsilon_t^-=0$$

注意到 $\sum_{t=1}^{N}Q_t=1$，故式（10-17）等价于如下模型

$$\begin{aligned}&\min Z_1=\sum_{t=1}^{N}Q_t(\varepsilon_t^++\varepsilon_t^-)\\&\text{s.t. } A_t=1-\sum_{i=1}^{m}w_ie_{it}-\varepsilon_t^++\varepsilon_t^-,\qquad t=1,2,\cdots,N\\&\sum_{i=1}^{m}w_i=1,\qquad i=1,2,\cdots,m\end{aligned} \tag{10-18}$$

该模型是一个线性规划模型，用 Lingo 软件可以方便求解。

B 预测区间上组合预测模型权系数的确定

由定义 10-3 可知，组合预测模型在预测区间上预测有效度为：

$$M_2 = \sum_{t=N+1}^{N+T} Q_t A_t \tag{10-19}$$

其中 Q_t 表示 A_t 的权重系数，且 $\sum_{t=N+1}^{N+T} Q_t = 1$，$Q_t > 0$，则以预测有效度 M_2 作为目标函数的组合预测模型可以表示成如下最优化模型。

$$\max M_2 = \sum_{t=N+1}^{N+T} Q_t A_t$$

$$\text{s.t. } A_t = 1 - \left| \sum_{i=1}^{m} w_i e_{it} \right|, \quad t = N+1, N+2, \cdots, N+T \tag{10-20}$$

$$\sum_{i=1}^{m} w_i = 1, \quad i = 1, 2, \cdots, m$$

令

$$\varepsilon_t = \sum_{i=1}^{m} w_i e_{it}, \qquad \varepsilon_t^+ = \begin{cases} \varepsilon_t & \varepsilon_t \geqslant 0 \\ 0, & \varepsilon_t < 0, \end{cases} \qquad \varepsilon_t^- = \begin{cases} -\varepsilon_t, & \varepsilon_t \leqslant 0 \\ 0, & \varepsilon_t > 0 \end{cases}$$

$$t = N+1, N+2, \cdots, N+T$$

$$|\varepsilon_t| = \varepsilon_t^+ + \varepsilon_t^-, \qquad \varepsilon_t = \varepsilon_t^+ + \varepsilon_t^-, \qquad \varepsilon_t^+ \varepsilon_t^- = 0$$

注意到 $\sum_{t=N+1}^{N+T} Q_t = 1$，则式（10-20）等价于如下模型：

$$\min Z_2 = \sum_{t=N+1}^{N+T} Q_t(\varepsilon_t^+ + \varepsilon_t^-)$$

$$\text{s.t. } A_t = 1 - \sum_{i=1}^{m} w_i e_{it} - \varepsilon_t^+ + \varepsilon_t^-, \qquad t = N+1, N+2, \cdots, N+T \tag{10-21}$$

$$\sum_{i=1}^{m} w_i = 1, \qquad i = 1, 2, \cdots, m$$

该模型是一个线性规划模型，用 Lingo 软件可以方便的求解。

C 总区间上组合预测模型权系数的确定

由定义 10-4 可知，在总区间上组合预测模型的综合预测有效度为

$$M_3 = \alpha M_1 + (1-\alpha) M_2 = \alpha \sum_{t=1}^{N} Q_t A_t + (1-\alpha) \sum_{t=N+1}^{N+T} Q_t A_t \tag{10-22}$$

其中 Q_t 表示 A_t 的权重系数，且 $\sum_{t=1}^{N} Q_t = 1$，$\sum_{t=N+1}^{N+T} Q_t = 1$，$Q_t > 0$，则以综合预测有效度 M_3 作为目标函数的组合预测模型可以表示成如下模型：

$$\max M_3 = \alpha \sum_{t=1}^{N} Q_t A_t + (1-\alpha) \sum_{t=N+1}^{N+T} Q_t A_t$$

$$\text{s.t. } A_t = 1 - \left| \sum_{i=1}^{m} w_i e_{it} \right|, \qquad t = 1, 2, \cdots, N, N+1, N+2, \cdots, N+T \tag{10-23}$$

$$\sum_{i=1}^{m} w_i = 1, \qquad i = 1, 2, \cdots, m$$

令

$$\varepsilon_t = \sum_{i=1}^{m} w_i e_{it}, \qquad \varepsilon_t^+ = \begin{cases} \varepsilon_t, & \varepsilon_t \geqslant 0 \\ 0, & \varepsilon_t < 0, \end{cases} \qquad \varepsilon_t^- = \begin{cases} -\varepsilon_t, & \varepsilon_t \leqslant 0 \\ 0, & \varepsilon_t > 0 \end{cases}$$

$$t = 1,2,\cdots,N,N+1,N+2,\cdots,N+T$$

则式（10-23）等价于如下模型：

$$\min Z_3 = \alpha \sum_{t=1}^{N} Q_t(\varepsilon_t^+ + \varepsilon_t^-) + (1-\alpha) \sum_{t=N+1}^{N+T} Q_t(\varepsilon_t^+ + \varepsilon_t^-)$$

$$\text{s.t.} \ \sum_{i=1}^{m} w_i e_{it} - \varepsilon_t^+ + \varepsilon_t^- = 0, \qquad t = N+1,N+2,\cdots,N+T \tag{10-24}$$

$$\sum_{i=1}^{m} w_i = 1, \quad i = 1,2,\cdots,m$$

本章中讨论的最优组合预测方法的思想都是基于某个目标函数，而其中的误差都是过去时间内的误差（样本内检验），所以最优的含义是针对过去时间段内的观测数据而言的最优，即对过去数据的拟合最好；而实际的问题是对未知数据的预测，所以最优组合预测得到的结果可能并不是理想的预测效果。但是这种方法也是一种经典方法，在样本内数据泛化性较强的情况下，一般都可以给出比较满意的预测结果。

10.3 系统安全的灰色-马尔科夫组合预测模型应用分析

本节以《安全与环境学报》统计的 2008~2017 年全国矿业事故起数为研究对象（见表 10-5），对模型的预测精度进行实例验证，并预测 2018 年和 2019 年的全国矿业事故起数。

表 10-5　2008~2017 全国矿业事故起数

序号	年份	矿业事故起数 y_t/起	序号	年份	矿业事故起数 y_t/起
1	2008	233	6	2013	84
2	2009	194	7	2014	63
3	2010	153	8	2015	48
4	2011	130	9	2016	33
5	2012	106	10	2017	50

以 2008~2017 年全国矿业事故起数为研究对象，构建 10 维的灰色 GM(1，1）模型。原始序列为：

$$X^{(0)} = (233,194,153,130,106,84,63,48,33,50)$$

根据上述灰色建模方法构造 1-AGO 生成序列和 MEAN 生成序列，建立灰微分方程模型，得到时间响应函数，进而得到 2008~2017 全国矿业事故的预测值表达式为

$$\hat{x}^{(1)}(k+1) = -1004.6064e^{-0.2129k} + 1237.6064$$

再做累减还原，可以得到 2008~2017 年全国矿业事故的预测值、预测值和实际值的相对值，以及 2018 年和 2019 年的全国矿业事故的预测值，结果见表 10-6。

表 10-6 2008~2017 年全国矿业事故灰色预测起数

序号	年份	实际值	预测值	相对值
1	2008	233	233.0	1
2	2009	194	192.6460	0.9930
3	2010	153	155.7043	1.0177
4	2011	130	125.8457	0.9680
5	2012	106	101.7131	0.9596
6	2013	84	82.2083	0.9787
7	2014	63	66.4438	1.0547
8	2015	48	53.7023	1.1188
9	2016	33	43.4042	1.3153
10	2017	50	35.0809	0.7016
11	2018		28.2744	
12	2019		23.0064	

根据表 10-6 全国矿业事故预测值与实际值相对值 Q 的计算结果，将相对值划分为 E_1、E_2、E_3、E_4 四个状态区间（表 10-7）。可以得到其一步转移频数矩阵和一步转移概率矩阵：

表 10-7 状态区间的划分

状态	含义	区间范围	年份	年数
E_1	较大低估	[0.7096, 0.9596)	2017	1
E_2	低估	[0.9596, 0.9930)	2011, 2012, 2013	3
E_3	精度高	[0.9930, 1.0547)	2008, 2009, 2010	3
E_4	一般高估	[1.0547, 1.1188]	2014, 2015	2
E_5	较大高估	(1.1188, 1.3153]	2016	1

$$(f_{ij})_{5\times5}=\begin{bmatrix}0&0&0&0&0\\0&2&0&1&0\\0&1&2&0&0\\0&0&0&1&1\\1&0&0&0&0\end{bmatrix}$$

$$\boldsymbol{P}=(P_{ij})_{5\times5}=\begin{bmatrix}\frac{1}{5}&\frac{1}{5}&\frac{1}{5}&\frac{1}{5}&\frac{1}{5}\\0&\frac{2}{3}&0&\frac{1}{3}&0\\0&\frac{1}{3}&\frac{2}{3}&0&0\\0&0&0&\frac{1}{2}&\frac{1}{2}\\1&0&0&0&0\end{bmatrix}$$

将频率近似等于概率，即

$$P_{ij}=M_{ij}/M_i$$

式中，M_i 为状态 E_i 出现的总次数；M_{ij}为状态 E_i 转移到状态 E_j 的次数。

以 2008 年作为初始状态，则初始状态为 E_3，初始状态的概率向量为 $\boldsymbol{P}_0=\boldsymbol{P}(2008)=\left(0, \frac{1}{3}, \frac{2}{3}, 0, 0\right)$，2009 年的状态为 $\boldsymbol{P}(2009)=\boldsymbol{P}_0\times\boldsymbol{P}$。

未来第 X 年的状态为：$\boldsymbol{P}(X)=\boldsymbol{P}_0\times\boldsymbol{P}^{(X-2008)}$，可以用 Matlab 进行矩阵运算计算出第 X 年预测值与实际值的相对值所处的状态，然后根据 X 年的转移状态赋予不同的权重，取状态区间的中值作为灰色-马尔科夫预测值的修正值，得到灰色-马尔科夫预测模型的预测值：

$$\hat{X}(t)=\left[\frac{1}{2}i_1(E_1+E_2)+\frac{1}{2}i_2(E_2+E_3)+\cdots+\frac{1}{2}i_n(E_n+E_{n+1})\right]\times\hat{X}^{(0)}(t)$$

计算结果见表 10-8。

表 10-8 组合模型的事故预测值

序号	年份	实际值	灰色预测值	灰色预测相对值 σ_i	灰色-马尔科夫组合模型预测值	灰色-马尔科夫预测相对值 σ_j
1	2008	233	233.0	1	234.864	1.008
2	2009	194	192.6460	0.9930	194.515	1.003
3	2010	153	155.7043	1.0177	159.799	1.044
4	2011	130	125.8457	0.9680	129.621	0.997
5	2012	106	101.7131	0.9596	104.703	0.988
6	2013	84	82.2083	0.9787	84.419	1.005
7	2014	63	66.4438	1.0547	68.058	1.080
8	2015	48	53.7023	1.1188	54.883	1.023
9	2016	33	43.4042	1.3153	44.328	1.343
10	2017	50	35.0809	0.7016	35.810	0.716
11	2018		28.2744		28.848	
12	2019		23.0064		23.471	

单一模型和组合模型的预测结果对比如图 10-3 所示。

计算组合模型预测值的后验差比值和小误差概率，验证模型的预测精度等级。经计算得：

$$S_1=\sqrt{\frac{1}{n}\sum_{i=1}^{n}(x^{(0)}(i)-\bar{x})^2}=65.9397, S_2=\sqrt{\frac{1}{n}\sum_{i=1}^{n}[e(i)-\bar{e}]^2}=6.4916$$

后验差比 $C=\frac{S_2}{S_1}=0.09845$，小误差概率 $P=P\{|\varepsilon(i)-\bar{\varepsilon}x_i^{(0)}|<0.6745S_1\}=1$。

查预测模型精度等级划分标准表，$C\leqslant0.35$，$P\geqslant0.95$，可知预测模型精度为“好”，达到了一级精度标准。

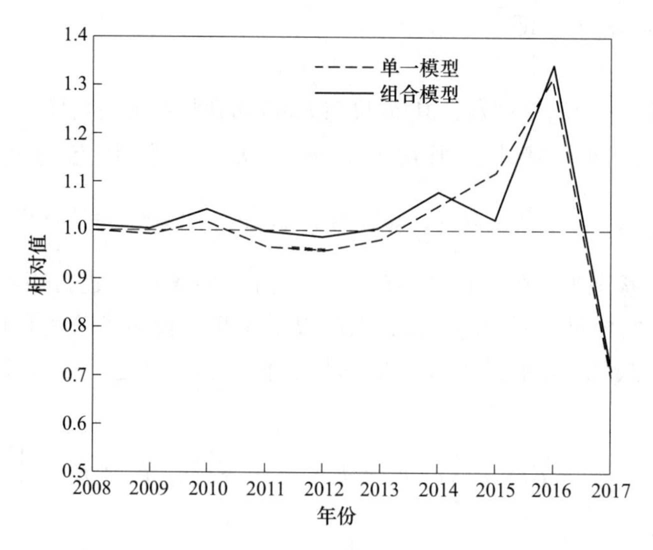

图 10-3 单一模型与组合模型预测值与实际值对比

由表 10-8 可以计算出 2008~2017 年的全国矿业事故灰色模型预测值的平均相对误差为：$\sum_{i=1}^{n}\left|\sigma_i - 1\right|/n = 0.09056$，灰色-马尔科夫组合模型预测值的相对误差为 $\sum_{i=1}^{n}\left|\sigma_j - 1\right|/n = 0.08043$。整体平均相对误差减少了 0.01013，明显减小。由图 10-3 也可以看出，相对于单一的灰色 GM(1，1) 模型，组合模型的预测值的拟合效果更好，预测精度更高。

10.4 系统安全的灰色-时间序列组合预测模型应用分析

10.4.1 数据统计分析

黄石某矿山千人负伤率序列$x^{(0)}(k)$ 见表 10-9。由表 10-9 中 1998~2007 年各年千人负伤率数据可看出，统计值整体呈现指数型下降趋势，但是局部有波动变化。单一的灰色预测虽然适用指数型发展趋势的时间序列，但是此方法曲线拟合能力差，不能消除波动影响，因此需要对灰色预测模型进行修正，以降低波动性对预测结果的影响，进一步提高预测精度。

表 10-9 黄石某矿山千人负伤率统计

年份	1998	1999	2000	2001	2002	2003	2004	2005	2006	2007
千人负伤率	6.874	6.582	6.351	6.098	6.436	5.853	5.623	5.432	4.438	4.652

10.4.2 灰色预测精度检验

一个模型要经过多种检验才能判定其是否合理、有效。只有通过检验的模型才能用来预测。灰色预测模型需要经过检验判定其是否合理，预测结果是否有效，一般有以下两种检验。

计算残差：
$$\varepsilon(k)=x^{(0)}(k)-\hat{x}^{(0)}(k)$$

平均相对误差：
$$\bar{\alpha}=\frac{1}{n}\sum_{k=1}^{n}\left|\frac{\varepsilon(k)}{x^{(0)}(k)}\right|$$

均方差比值：
$$C=\frac{S_2}{S_1}$$

式中，S_1、S_2分别为$x^{(0)}(k)$、$\varepsilon(k)$ 的标准差。

精度检验等级参考见表 10-10。

表 10-10　灰色预测模型精度检验等级

精度等级	一级	二级	三级	四级
评语	好	合格	勉强	不合格
对比误差 α	0.01	0.05	0.10	0.20
均方差比值C_0	0.35	0.50	0.65	0.80

10.4.3　GM(1，1）预测

根据 GM(1，1）模型，由式（10-1）~式(10-8)，可得：

矿山千人负伤率序列 $\boldsymbol{x}^{(0)}(k)$的 1-AGO 序列$X^{(1)}$为

{6.8740,13.4560,19.8070,25.9050,32.3410,38.1760,43.7990,49.2310,53.6690,58.3210}

紧邻均值生产序列 $\boldsymbol{Z}^{(1)}$为

{10.1650,16.6315,22.8560,29.1230,35.2585,40.9875,46.5150,51.4500,55.9950}

构造黄石某铁矿千人负伤率向量 $\boldsymbol{Y}$，千人负伤率紧邻矩阵 $\boldsymbol{B}$ 为

$$\boldsymbol{Y}=\begin{bmatrix}6.5820\\6.3510\\\vdots\\4.4380\\4.6520\end{bmatrix},\quad \boldsymbol{B}=\begin{bmatrix}-10.1650 & 1\\-16.6315 & 1\\\vdots & \vdots\\-51.4500 & 1\\-55.9950 & 1\end{bmatrix}$$

由 $\boldsymbol{Y}$ 和 $\boldsymbol{B}$ 可计算 GM（1，1）白化方程的系数向量：

$$\hat{\boldsymbol{a}}=[a,b]^{\mathrm{T}}=(\boldsymbol{B}^{\mathrm{T}}\boldsymbol{B})^{-1}\boldsymbol{B}^{\mathrm{T}}\boldsymbol{Y}$$

$$=\begin{bmatrix}-10.1650 & 1\\-16.6315 & 1\\\vdots & \vdots\\-51.4500 & 1\\-55.9950 & 1\end{bmatrix}^{\mathrm{T}}\begin{bmatrix}-10.1650 & 1\\-16.6315 & 1\\\vdots & \vdots\\-51.4500 & 1\\-55.9950 & 1\end{bmatrix}^{1}\begin{bmatrix}-10.1650 & 1\\-16.6315 & 1\\\vdots & \vdots\\-51.4500 & 1\\-55.9950 & 1\end{bmatrix}^{\mathrm{T}}\begin{bmatrix}6.5820\\6.3510\\\vdots\\4.4380\\4.6520\end{bmatrix}$$

$$=\begin{bmatrix}0.0005 & 0.0171\\0.0171 & 0.6969\end{bmatrix}\begin{bmatrix}-10.1650 & 1\\-16.6315 & 1\\\vdots & \vdots\\-51.4500 & 1\\-55.9950 & 1\end{bmatrix}^{\mathrm{T}}\begin{bmatrix}6.5820\\6.3510\\\vdots\\4.4380\\4.6520\end{bmatrix}$$

$$=\begin{bmatrix}0.0443\\7.2383\end{bmatrix}$$

因此，$a=0.0443$，$b=7.2383$。

千人负伤率的时间相应函数为

$$x(k+1)=-156.4034\exp(-0.0443\times k)+163.2774$$

计算 GM(1，1) 精度，平均相对误差$\overline{\alpha_1}$为

$$\bar{a}_1=\frac{1}{n}\sum_{k=1}^{n}\left|\frac{\varepsilon_1(k)}{x^{(0)}(k)}\right|=0.0437$$

千人负伤率原始序列方差S_0^2为

$$S_0^2=\frac{1}{n}\sum_{k=1}^{n}\left[x^{(0)}(k)-\bar{x}\right]^2=0.5893,\qquad S_0=0.7676$$

残差方差S_1^2为

$$S_1^2=\frac{1}{n}\sum_{k=1}^{n}\left[\varepsilon_1(k)-\overline{\varepsilon_1}\right]^2=0.0731,\qquad S_1=0.2703$$

均方差比值C_1为

$$C_1=\frac{S_1}{S_0}=\frac{0.2703}{0.7676}=0.3521$$

根据表 10-10 灰色预测模型精度检验等级表，精度等级评定如下：

平均相对误差$\overline{a_1}=0.0437$，属于二级精度。

均方差比值$C_1=0.3521$，属于二级精度。

灰色预测值$\hat{x}_1^{(0)}(k)$、残差$\varepsilon_1(k)$和相对误差a_1见表 10-11。

表 10-11　千人负伤率 GM（1，1）预测结果

年份	原始序列$x^{(0)}(k)$	模拟值$\hat{x}_1^{(0)}(k)$	残差$\varepsilon_1(k)$	相对误差a_1
1998	6.8740	6.8740	0.0000	0.0000
1999	6.5820	6.7821	-0.2001	0.0304
2000	6.3510	6.4880	-0.1370	0.0216
2001	6.0980	6.2067	-0.1087	0.0178
2002	6.4360	5.9375	0.4985	0.0774
2003	5.8350	5.6801	0.1549	0.0266
2004	5.6230	5.4338	0.1892	0.0337
2005	5.4320	5.1981	0.2339	0.0431
2006	4.4380	4.9727	-0.5347	0.1205
2007	4.6520	4.7571	-0.1051	0.0226
2008		4.5508		
2009		4.3535		
2010		4.1647		

10.4.4 灰色-指数组合预测

通过分析表 10-11 中的残差数据 $\varepsilon(k)$序列可知，矿业安全系统长期处于水平平稳的发展状态，但是由于随机的、偶然的因素干扰，具有明显的不规则变化倾向。灰色预测模型适用于呈指数型趋势发展的时间序列，而对波动性较大的数据拟合较差，因此需要在灰色预测基础上进行模型修正。千人负伤率序列通过 GM(1，1) 模型预测后，残差 $\varepsilon(k)$序列仍然表现出一定的波动性，且呈现一定的发展趋势。在此基础上，本节应用指数平滑预测技术对 GM(1，1) 模型预测值的残差 $\varepsilon(k)$序列进行平滑处理，消除随机因素的干扰，使趋势变化显现出来，提高预测精度。指数平滑理论认为，时间序列中的近期数据比早期的数据对未来值的影响更大。残差 $\varepsilon(k)$序列的波动幅度不是很大，一般情况下，一次指数平滑法预测即可达到系统预测精度。

设残差原始序列为 $\{x_n\}$，根据式（8-14），则一次指数平滑预测残差模型为

$$\hat{y}_k = \alpha x_{k-1} + (1-\alpha)\hat{y}_{k-1}$$

此模型属于一种递推模型，初始值和加权系数的取值需在实验和验证中完善。

将$\hat{x}^{(0)}(k+1)$与$\hat{y}_k$组合，形成灰色-指数平滑预测模型：

$$\bar{x}(k) = \hat{x}^{(0)}(k) + \hat{y}_k$$

在一次指数平滑模型中，根据安全事故千人负伤率残差 $\varepsilon(k)$序列特征，取加权数系 $\alpha=0.2$，初始取值 1999 年的预测残差值-0.2001。按式（8-15）和式（8-16）计算灰色-指数平滑预测值$\hat{x}_2(k)$结果见表 10-12。

表 10-12　灰色-指数平滑预测模型

年份	一次指数平滑修正残差$\varepsilon_2(k)$	修正预测值$\hat{x}_2^0(k)$	相对误差 a_2
1998	0.0000	6.8740	0.0000
1999	-0.0400	6.7421	-0.0061
2000	-0.0594	6.4286	-0.0094
2001	-0.0693	6.1374	-0.0114
2002	0.0443	5.9818	0.0069
2003	0.0664	5.7465	0.0114
2004	0.0910	5.5247	0.0162
2005	0.1196	5.3177	0.0220
2006	-0.0113	4.9614	-0.0026
2007	-0.0301	4.7270	-0.0065

平均相对误差$\bar{\alpha}_2$为

$$\bar{\alpha}_2 = \frac{1}{n}\sum_{k=1}^{n}\left|\frac{\varepsilon(k)}{x^{(0)}(k)}\right| = 0.0021$$

千人负伤率原始序列方差S_0^2为

$$S_0^2 = \frac{1}{n}\sum_{n=1}^{n}[x^{(0)}(k) - \bar{x}]^2 = 0.5893, \qquad S_0 = 0.7676$$

均方差比值 C_2 为

$$C_2 = \frac{S_2}{S_0} = \frac{0.0622}{0.7676} = 0.0810$$

根据表 10-12，灰色-指数平滑预测精度等级评定如下：

平均相对误差 $\overline{\alpha}_2 = 0.0021$，属于一级精度。

均方差比值 $C_2 = 0.0810$，属于一级精度。

10.4.5 组合预测结果分析

GM(1，1) 预测模型要求原数据序列是一条比较平滑的曲线，对呈现指数变化趋势的时间序列预测效果很好，但是对波动性较大的序列拟合较差，而且预测精度相对较低，增大了误差，无法达到预测的效果。虽然残差辨识法可以对灰色预测模型进行修订，但是由于预测原理相似，对波动性的非平稳序列效果同样不是很明显。指数平滑法是对时间序列进行修匀，通过消除不规则和随机的波动将趋势性变动特征、数列中前后的关联以及各随机因素的影响程度反映出来。因此，对具有波动性变化的黄石某铁矿千人负伤率序列，应用指数平滑法对 GM(1，1) 预测值的残差序列进行修正，以弥补灰色预测对波动性序列的不敏感，降低预测误差，提高预测精度。

由上述计算结果比较可知，灰色-指数预测模型的精度高于灰色预测模型精度，此组合预测方法结合了灰色预测和指数平滑法的优点，针对随机波动性较大且呈现着某一趋势变化的数据序列，预测精度得到提高，拟和度也较高。因此，灰色-指数预测模型对安全事故黄石某铁矿千人负伤率的预测适应性更强。

10.5 基于数据预处理的组合预测模型

数据中包含噪声、随机波动等不确定因素，这类组合模型的思想是由不同的模型来处理数据预处理部分和数据预测部分，组合模型中的预测模块主要负责数据拟合预测工作，而预处理模块主要进行辅助工作，如数据分解或数据过滤等。在数据的预处理部分，将非线性时间序列分解成相对更加稳定和规则的子序列来实现预测模型的初步处理过程，使得模型可以过滤与预测结果相关性很小或不相关的特征，减少数据的冗余特征。预处理可以提高原始数据的质量，提升预测模型的性能；同时，预处理可以降低时间复杂度、减轻模型的计算负担。基于数据预处理技术的组合模型框架如图 10-4 所示。

在图 10-4 中，数据通过分解模型被拆分为更容易分析的子序列，各子序列分别对应不同的模型，将各子模型的预测值进行整合得到最终预测值。通过数据分解模型得到更稳定的子序列，其所包含更多相似特征的信息量可以提高数据的质量，并避免过多的计算负担，以提高预测性能。在组合模型的数据预处理部分，可采用基于小波分解的处理模型，其利用小波对连续数据的分解能力将数据按频率分解为几个级别，把高频率的子序列与低频率的子序列分解开，并结合统计学习、机器学习模型进行组合，来提高预测性能。也可以用基于经验模态分解（empirical mode decompostion，EMD）的方法，将复杂的数据分解为有限个本征模态函数（intrinsic mode function，IMF）和卡尔曼滤波方法等，通过对影响预测精度的信息进行过滤以提高预测性能。

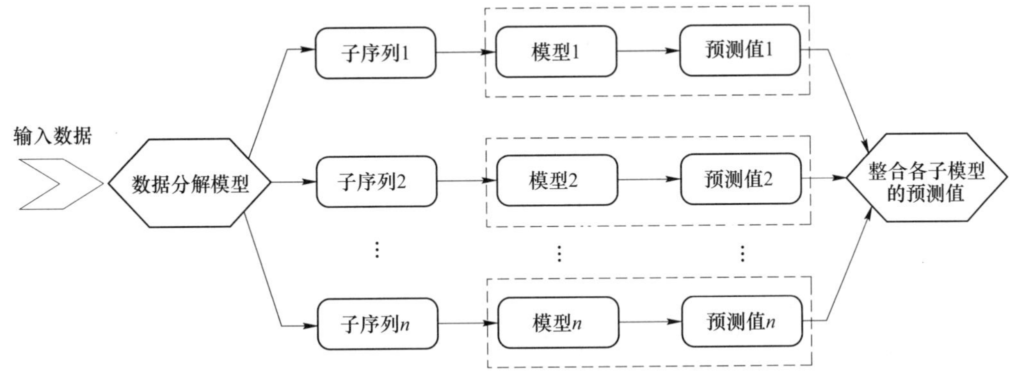

图 10-4 基于数据预处理技术的组合模型框架

10.6 基于模型参数和结构优化的组合预测模型

由于模型的结构和模型中的参数在进行预测时都是不确定的，因此不同参数和结构对预测的结果会产生很大的影响。基于模型参数和结构优化的组合预测模型是在大量候选参数和不同结构组合方案中测试模型的预测性能，通过训练数据对所优化或选择的参数和结构进行验证，将最优的参数和结构用于预测，以提高模型的预测性能。综上可知，优化的结果对预测性能作出了相当大的贡献。此外，在优化阶段通常采用启发式的方法，对模型参数和结构的候选集进行优选，并将候选结果作为最终模型的设定标准。基于模型参数和结构优化的组合模型框架如图 10-5 所示。

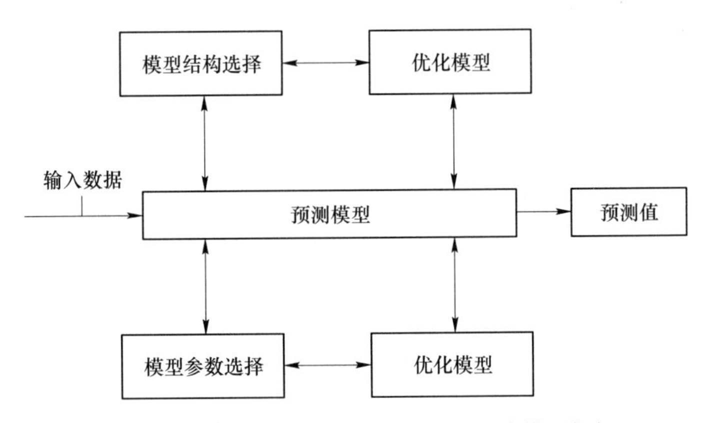

图 10-5 基于模型参数和结构优化的组合模型框架

从图 10-5 可以看出，预测模型首先根据数据特征产生大量的结构和参数的候选集，在模型训练阶段，优化算法确定了候选集中的最优参数。为了加快优化进程，一般采用启发式搜索的方法，用优化的结果设置预测模型中的参数并对数据进行预测。通过优化可以使模型更好地拟合特定领域内的数据特征，提高预测性能，并有效避免模型进行参数调整所耗费的大量计算时间。图中的优化模型可以利用启发式或进化式算法，如遗传进化方法、粒子群优化方法、差分进化方法和扩展的卡尔曼滤波方法等。这些优化方法通常被用来优化如神经网络的结构和权重、SVM 模型的参数、ARIMA 模型的参数、脊神经网络（ridgelet neural network，RNN）的结构与参数等。将数据预处理方法和模型参数优化方法结合，建立新的组合预测模型，可以更好地适应参数选择，从而提高预测精度。

10.7 基于误差修正技术的组合预测模型

单一模型的预测结果通常是对整体发展趋势的估计，在大多数时间内预测值会过高或过低，有可能在某种程度上对预测结果产生负面影响。为了解决上述问题，可以采用基于误差修正技术的组合预测模型。首先，该方法通过对数据特征的分析，选择能够合理表达数据发展趋势的模型对数据进行预测；然后用观测值减去预测值来计算当前模型的预测残差，将预测残差作为分析的对象；之后，通过对残差进行分解、转换等操作得到更容易分析的子序列，并选择相应的模型进行拟合；最后，将修正的预测残差与上一步的预测值进行合并，产生最终的预测值。基于误差修正技术的组合预测模型的目的是，通过残差分析来提高预测的准确性，其框架如图 10-6 所示。

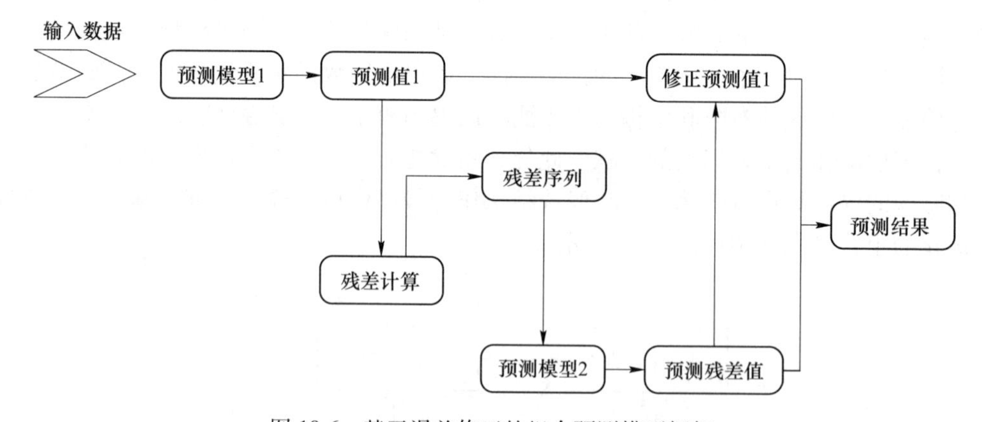

图 10-6 基于误差修正的组合预测模型框架

在图 10-6 中，首先输入的数据通过预测模型 1 获得预测值 1 和残差，将残差序列进行分析转换后作为预测模型 2 的输入数据对残差进行预测；然后通过预测残差值来修正每一个时间点的预测值 1，根据修正值和残差预测值获得最终的预测结果。组合模型的第一阶段，通常利用对现行数据拟合良好的模型和卡尔曼滤波技术，如 ARIMA 模型、ANN 模型、逻辑回归模型和灰色模型等。在组合模型的第二阶段，为了对非线性的数据进行拟合，通常利用机器学习方法，主要包括自适应模糊神经网络、SVM、GARCH 和 ANN 方法等。基于误差修正技术的组合模型相对于单一模型，在预测性能上会有明显地提高，但时间复杂度要高于单一模型。

在各种预测方法中，每种方法都有其适用的范围、各自的优点和缺点。每个模型通常都是对某个具体应用领域进行研究，为了避免模型选择的不确定性和提高预测性能，表 10-13 列出了几种主要的组合预测方法的特点。从表中可以看出，在现实预测中，没有任何模型在所有方面都能表现出最好的预测性能。根据数据特性和拟合的应用领域选择最佳的组合模型，能有效地利用各个模型的优点，提高组合模型在其应用领域内的预测性能。在数据预处理中，小波变换（wavelet tranform，WT）和 EMD 被认为是能够有效改善模型性能的分解处理方法。在误差修正组合模型中，神经网络和 SVM 是有利于促进提高预测质量的。基于权重的组合方法一般在预测周期比较长的预测任务中可以获得合理的结果。此外，基于模型结构和参数优化的组合方法可以获得更高的预测精度。然而与单一预测方法相比，组合方法通常计算时间效率比较低，需要消耗更多的计算资源。

表 10-13　几种主要组合预测方法的特点

组合预测方法	组合策略	优点	缺　点
基于权重分配的组合方法	根据单个模型的表现分配不同的权重	相对比较容易实现，对新的数据有较强的适应性，预测性能比较稳定	在预测特定领域内，不能保证组合模型获得最佳的性能，需要额外的计算来确定各个模型权重
基于数据预处理的组合方法	通过分解模型可以获得更容易分析和模拟的子序列	相对于所组合的单个模型，能获得更高精度的预测结果	对新的数据，模型的响应周期长，分解模型需要扎实的数学知识为基础
基于模型结构与参数选择的组合方法	对预测模型进行优化，提高预测模型的性能	容易理解的组合方法，大量应用于各个预测领域	一种计算密集的组合方法，通常情况下预测性能与设计优化问题的经验密切相关，且组合难以编码实现，训练阶段时间性能低下
基于误差修正技术的组合方法	将预测的残差作为新的序列进行预测	可以获得更高的预测性能，并有效的降低系统的预测误差	误差修正需要消耗大量的时间，效率不高

思考与练习

10-1　试简述组合预测模型的概念。

10-2　试简述组合预测模型的选择标准是什么？

10-3　试简述组合预测模型权重的选择方式有哪些？

10-4　试简述组合预测模型的建模步骤。

10-5　试简述常用组合预测模型的优缺点。

参考文献

[1] Hu Nanyan, Ye Yicheng, Lu Yaqi, et al. Improved unequal-interval grey verhulst model and its application [J]. The Journal of Grey System, 2018, 30 (1): 175~185.

[2] Liu Ran, Ye Yicheng, Hu Nanyan, et al. Classified prediction model of rockburst using rough sets-normal cloud [J]. Neural Computing and Applications, 2019, 31: 8185~8193.

[3] 郑小平，高金吉，刘梦婷．事故预测理论与方法［M］. 北京：清华大学出版社，2009.

[4] 苗敬毅，董媛香，张玲．预测方法与技术［M］. 北京：清华大学出版社，2019.

[5] 许国根，贾瑛，黄智勇，等．预测理论与方法及其 MATLAB 实现［M］. 北京：北京航空航天大学出版社，2020.

[6] 李莹莹．安全事故系统预测技术及其在矿业中的应用［D］. 武汉：武汉科技大学，2010.

[7] 李丹青．基于环境影响的矿业系统安全态势预测研究［D］. 武汉：武汉科技大学，2014.

[8] 卢雅琪．大冶铁矿接触带巷道非等时距变形量预测［D］. 武汉：武汉科技大学，2016.

[9] 周琪．我国矿业系统安全态势预测研究［D］. 武汉：武汉科技大学，2013.

[10] 蒋瑛．矿业安全系统加权时间序列预测模型研究［D］. 武汉：武汉科技大学，2012.

[11] 胡谱，柯丽华，叶义成，等．乌龙泉矿产能预测及对策研究［J］. 金属矿山，2017 (1): 11~15.

[12] 刘永涛，刘艳章，邹晓甜，等．基于 BP 神经网络的溜井堵塞率预测［J］. 化工矿物与加工，2017，46 (4): 41~44.

[13] Muhamment G M, Faith A K, Ali F G. Pythagorean fuzzy Vikor-based approach for safety risk assessment in mine industry [J]. Journal of Safety Research, 2019, 69: 135~153.

[14] 赵雯雯，叶义成，邢冬梅．基于预测有效度的矿山安全组合预测模型研究［J］. 矿山机械，2010，38 (14): 78~81.

[15] 陈江，马立平．预测与决策概论［M］. 北京：首都经济贸易大学出版社，2018.

[16] 吕海燕，李文斌．我国生产安全事故统计分析与预测［J］. 中国个体防护装备，2004，35 (3): 8~10.

[17] Javad O, Mohsen M, Alireza N, et al. Day ahead price forecasting based on hybrid prediction model [J]. Complexity, 2016 (5): 1646~1656.

[18] 蒋瑛，叶义成，王琴．加权时间序列预测模型及其在矿业安全系统中的应用［J］. 化工矿物与加工，2011，40 (2): 21~24.

[19] 李莹莹，叶义成，吕垒，等．矿业系统安全事故周期分析及预测研究［J］. 工业安全与环保，2010，36 (6): 40~41，43.

[20] 卢雅琪，叶义成，胡南燕，等．改进灰色 Verhulst 模型在巷道变形量预测中的应用［J］. 化工矿物与加工，2015，44 (7): 24~27，36.

[21] 刘思峰，党耀国．预测方法与技术［M］. 北京：高等教育出版社，2005.

[22] 杨林泉．预测与决策方法应用［M］. 北京：冶金工业出版社，2011.

[23] 蒋瑛，叶义成，王琴．加权时间序列预测模型及其在矿业安全系统中的应用［J］. 化工矿物与加工，2011，40 (2): 21~24.

[24] 李莹莹，叶义成，吕垒，等．基于贝叶斯网络的金属矿山冒顶片帮事故预测评价［J］. 有色金属，2011，63 (2): 255~259.

[25] 周琪，叶义成，吕涛．系统安全态势的马尔科夫预测模型及其应用［J］. 中国安全科学生产技术，2012，4 (8): 98~102.

[26] 席裕庚．预测控制［M］. 北京：国防工业出版社，2012.

[27] 谢峰，许梦国，王平，等．非煤矿山安全事故的时间序列模型分析［J］. 化工矿物与加工，2014，

43（6）：31~33.

[28] 卢雅琪，叶义成，胡南燕，等．接触带巷道非等时距变形量预测方法分析［J］. 矿业研究与开发，2016，36（2）：105~109.

[29] 鲁方，叶义成，张萌萌，等．基于灰色神经网络模型玻璃钢锚杆支护巷道变形预测研究［J］. 化工矿物与加工，2016，45（2）：41~47.

[30] 刘涛，叶义成，王其虎，等．非煤地下矿山冒顶片帮事故致因分析与防治对策［J］. 化工矿物与加工，2014，43（2）：24~28.

[31] 李丹青，叶义成．环境因素对矿业安全系统态势的影响研究［J］. 化工矿物与加工，2014，43（11）：37~41.

[32] 赵雯雯，叶义成，邢冬梅．基于灰色神经网络组合模型的矿山安全事故预测分析［J］. 安全，2011，32（10）：5~8.

[33] 罗志雄，时宝，李培良．2001—2016 年中国非煤矿山重特大事故规律分析［J］. 黄金，2019，40（1）：67~70.

[34] 刘梦红，刘何清，吴扬．2015 年我国矿山事故统计及规律分析［J］. 采矿技术，2017，17（3）：49~52.

[35] 胡鹰，叶义成，李丹青，等．建筑安全事故灰色季节指数预测模型及应用［J］. 中国安全科学学报，2014，24（4）：86~91.

[36] 邢冬梅，叶义成，赵雯雯，等．我国矿山透水事故致因分析及安全管理对策［J］. 中国安全生产科学技术，2011，7（12）：130~135.

[37] 刘涛，叶义成，王其虎，等．非煤地下矿山冒顶片帮事故致因分析与防治对策［J］. 化工矿物与加工，2014，43（2）：24~28.

[38] 李丹青，叶义成，吕涛，等．基于系统环境的矿业安全系统态势预测研究［J］. 矿山机械，2013，41（5）：107~110.

[39] 邢冬梅．矿山透水事故致因模型构建及防治对策研究［D］. 武汉：武汉科技大学，2011.

[40] 邢冬梅，叶义成，赵雯雯．我国矿山透水事故的统计分析及安全管理对策［J］. 金属矿山，2010，（6）：178~181.

[41] 周琪，叶义成，吕涛．系统安全态势的马尔科夫预测模型建立及应用［J］. 中国安全生产科学技术，2012，8（4）：98~102.

[42] 刘晓云，叶义成，王其虎，等．基于未确知测度的大冶铁矿接触带巷道稳定性评价［J］. 金属矿山，2018（8）：13~18.

[43] 桑惠云，谢新连，张萌萌，等．基于移动优化灰色马尔科夫的道路交通事故预测［J］. 数学的实践与认识，2020，50（18）：296~302.

[44] 王其虎，叶义成，刘艳章，等．矿坑涌水对大气降水的响应分析及预测［J］. 安全与环境学报，2012，12（1）：182~186.

[45] 吕海燕．生产安全事故统计分析及预测理论方法研究［D］. 北京：北京林业大学，2004.

[46] 谭文侃，叶义成，胡南燕，等．LOF 与改进 SMOTE 算法组合的强烈岩爆预测［J］. 岩石力学与工程学报，2021，40（6）：1186~1194.

[47] 刘晓云，叶义成，刘洋，等．基于未确知测度理论的巷道稳定性评价［J］. 安全与环境学报，2017，17（1）：26~31.

[48] 许桂方，叶义成．基于模糊数学的火灾安全综合评价模型及应用［J］. 工业安全与环保，2005，（7）：30~32.

[49] 陈虎，叶义成，王其虎，等．基于 ISM 和因素频次法的尾矿库溃坝风险分级［J］. 中国安全科学学报，2018，28（12）：150~157.

[50] 张桂喜，马立平．预测与决策概论［M］．北京：首都经济贸易大学出版社，2006.

[51] Sun H Y，Liu H，Xiao H. Use of local linear regression model for short-term traffic forecasting［J］. Transportation Research Record，2003，18（36）：143~150.

[52] 邓聚龙．灰色预测与决策［M］．武汉：华中科技大学出版社，1988.

[53] Yu X W，Zhang K，Zhou L X，et al. Data fusion algorithm based on unbiased grey markov forecasting WSN［J］. Journal of Transducer Technology，2018，31（8）：1266~1269.

[54] 刘俊艳，叶义成．综合评价技术在矿业系统中的应用［J］．采矿技术，2006（3）：103~107.

[55] 李宁，王李管，贾明涛．基于粗糙集理论和支持向量机的岩爆预测［J］．中南大学学报（自然科学版），2017，48（5）：1268~1275.

[56] 吴孟龙，叶义成，胡南燕，等．RAGA-PPC 云模型在边坡稳定性评价中的应用［J］．中国安全科学学报，2019，29（9）：57~63.

[57] 刘峰，叶义成，黄勇．系统安全评价方法的研究现状及发展前景［J］．中国水运（学术版），2007（1）：179~181.

[58] 王志，郭勇．基于 BP 神经网络的非煤地下矿山安全评价模型［J］．中国安全科学学报，2009，19（2）：124~128.

[59] 孙佳人．基于贝叶斯时空建模的高速公路交通安全计量评价研究［D］．广州：华南理工大学，2020.

[60] 马志伟，叶义成，吴健飞，等．基于改进灰色关联逼近理想解法的采矿方法优选［J］．化工矿物与加工，2012，41（11）：21~24.

[61] Danko G L，Asante W K，Bahrami D. Dynamic models in atmospheric monitoring signal evaluation for safety，health and cost benefits［J］. Mining，Metallurgy & Exploration，2019，36（6）：1235~1252.

[62] 桑惠云，谢新连，张萌萌，等．基于移动优化灰色马尔科夫的道路交通事故预测［J］．数学的实践与认识，2020，50（18）：296~302.

[63] 宋贺．基于贝叶斯网络的道路危险货物罐车运输事故预测研究［D］．北京：北京交通大学，2020.

[64] Wu Menglong，Ye Yicheng，Hu Nanyan，et al. EMD~GM~ARMA model for mining safety production situation prediction［J］. Complexity，2020. https：//doi. org/10. 1155/2020/1341047.

[65] Folarin R A，Onifade M K. A Markov Chain Analysis of effect of traffic law enforcement on road traffic accidents rate in Ogun State，Nigeria［J］. Nigerian Journal of Technology，2019，38（4）：863~870.

[66] 吴孟龙，叶义成，胡南燕，等．基于模糊信息粒化的矿业安全生产态势区间预测［J］．中国安全科学学报，2021，31（9）：119~127.

[67] 杨文忠，张志豪，吾守尔·斯拉木，等．基于时间序列关系的 GBRT 交通事故预测模型［J］．电子科技大学学报，2020，49（4）：615~621.

[68] 李丹青．基于环境影响的矿业系统安全态势预测研究［D］．武汉：武汉科技大学，2014.

[69] 赵羿．基于组合优化模型的水上交通事故预测研究［D］．大连：大连海事大学，2020.

[70] 郑人权．预测学原理［M］．北京：中国统计出版社，1988.